Spring Cloud Alibaba 微服务实战

周仲清◎著

内 容 简 介

本书从初学者的角度出发，从微服务基础理论开始，基于Spring Boot框架来搭建微服务系统。本书主要使用Spring Cloud Alibaba套件及其他热门的微服务组件完成构建微服务系统，并且列举出微服务系统中常见的问题和解决方案，以及如何快速部署项目，使读者对从开发到上线整体流程有一个清晰的认识。

本书分为14章。第1～3章主要介绍了微服务的基础理论和配置基础开发环境，以及如何构建Spring Cloud Alibaba模板项目；第4～13章主要介绍了使用Spring Cloud Alibaba套件（Nacos、Sentinel等）和当下流行的微服务组件（如Spring Cloud Gateway、Spring Cloud Stream等）搭建微服务系统，解决开发中的常见问题，其中不乏有一些笔者对编写代码的个人见解；第14章主要介绍了使用Jenkins + Gitlab + Docker部署服务，如同流水线生产一样，使部署服务又快又稳，从而使读者能够了解程序由开发到上线的整体流程。

本书内容丰富，几乎涵盖了目前Spring Cloud全部热门的组件，从初学者的角度出发，案例通俗易懂，特别适合想要了解Spring Cloud的热门组件，以及想搭建微服务系统的读者朋友。除此之外，运维人员也可阅读本书作为了解。

图书在版编目(CIP)数据

Spring Cloud Alibaba微服务实战 / 周仲清著. —北京：北京大学出版社，2021.6
ISBN 978-7-301-32271-0

Ⅰ. ①S… Ⅱ. ①周… Ⅲ. ①互联网络－网络服务器 Ⅳ. ①TP368.5

中国版本图书馆CIP数据核字(2021)第118331号

书　　名　Spring Cloud Alibaba微服务实战
　　　　　SPRING CLOUD ALIBABA WEI FUWU SHIZHAN
著作责任者　周仲清　著
责 任 编 辑　张云静　刘　倩
标 准 书 号　ISBN 978-7-301-32271-0
出 版 发 行　北京大学出版社
地　　址　北京市海淀区成府路205 号　100871
网　　址　http://www.pup.cn　　新浪微博：@ 北京大学出版社
电 子 信 箱　pup7@ pup.cn
电　　话　邮购部 010-62752015　发行部 010-62750672　编辑部 010-62570390
印 刷 者　河北滦县鑫华书刊印刷厂
经 销 者　新华书店
　　　　　787毫米×1092毫米　16开本　20.5印张　465千字
　　　　　2021年7月第1版　2021年7月第1次印刷
印　　数　1-4000册
定　　价　79.00元

前言

Spring Cloud Alibaba 微服务实战

该技术的前途与发展

随着企业业务的高速发展，原来的单体架构越来越臃肿，无论是开发新功能还是修改以前的代码，都变得很麻烦。此时迫切需要“分而治之”的思想，把单体架构拆分成一个个微小的服务，使其尽可能功能单一，便于维护和修改。在 Java 语言的范畴内，一般会选择 Spring Cloud 体系的组件来实现微服务。相信熟练掌握微服务一定会成为企业的用人标准之一。本书不仅讲解了 Spring Cloud 体系的热门组件，还涵盖了一些行业的通用解决方案，解决实际问题，最后使用 Jenkins + Gitlab + Docker 快速部署项目，实现产品快速迭代升级，使读者了解从开发到部署上线的完整流程。

笔者的使用体会

从 Spring Cloud Netflix 套件到如今的 Spring Cloud Alibaba 套件，笔者深刻体会到技术的发展，会使整个流程简化，技术更新日新月异，例如，Nacos 这一个框架就能替代之前的 Spring Cloud Netflix Eureka + Spring Cloud Config + Spring Cloud Bus，更新配置再也不用手动触发了。再如 Spring Boot 这个框架，以前需要配置烦琐的 web.xml 文件，使用 Spring Cloud 后就不需要了。这就需要我们对自己的知识架构及时补充学习，赶上时代的发展，成为时代的弄潮儿。当然，对于新的技术只会使用也是不够的，还需要研究实现原理、设计哲理，看“大牛”如何使用优雅的方式解决实际问题，方便我们日后遇到类似场景时直接套用，这样才能形成自己的核心竞争力。

本书特色

本书从初学者的视角出发，以官方文档为导向，立足实战，详细说明了如何掌握这些微服务的相关组件。本书语言和案例通俗易懂，内容连贯。不仅如此，本书也涵盖了从开发微服务系统到部署上线的整个过程，了解整个流程后，才能掌控项目全局。笔者特意将每个组件分为一个章节，尽量做到单一原则，力图对每个组件抽丝剥茧，更详尽地为大家展示，方便读者查缺补漏。

作者介绍

笔者是一名深蹲小厂6年的程序员，先后担任过技术组长、技术专家；负责公司基础架构建设，业务代码编写，服务部署上线，解决线上问题；喜欢拧螺丝，也喜爱源代码内部的设计哲理，喜欢进步所带来的成就感；精通时间管理，多方运动践行者。

附赠资源

附赠书中相关案例源代码，读者也可用微信扫一扫下方二维码关注公众号，输入代码25290，即可获取下载资源。

本书读者对象

- 软件开发人员
- 运维人员
- 想要了解 Spring Cloud 热门组件的人员
- 想要了解微服务系统常见问题及解决方案的人员
- 想要搭建自己的微服务系统人员
- 其他对微服务及 Spring Cloud 感兴趣的各类人员

目录

CONTENTS

第 1 章 微服务概述

在正式开启“Spring Cloud Alibaba 之旅”前，先来了解一下微服务相关的发展历程及服务架构基础知识。

本章主要涉及的知识点有：

◆ 单体架构、SOA、微服务的基本概念；

◆ 单体架构、SOA 与微服务的对比；

◆ 微服务的优缺点。

1.1 单体架构、SOA和微服务

单体架构：比如要做一个简单的商城系统，基本的功能模块有用户模块、商品模块、商家模块、后台管理。单体架构就是把这些功能实现逻辑全部放在一个项目里，打包发布的时候以一个jar包或war包发布。其部署很简单，不过随着业务量激增或网站流量的增加，必然暴露其致命缺陷。

SOA：SOA（Service Oriented Architecture，面向服务的体系结构）旨在提升代码复用性及可扩展性，降低耦合等。比如点外卖的流程，点了外卖之后要分配送餐员，分配送餐员可以是一个服务；还有可能要发短信通知，短信通知也可以形成一个服务。这些服务可独立部署运行，服务之间可以通过网络调用（HTTP等方式），这样服务组合起来便形成一个完整的系统。

注意

在SOA体系结构中往往还会和ESB（企业服务总线）联系在一起，使用ESB主要可以完成寻址操作，使得调用端不必关心目标服务的具体地址，服务地址可以是动态的，从而实现了服务间的高度解耦。

微服务：这是本书的主角，“微服务”是世界级软件开发大师马丁·福勒（Martin Fowler）和James Lewis共同提出的。其定义微服务是由多个功能单一的小服务组成的，服务可以依据业务功能设计拆分；这些服务独立部署；不同服务可以使用不同的技术实现（指不同的编程语言与数据库等）；服务与服务之间采用HTTP等轻量协议传输数据，服务之间独立性强，微服务还能提升代码复用性及可扩展性，降低耦合等。

1.2 为什么使用微服务

一个新事物的产生，必有一定的道理，有它自己的生存土壤，或者说能为社会解决一些“痛点”。下面通过单体架构、SOA分别与微服务的对比及微服务的优缺点慢慢展开。

1.2.1 单体架构 VS 微服务

单体架构在业务初期，功能足够简单，在网站流量不大的情况下的确是一个低成本而又效率高的方案。

不过随着时间的推移，业务量的激增，网站流量增大，单体架构程序必然会暴露出很多问题。

（1）代码复杂度高：因为所有的代码都糅合在一起，依赖紧密，可能修改一处会带来“牵一发而动全身”的风险，这无疑给新入职的人员带来了挑战。

（2）体积大，部署缓慢：目前遇到的最大的项目打包后大小是500MB左右，如果更新频繁，重复地打包、发布，这将是一个"磨人"的过程。

（3）程序出错影响服务稳定性：如果程序某个功能出现了 Bug，将会导致大量地占用系统资源（如陷入无穷循环等）。因为是单体架构，会导致处理用户请求缓慢，严重的可能导致服务宕机。

注意

> 无穷循环例子，如 while(true){}，如果里面没有具体的耗时操作或休眠，就相当于一直会给系统报告有事情要做，系统就会把尽可能多的时间分给它，那么就会大量占用 CPU。

（4）阻碍技术的更新：单体应用往往只能使用当前项目的编程语言和现有的框架开发，如果引入新的框架可能会不兼容。

（5）集群扩容不合理：假设网站流量增大了，以前单个服务支撑不了，那么使用负载均衡器（一般是使用 Nginx）做一个集群，现在就有两个服务了。不过这样做并不合理，因为网站流量增大只是给用户使用的功能流量增大，像管理员使用后台管理并没有太大的变化，现在是整体扩容，服务无法结合实际业务伸缩，从某个角度来讲其实是造成了资源浪费。

（6）历史遗留问题：一般经历过几年的单体应用，都经过了很多程序员的改动，由于每个人的编程能力和风格不同，这就有可能出现代码的"坏味道"，但是又不敢轻易修改，俗称"祖传代码"。

回过头来看看微服务是否能解决这一系列问题。微服务是一组小服务，单个服务代码量少，启动、部署快；因为大家都是独立的进程，更甚者是独立服务器运行，所以不存在一个程序出错影响整个系统的情况；服务过程中可以使用不同的编程语言，又因为服务可以根据业务进行细粒度的拆分，代码易于理解，所以不管是引入新的框架还是根据业务将服务进行动态伸缩都是很方便的。

1.2.2 SOA VS 微服务

微服务是 SOA 体系结构不断演进的结果，SOA 与微服务本质上都是在拆分服务，为了降低耦合，提高代码的复用性。微服务比 SOA 更突出服务独立性，是更细粒度地划分服务，比如有一个短信服务，可以拆分成营销短信服务、订单短信服务等。这个拆分粒度界限没有统一的标准，需要自己去权衡利弊。

1.2.3 微服务的优点

从传统的单体架构演变到微服务，来总结一下微服务有哪些优点。

（1）代码复杂度低：根据业务细粒度拆分成多个小服务，业务功能清晰，代码体积小，便于理解和维护。

（2）技术选型不被束缚：单个服务可以根据自身业务选择合适的编程语言和技术栈实现。

（3）独立部署：服务独立部署，如果修改一个后台管理服务，就只需要重新部署这个服务，其他主业务不动，不仅影响范围小，也减少了部署和测试的时间。

（4）服务的可伸缩性：根据自身业务发展的实际情况，哪个服务承载量达到了上限，就多部署一些节点，或者是增加该服务器的配置；相应的哪个服务流量小，就减少服务节点，或者降低该服务器的配置。

注意

这里的“节点”指的是集群的节点。

（5）错误隔离：在多个服务中，假如后台管理服务宕机了，但是给用户提供服务的程序正常运行，错误只会影响管理员操作后台，丝毫不影响用户的体验。

（6）分库变得容易：因为微服务会拆分成多个应用，每个应用可以单独去连接一个数据库，这样也能在一定程度上省去分库的成本，一般不再需要借助像 MyCat 等中间件来分库。

1.2.4 微服务的缺点

微服务即使有很多优点，但也有其不足之处。

（1）构建微服务系统复杂：构建微服务系统并不是简单的服务调用，要充分考虑网络延迟和网络故障带来的影响。

（2）服务依赖：假设有 A、B、C 三个服务，A 调用 B，B 调用 C，C 是最底层的服务，如果此时迫不得已要改动 C 的接口，可能 B 也要改动，有可能连带着 A 也要改动。

（3）数据一致性问题：在微服务中，各个服务都是独立的进程，假设 A 服务调用 B 服务，在远程调用过程中，刚好遇到网络延迟，A 系统收到超时异常数据回滚，可是在 B 系统中已经将数据保存了。

（4）接口排除故障困难：随着微服务调用链路的拉长，要定位线上问题，不得不同时查看多个服务情况。

（5）运维和部署：要检查和监控多个服务的健康状态，快速地部署多个服务，并且根据网站负载情况实现服务的动态伸缩等，都是不小的挑战。

1.3 小结

本章主要探讨了什么是单体架构、SOA、微服务及它们的对比。虽然最后看到微服务有一些缺点，但是慢慢地往下看，有很多缺点还是可以通过其他工具（组件）来弥补的。最后温馨提醒，不要为了微服务而使用微服务，还得根据自身业务来选择。

第2章 微服务技术栈

在第 1 章了解到，构建一个微服务系统也没有那么简单，本章来看看需要哪些技术栈来实现微服务系统，以及现有的主流落地实现（Java 方向）。

本章主要涉及的知识点有：

- 微服务技术栈概览；
- 微服务技术栈的落地实现；
- Spring Cloud Alibaba 简介。

2.1 微服务所需要的技术栈

下面列出大概需要哪些技术栈并总结了它们的作用。

（1）服务注册与发现：当调用接口服务时，首先从服务注册与发现服务中获取被调用服务的真实地址，然后调用到具体某个服务，调用端不必关心被调用服务的真实地址，这样就很容易实现目标服务的负载均衡，服务之间也实现了解耦。

（2）服务调用：调用端真正调用（HTTP 方式等）目标服务的技术。

（3）服务熔断、限流、降级：保证服务的稳定性。

（4）负载均衡：负载均衡算法决定调用这个集群中的哪个服务。

（5）配置中心：集中式管理项目的配置，方便修改，解决重复配置。

（6）消息队列：服务之间可以异步、解耦，减少调用链路。

（7）服务网关：可以用来做认证，灰度发布等。

（8）服务监控：监控服务的健康状态。

（9）消息总线：这里的消息总线可以用来更新配置。

（10）分布式链路追踪：主要用来查看接口的调用链路，方便排除故障。

（11）自动化构建部署：持续集成，快速部署应用。

2.2 Spring Cloud 技术栈对应实现概览

在 2.1 节中我们了解到构建一个微服务系统所需要的技术，如果是自己从头开始开发这样一个系统，还是很困难的，这种系统不仅要求开发者具有深厚的架构知识，还得经得住大流量的考验。

幸而，业内（Java 方向）已经有了通用的微服务解决方案，那就是 Spring Cloud，Spring Cloud 本身并不是一个拿来即用的框架，而是一套规范。主流的 Spring Cloud Netflix 和 Spring Cloud Alibaba 为开发者实现了这套规范，所以真正开发用的主要是Spring Cloud Netflix或Spring Cloud Alibaba的套件。

下面列举出 Spring Cloud 构建微服务的主要落地方案，如表 2.1 所示。

表 2.1 技术栈及对应的落地实现

技术栈	技术栈落地实现
服务注册与发现	Eureka、Zookeeper、Consul、Nacos
服务熔断、限流、降级	Hystrix、Resilience4j、Sentinel
服务调用	Ribbin、Loadbalancer、Feign、OpenFeign、Dubbo
配置中心	Config、Zookeeper、Consul、Nacos
服务网关	Zuul、Gateway
消息总线	Bus、Nacos

以上的技术落地方案名称均是简写，如 Spring Cloud Config 直接写成了 Config。

以上技术实现方案既有 Spring Cloud Netflix 的，也有 Spring Cloud Alibaba 的，那么又该如何抉择呢?

2.3 Spring Cloud Alibaba 简介

Spring Cloud Alibaba 于 2018 年 10 月 31 日入驻 Spring Cloud 官方孵化器。之后的几个月，Spring Cloud Netflix 于 2018 年 12 月 12 日官宣进入维护模式，意味着 Spring Cloud Netflix 的套件将不会再添加新功能，只修复高危的问题，因此不宜长期使用。

在这种情况下，Spring Cloud Alibaba 逐渐出现在人们的视野。一般来说新出来的技术是“后来者居上”，吸收前者的优点，并形成自己的一些新特性，Spring Cloud Alibaba 也的确不负所望，并且经历过大流量的考验，更符合国人的编码习惯。所以如果是新项目，还是使用 Spring Cloud Alibaba 套件比较稳妥。

Spring Cloud Alibaba 为开发者提供微服务开发的一站式解决方案，使用 Spring Cloud Alibaba 的各个组件，只需要添加一些注解和少量配置，就可以构建出一套微服务系统，下面来看看 Spring Cloud Alibaba 具体提供了哪些组件。

（1）Nacos：服务注册与发现，服务管理，配置中心。

（2）RocketMQ：阿里巴巴开源的一款分布式消息中间件，主要提供可靠的消息发布与订阅服务。

（3）Dubbo Spring Cloud：远程调用框架。

（4）Sentinel：流控框架，提供服务限流、降级、熔断等功能，保护服务的稳定性。

（5）Seata：解决分布式系统中的事务问题（保证数据一致性）。

（6）OSS（收费）：提供高可用的文件存储服务。

（7）SchedulerX（收费）：阿里中间件团队开发的一款分布式任务调度产品。

（8）SMS（收费）：阿里云的短信服务（Short Message Service）。

虽然组件很多，不过本书主要探讨可免费使用的组件。

2.4 小结

本章大概讲述了构建微服务系统所需要的技术栈及目前已有的落地技术实现，了解了 Spring Cloud Alibaba 微服务解决方案包含的主要套件，虽然这些开发套件中有收费的，但在一般情况下免费的已经足够用了，而且也可以尝试其他产品替代。

第3章 环境搭建

在使用 Spring Cloud Alibaba 来构建微服务程序之前，还要从基础的搭建开发环境开始，然后构建一个 Spring Cloud Alibaba 规范的基础程序。

本章主要涉及的知识点有：

- 配置开发 Java 程序的必要工具；
- 安装配置 MySql；
- 构建一个基础的 Spring Boot 程序；
- 建立一个符合 Spring Cloud Alibaba 规范的模板项目。

3.1 Java 开发环境配置

列举一下笔者使用的基础开发环境。

（1）JDK 1.8：因为笔者后续要使用 Spring Cloud Greenwich.SR6 和 Nacos，所以最低也是 1.8 版本。

（2）Maven 3.6.3。

（3）IDEA 2019.3.4。

注意

IDEA 和 Maven 也会有版本匹配的问题，如果不匹配，会报 Unable to import maven project 异常，尝试换个 Maven 或 IDEA 版本就好了。

详细的安装过程就不演示了，非常简单。这里提一下 Maven 安装好后，最好把源换成国内的下载包，速度会快些。在 settings.xml 文件<mirrors>标签中增加如下配置。

```
<!-- 阿里的maven源 -->
<mirror>
 <id>aliyun maven</id>
 <mirrorOf>*</mirrorOf>
 <name>阿里云公共仓库</name>
 <url>https://maven.aliyun.com/repository/public</url>
</mirror>
```

3.2 MySql 的安装和配置

为什么要安装 MySql 呢?

为了做 Nacos 和 Sentinel 数据持久化、分布式事务演示等，这里笔者选择使用 MySql 5.7.24。

首先列出 MySql 的下载地址。

- 最新版地址：https://dev.mysql.com/downloads/mysql。
- 历史版本下载地址：https://downloads.mysql.com/archives/community。

3.2.1 Windows MySql 的安装

安装 Windows 64 位版本的 MySql 分为以下几步。

（1）解压压缩包。

（2）在程序根路径下创建 my.ini 文件和数据存储目录，填写基础配置，文件内容如下。

```
[client]
port=3306  #MySql 程序端口
default-character-set=utf8 # 设置默认字符集
[mysqld]
character-set-server=utf8 # 设置字符集
basedir="D:/software/mysql-5.7.24-winx64" # 程序所在根路径
datadir="D:/software/mysql-5.7.24-winx64/data" #MySql 数据存储路径
```

（3）到 bin 目录运行命令。

```
mysqld --initialize-insecure --user=mysql
```

如果这一步提示［Warning］TIMESTAMP with implicit DEFAULT value is deprecated. Please use --explicit_defaults_for_timestamp server option (see documentation for more details)，可尝试使用以下命令。

```
mysqld --initialize-insecure --user=mysql --explicit_defaults_for_
timestamp=true
```

注意

> 运行命令时数据存储目录必须是空的，否则会报错。

（4）添加到 Windows 系统服务，方便管理，命令如下。

```
mysqld install
```

（5）此时启动 MySql 服务，登录是没有密码的，如果想要设置密码，使用命令如下。

```
use mysql; # 选择 mysql database
set password for root@localhost = password('root'); #password('root') 中的
值就是密码
```

3.2.2 Linux MySql 的安装

笔者演示的 Linux 是安装的虚拟机，版本是 Centos 7.0。Linux 版本安装分为以下几个步骤。

（1）下载：笔者直接拿到目标地址，使用 wget 命令下载，如果想要使用其他版本的，可以参考上面列出的下载地址，自由选择。

```
wget https://cdn.mysql.com/archives/mysql-5.7/mysql-5.7.24-linux-
glibc2.12-x86_64.tar.gz
```

（2）解压缩包。

```
tar -zxvf mysql-5.7.24-linux-glibc2.12-x86_64.tar.gz
```

（3）解压后名称太长了，改名并放到指定的软件目录。

```
mv mysql-5.7.24-linux-glibc2.12-x86_64 /usr/local/mysql
```

（4）创建 MySql 数据存储目录，创建用户和用户组，更改 /usr/local/mysql 目录下所有的目录和文件夹的所属组与用户。

```
cd /usr/local
mkdir mysql/data
groupadd mysql
useradd -r -g mysql mysql
chown -R mysql:mysql mysql/
chmod -R 755 mysql/
```

（5）初始化 MySql。

```
/usr/local/mysql/bin/mysqld --initialize --user=mysql --datadir=/usr/local/
mysql/data --basedir=/usr/local/mysql
......省略
[Note] A temporary password is generated for root@localhost: :Yfazg#8rTyp
```

注意

最后一段日志“root@localhost:”后面是 MySql 的初始密码。

（6）启动 MySql。

注意

在启动前先将存在的“/etc/my.cnf”改名或删除，否则会影响 MySql，启动时可能报各种各样的错误。

```
/usr/local/mysql/support-files/mysql.server start
```

（7）将 MySql 添加到系统服务。

```
cp /usr/local/mysql/support-files/mysql.server /etc/init.d/mysql
chmod +x /etc/init.d/mysql # 设置可执行权限
```

（8）把 MySql 注册为开机自启动，可选。

```
chkconfig --add mysql
chkconfig --list mysql # 查看是否添加成功
```

（9）注册为服务后的启动、停止、重启命令。

```
service mysql start# 启动mysql
```

```
service mysql stop# 停止 mysql
service mysql restart# 重启 mysql
```

（10）因为初始密码不好记，所以修改密码还是有必要的。修改后无须重启，下次登录直接使用新密码。

```
/usr/local/mysql/bin/mysql -u root -p    #MySql 登录命令
Enter password:       # 这里输入密码，也就是 :Yfazg#8rTyp
...... 省略
mysql > ALTER USER 'root'@'localhost' IDENTIFIED BY 'root'; # 修改
'root'@'localhost' 的密码为 root
```

（11）开启 MySql 远程访问，可选。

```
use mysql; # 选择 mysql database
grant all privileges on *.* to 'root'@'%' identified by 'root' with grant
option; # 设置远程 root 账号密码为 root
FLUSH PRIVILEGES; # 刷新
```

注意

除了设置远程访问的账号和密码以外，还要记得设置防火墙端口允许访问或粗暴点暂时关闭防火墙（本地虚拟机不碍事）。

（12）如果需要很多自定义配置，可以新增 my.cnf 文件，路径可以放在 /usr/local/mysql，增加完成后，重启服务即可，此步骤可选。

```
[mysqld]
port = 3306 # 程序端口
sql_mode=NO_ENGINE_SUBSTITUTION, STRICT_TRANS_TABLES # sql 模式
bind-address = 127.0.0.1 # 这个配置只能本机连接，如果要开启外部访问可以写 0.0.0.0
default-time-zone='+08:00'  # 设置东八区时区，MySQL 默认的时区是 UTC 时区，否则代码连
接可能报 Could not create connection to database server. Attempted reconnect
3 times.(url 拼接 serverTimezone=UTC 参数也能解决这个报错）
```

MySql 的配置远不止这些，笔者只是搭建了一个基础环境，如果是生产环境，还需要更多的配置和优化。

MySql 安装并不复杂，只是步骤显得有点多。其实还有更简洁的方案，熟悉 Docker 的读者应该知道，像安装 MySql 单机版这种软件，一条命令就可以了，命令如下。

```
docker run -p 3306:3306 --name mysql5.7-standard -v /etc/localtime:/etc/
localtime:ro -e MYSQL_ROOT_PASSWORD=root -d docker.io/mysql:5.7 #MYSQL_ROOT_
PASSWORD 设置数据库密码 /etc/localtime:/etc/localtime:ro 保证和宿主机的时间一致
```

3.3 Spring Boot 的起步

程序将基于 Spring Boot 来做服务开发，本节首先了解一下 Spring Boot，然后创建一个 Spring Boot 程序，为了更方便实现热部署功能。

3.3.1 Spring Boot 简介

Spring Boot 是 Pivotal 团队在 Spring 系列框架基础上研发的全新框架。Spring Boot 的出现简化了以前 Spring MVC 的开发过程。Spring Boot 不但使开发更加简单、便捷，而且功能完善，对于一些第三方技术的集成（如数据库，MQ 等），只需简单的配置（Java Config 或配置文件）就可以整合到项目中，大大提高了编码效率。其他一些显著特点如下。

- 具有较为完善的服务体系，安全、性能指标、健康检查等。
- 无代码生成，不需要 XML 配置就可以实现一个服务。
- 内嵌 Tomcat、Jetty、Undertow Servlet 容器，默认使用 Tomcat。
- 优雅而强大的自动装配功能能根据项目依赖自动配置。

3.3.2 构建项目

创建 Spring Boot 项目有好几种方式，以下列举常用的几种。

- 到 Spring 官网用网页创建，地址是：https://start.spring.io。
- 使用 IDEA 创建，在主界面点击 Create New Project，选择 Spring Initializr。

注意

IDEA 在没有打开任何项目的情况下，才会有 Create New Project。

- 使用阿里云的网页创建，地址是：https://start.aliyun.com。

这里使用的是在 Spring 官网网页创建的，在创建项目前一定要注意版本对应，否则后期整合起来可能会出现一些莫名其妙的异常。先来看看官方文档 https://github.com/alibaba/spring-cloud-alibaba/wiki/ 版本说明，版本对应关系如图 3.1 所示。

毕业版本依赖关系(推荐使用)

Spring Cloud Version	Spring Cloud Alibaba Version	Spring Boot Version
Spring Cloud Hoxton.SR3	2.2.1.RELEASE	2.2.5.RELEASE
Spring Cloud Hoxton.RELEASE	2.2.0.RELEASE	2.2.X.RELEASE
Spring Cloud Greenwich	2.1.2.RELEASE	2.1.X.RELEASE
Spring Cloud Finchley	2.0.2.RELEASE	2.0.X.RELEASE
Spring Cloud Edgware	1.5.1.RELEASE	1.5.X.RELEASE

图 3.1 Spring Cloud Alibaba & Spring Cloud & Spring Boot 版本对应关系

笔者后续将使用 Spring Cloud Alibaba 2.1.2.RELEASE 版本，所以创

建的 Spring Boot 项目就用 2.1.X.RELEASE 版本。

在 https://start.spring.io 网页上选择 Maven Project、Java，Spring Boot 版本选择 2.1.15，下面就是配置项目的元数据信息，最后点击“ADD DEPENDENCIES”按钮，添加一个基础的依赖 Spring Web，如图 3.2 所示。

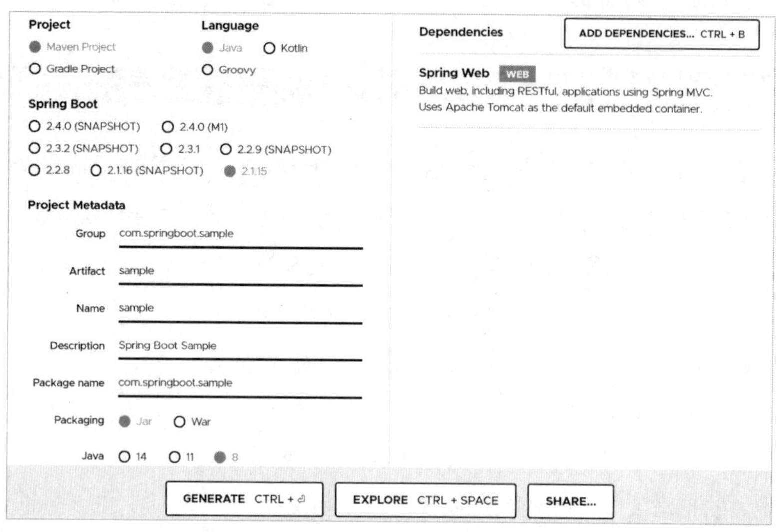

图 3.2　创建 Spring Boot 项目基础参数配置

使用“Ctrl + Enter”组合键下载压缩包，解压后使用 IDEA 导入项目，打开 SampleApplication，使用 main 方法运行即可。

3.3.3 热部署

虽说 Spring Boot 项目已经构建起来了，但是依然面临很多重复的工作。比如每次修改 Java 代码都要自己去重启服务，这样会影响开发效率。还好 Spring Boot 可以使用热部署，修改了代码它便会自动重启。

下面就来配置热部署。

（1）在 pom.xml 文件 dependencies 标签中添加依赖。

```
<!-- 热部署 -->
<dependency>
  <groupId>org.springframework.boot</groupId>
  <artifactId>spring-boot-devtools</artifactId>
  <scope>runtime</scope>
  <optional>true</optional>
</dependency>
```

（2）点击 File → Settings → Build，Execution，Deployment → Compiler，勾选 Build project automatically 和 Compile independent modules in parallel。

（3）同时按住“Ctrl + Shift + Alt + /”组合键，然后进入 Registry，勾选以下两个。

① compiler.automake.allow.when.app.running。

② actionSystem.assertFocusAccessFromedt。

（4）记住重启 IDEA。

最后启动程序修改 Java 代码，过一会儿自己就会重启了，效果如图 3.3 所示。

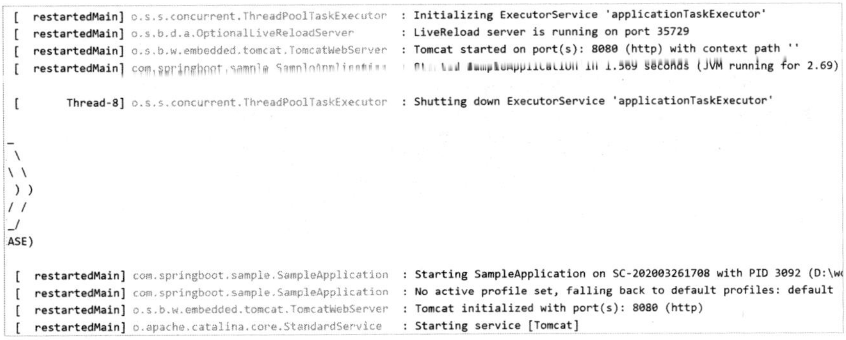

```
[  restartedMain] o.s.s.concurrent.ThreadPoolTaskExecutor  : Initializing ExecutorService 'applicationTaskExecutor'
[  restartedMain] o.s.b.d.a.OptionalLiveReloadServer       : LiveReload server is running on port 35729
[  restartedMain] o.s.b.w.embedded.tomcat.TomcatWebServer  : Tomcat started on port(s): 8080 (http) with context path ''
[  restartedMain] com.springboot.sample.SampleApplication  : Started SampleApplication in 1.569 seconds (JVM running for 2.69)

[       Thread-8] o.s.s.concurrent.ThreadPoolTaskExecutor  : Shutting down ExecutorService 'applicationTaskExecutor'


_
 \
\ \
 ) )
/ /
_/
ASE)

[  restartedMain] com.springboot.sample.SampleApplication  : Starting SampleApplication on SC-202003261708 with PID 3092 (D:\w
[  restartedMain] com.springboot.sample.SampleApplication  : No active profile set, falling back to default profiles: default
[  restartedMain] o.s.b.w.embedded.tomcat.TomcatWebServer  : Tomcat initialized with port(s): 8080 (http)
[  restartedMain] o.apache.catalina.core.StandardService   : Starting service [Tomcat]
```

图 3.3 Spring Boot 自动重启

3.4 建立 Spring Cloud Alibaba 模板项目

Spring Boot 的第一个项目已经建立起来了，但是离使用 Spring Cloud Alibaba 套件的路还很长。在此之前先建立一个模板项目，方便在使用它的某个组件时，把这个项目修改一下就能用了。

使用以下步骤建立一个目标项目。

（1）利用 Maven 创建一个父子项目，把刚刚创建的 sample 项目放进去，为了看起来规范一些，把包名等改成了 com.springcloudalibaba.sample。

（2）这里有个问题，因为 sample 项目已经继承了 spring-boot-starter-parent，不能再继承自定义的父工程了，此时可以在父工程 pom.xml 的 dependencyManagement 标签中加入如下代码。

```
<!-- Spring Boot 依赖声明 替代继承 -->
<dependency>
 <groupId>org.springframework.boot</groupId>
 <artifactId>spring-boot-dependencies</artifactId>
 <version>2.1.15.RELEASE</version>
 <type>pom</type>
 <scope>import</scope>
</dependency>
```

（3）加入 maven-compiler-plugin 插件，如果不配置，可能无法识别 Java 代码。在父工程 pom.xml 的 plugins 标签中加入如下配置。

```
<!-- 指定maven编译的jdk版本，如果不指定，maven3默认用jdk 1.5，maven2默认用jdk 1.3，否则自己在Project Structure设置-->
<plugin>
 <groupId>org.apache.maven.plugins</groupId>
 <artifactId>maven-compiler-plugin</artifactId>
 <version>3.7.0</version>
 <configuration>
     <source>1.8</source> <!-- 源代码使用的JDK版本 -->
     <target>1.8</target><!-- 需要生成的目标class文件的编译版本 -->
     <encoding>UTF-8</encoding><!-- 字符集编码 -->
 </configuration>
</plugin>
```

（4）基础的配置完成，下面来做Spring Cloud和Spring Cloud Alibaba依赖的声明，之后子工程就不必加版本号了。要使用的是Spring Cloud Alibaba 2.1.2.RELEASE版本，由图3.1可知对应的Spring Cloud版本。在父工程pom.xml的dependencyManagement标签中加入如下代码。

```
 <!--spring cloud依赖声明-->
<dependency>
 <groupId>org.springframework.cloud</groupId>
 <artifactId>spring-cloud-dependencies</artifactId>
 <version>Greenwich.SR6</version>
 <type>pom</type>
 <scope>import</scope>
</dependency>
 <!--spring cloud alibaba依赖声明-->
<dependency>
 <groupId>com.alibaba.cloud</groupId>
 <artifactId>spring-cloud-alibaba-dependencies</artifactId>
 <version>2.1.2.RELEASE</version>
 <type>pom</type>
 <scope>import</scope>
</dependency>
```

（5）子工程继承父工程，父工程引入子工程，点击Reimport All Maven Projects刷新一次即可。本节代码可在https://github.com/1030907690/spring-cloud-alibaba-sample下载。

3.5 小结

本章主要是作为正式编码的缓冲阶段，可以感受到使用Spring Boot来做服务开发后是非常便利的。现在已经有了微服务模板项目，后续去套用各个组件就很方便了，主要是增加对应的依赖和少量的配置。

第4章 服务命名管理、配置中心、注册中心——Nacos

Nacos 是 Spring Cloud Alibaba 的基础组件，主要功能就是：服务命名管理、配置中心及注册中心，后续很多组件也会依赖于它。本章将会探讨项目集成 Nacos 和使用 Nacos 控制台。

本章主要涉及的知识点有：

- 安装配置 Nacos；
- 项目集成 Nacos；
- 负载均衡测试；
- 使用 DataId 配置实现环境切换；
- 使用 Group 配置；
- 使用 Namespace 空间配置；
- Namespace、Group、DataId 之间的关系；
- Nacos 配置数据持久化；
- Nacos 配置集群；
- 同类产品对比；
- Nacos AP、CP 模式切换；
- Starter 原理；
- ApplicationListener 原理；
- Nacos 服务注册源码分析；
- Nacos 心跳源码分析；
- Nacos 配置中心源码分析。

4.1 Nacos 简介

Nacos（Dynamic Naming and Configuration Service）为构建云原生应用提供服务注册发现、配置管理和服务监控管理平台。它支持分布式系统中服务动态注册、发现，服务配置及时更新，服务元数据管理。

把“Nacos”单词拆开来看也很有意思：Naming+Configuration+Service，可以看成是分布式服务命名管理 + 配置中心 + 服务注册中心。

使用 Nacos 这一个组件就可以替换以前的 Spring Cloud Netflix Eureka、Spring Cloud Config、Spring Cloud Bus，足以彰显其“野心”。另外，Nacos 提供了一个简洁的后台管理，帮助用户管理服务，监控服务状态和应用的配置。Nacos 配置可进行版本跟踪，一键回滚等，这样人性化的设定，如果遇到问题，用户也可以在生产环境中快速且安全地完成配置修改。

4.2 Nacos 下载和安装

Nacos 安装包下载页面：https://github.com/alibaba/nacos/releases，这里选择的是版本 1.2.1。点击 nacos-server-1.2.1.zip 即可下载。

为什么选择 1.2.1 版本呢?

因为官方推荐 Spring Cloud Alibaba 2.1.2.RELEASE 对应 Nacos 1.2.1，如图 4.1 所示。

组件版本关系

Spring Cloud Alibaba Version	Sentinel Version	Nacos Version	RocketMQ Version	Dubbo Version	Seata Version
2.2.1.RELEASE or 2.1.2.RELEASE or 2.0.2.RELEASE	1.7.1	1.2.1	4.4.0	2.7.6	1.2.0
2.2.0.RELEASE	1.7.1	1.1.4	4.4.0	2.7.4.1	1.0.0
2.1.1.RELEASE or 2.0.1.RELEASE or 1.5.1.RELEASE	1.7.0	1.1.4	4.4.0	2.7.3	0.9.0
2.1.0.RELEASE or 2.0.0.RELEASE or 1.5.0.RELEASE	1.6.3	1.1.1	4.4.0	2.7.3	0.7.1

图 4.1　组件版本关系

当然使用最新的版本应该不会有太大的兼容问题，只要更新时间相差不要太大。

注意

最好不要用 BETA 版本，否则可能出现一些未知的问题。下载安装包时可以把地址复制到迅雷等软件下载比较快。

Nacos 单机版安装非常简单，基本上解压完就可以使用了。

解压完成后进入目录 nacos/bin，点击 startup.cmd 即可启动，如果是 Linux，就使用 startup.sh -m standalone，启动后的界面如图 4.2 所示。

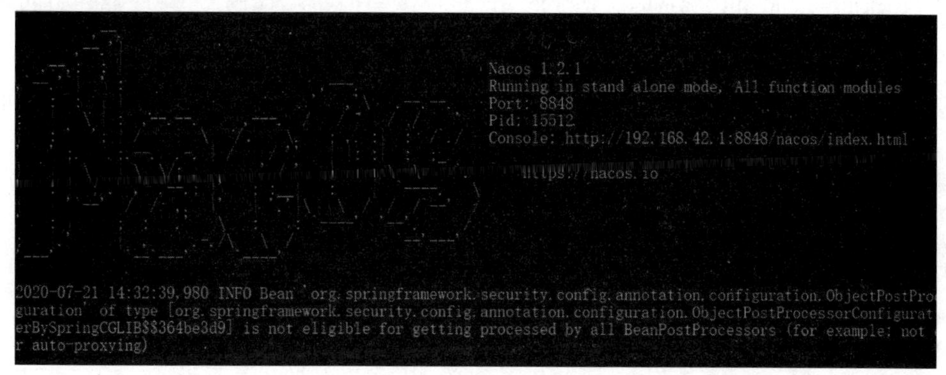

图 4.2　Nacos 启动

可以直接访问 http://localhost:8848/nacos/index.html 访问登录页面，默认用户名是 nacos，密码也是 nacos。登录完成后将会进入 Nacos 控制台主界面，如图 4.3 所示。

图 4.3　Nacos 控制台主界面

注意

> Nacos 启动前提是必须安装有 JDK 环境，并且是 JDK 1.8 及以上版本。

4.3 使用 Nacos 服务注册中心功能

本节开始正式进入编写代码，使用 Spring Cloud Alibaba Nacos 组件阶段，这里会编写一个消费端服务，两个服务提供者，服务之间调用暂且使用 RestTemplate + Ribbon，测试一下负载均衡的效果。

4.3.1 编写提供者代码

这时候把模板代码 spring-cloud-alibaba-sample 拿过来，因为这节的主题是 Nacos，所以把项目名称改成 spring-cloud-alibaba-nacos-sample。这里要编写消费端代码，再将内部的 sample 改成 nacos-provider-sample8081。

项目名称改变后，把对应的 pom.xml 文件也修改一下，这样看起来更容易辨识。spring-cloud-alibaba-nacos-sample 的 pom.xml 改成：

```
<groupId>com.springcloudalibaba.nacos</groupId>
<artifactId>spring-cloud-alibaba-nacos-sample</artifactId>
<version>0.0.1-SNAPSHOT</version>
<name>spring-cloud-alibaba-nacos-sample</name>
<description>nacos 演示</description>
```

nacos-provider-sample8081 的 pom.xml 修改为：

```
<groupId>com.springcloudalibaba.nacos</groupId>
<artifactId>nacos-provider-sample8081</artifactId>
<version>0.0.1-SNAPSHOT</version>
<name>nacos-provider-sample8081</name>
<description>nacos 演示</description>
<!-- 表示父级 -->
<parent>
 <groupId>com.springcloudalibaba.nacos</groupId>
 <artifactId>spring-cloud-alibaba-nacos-sample</artifactId>
 <version>0.0.1-SNAPSHOT</version>
</parent>
```

此时子 artifactId 已改，父级在引入的时候也要修改为：

```
<modules>
      <module>nacos-provider-sample8081</module>
</modules>
```

下一步修改了包名为 com.springcloudalibaba.nacos，启动类名称之前叫 SampleApplication，因为这里是 Nacos 消费端代码，所以改成 NacosProviderSampleApplication，总之取一个好名字很重要，顾名思义，这也是世界级软件开发大师鲍勃大叔（Robert C. Martin）和马丁·福勒（Martin Fowler）提倡的。

注意

后续的代码中不会再有这样详细改名的步骤了，笔者只提一下自己项目是怎么来的，相信读者都有能力做这些。

下面为 nacos-provider-sample8081 的 pom.xml 文件引入 Nacos 注册中心 / 服务发现和健康监控的依赖包。

```
<!-- 健康监控 -->
<dependency>
 <groupId>org.springframework.boot</groupId>
 <artifactId>spring-boot-starter-actuator</artifactId>
</dependency>
<!-- 服务注册 / 服务发现需要引入的 -->
<dependency>
 <groupId>com.alibaba.cloud</groupId>
 <artifactId>spring-cloud-starter-alibaba-nacos-discovery</artifactId>
</dependency>
```

在 application.yml 文件中新增配置：

```
server:
  port: 8080    # 程序端口号
spring:
  application:
    name: nacos-provider-sample       # 应用名称
  cloud:
    nacos:
      discovery:
        server-addr: 127.0.0.1:8848 #nacos 地址
management:
  endpoints:
    web:
      exposure:
        include: '*'   # 公开所有端点
```

修改启动类，增加注解 @EnableDiscoveryClient，代码如下。

```
@SpringBootApplication
@EnableDiscoveryClient
public class NacosProviderSampleApplication {
    public static void main(String[] args) {
        SpringApplication.run(NacosProviderSampleApplication.class, args);
    }
}
```

开始启动 nacos-provider-sample8081 项目，启动完成后在 Nacos 控制台服务列表中查看是否注册成功，如图 4.4 所示。

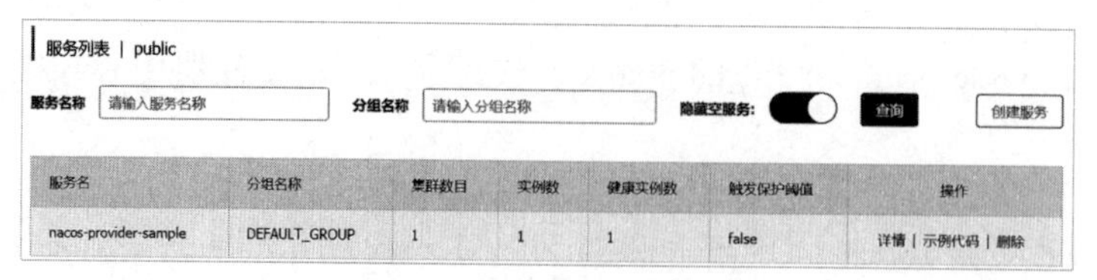

图 4.4　Nacos 服务管理

服务注册成功后，写一个接口，也就是 controller。创建一个 controller 包，新建 TestController 文件内容如下。

```
@RestController // @RestController 注解是 @Controller+@ResponseBody
public class TestController {
    @Value("${server.port}")
    private String port; // 获取配置文件中写的程序端口号
    @RequestMapping("/test") // 标记该方法是接口请求
    public String test() {
        return "hello world test" + port;  // 返回值是一个字符串，因为用了
@RestController，所以不必额外加 @ResponseBody 了
    }
}
```

测试接口这里使用的是 curl 工具，软件下载地址为：https://curl.haxx.se/download.html。这里下载的是：https://curl.haxx.se/windows/dl-7.71.1/curl-7.71.1-win64-mingw.zip（Windows 64 位）。

测试使用命令：curl http://localhost:8081/test，结果如下。

```
D:\software\curl-7.71.1-win64-mingw\bin > curl http://localhost:8081/test
hello world test 8081
```

在本章开头时就提到要写两个服务提供者，现在还差一个服务提供方。

首先将 nacos-provider-sample8081 复制一份出来，改名为 nacos-provider-sample8082，把 pom.xml 的 name、artifactId 标签的值改为 nacos-provider-sample8082；然后把 application.yml 配置文件程序端口号改为 8082；最后在 spring-cloud-alibaba-nacos-sample 的 pom.xml 文件 < modules > 节点中加入 < module > nacos-provider-sample8082 < /module >。这样第二个服务提供者就算完成了。

启动 nacos-provider-sample8082 测试一下接口，测试结果如下。

```
D:\software\curl-7.71.1-win64-mingw\bin > curl http://localhost:8081/test
hello world test 8082
```

现在开始启动两个提供者，查看 Nacos 控制台，结果如图 4.5 和图 4.6 所示。

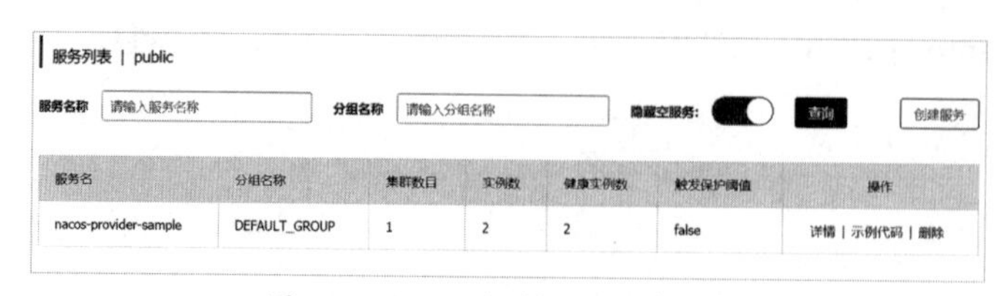

图 4.5　Nacos 控制台 - 服务列表

图 4.6 点击详情后的展示

4.3.2 编写服务消费者代码

这里把 sample 项目复制过来，将项目改名为 nacos-consumer-sample。为了统一将 pom.xml 中 name、artifactId、groupId、parent 标签的值也改了，先修改包名，再把启动类的名称修改为 NacosConsumerSampleApplication，最后把 nacos-consumer-sample 引入到父工程。

引入依赖包：

```
<!-- 服务注册 / 服务发现需要引入的 -->
<dependency>
 <groupId>com.alibaba.cloud</groupId>
 <artifactId>spring-cloud-starter-alibaba-nacos-discovery</artifactId>
</dependency>
<!-- 健康监控 -->
<dependency>
 <groupId>org.springframework.boot</groupId>
 <artifactId>spring-boot-starter-actuator</artifactId>
</dependency>
```

配置文件 application.yml：

```
server:
  port: 8080 # 程序端口号
spring:
  application:
    name: nacos-consumer-sample # 应用名称
  cloud:
    nacos:
      discovery:
        server-addr: 127.0.0.1:8848 #nacos 地址
management:
  endpoints:
    web:
      exposure:
        include: '*'           # 公开所有端点
```

修改启动类代码，增加注解 @EnableDiscoveryClient：

```
@SpringBootApplication
@EnableDiscoveryClient
public class NacosConsumerSampleApplication {
 public static void main(String[] args) {
     SpringApplication.run(NacosConsumerSampleApplication.class, args);
 }
}
```

编写 controller 层代码：

```
@RestController // @RestController 注解是 @Controller+@ResponseBody
public class TestController {

    @RequestMapping("/test")  // 标记该方法是接口请求
    public String test() {
        return null; // 暂且先返回 null，下一步接入基本的远程调用，去调用提供者
    }
}
```

服务消费者已经写好了，看服务是否注册成功，结果如图 4.7 所示。

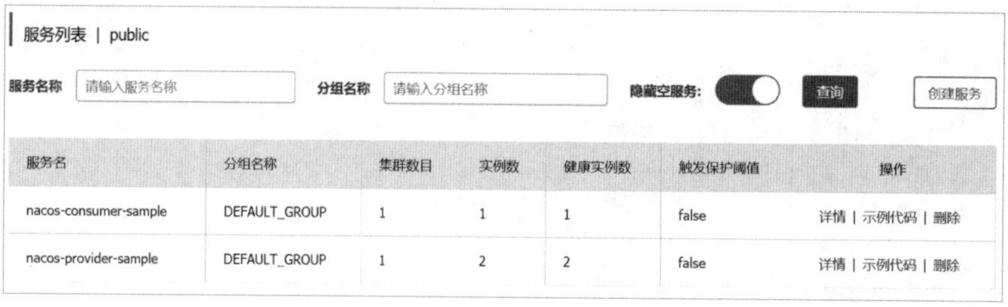

服务列表 | public

服务名称 请输入服务名称 分组名称 请输入分组名称 隐藏空服务: 查询 创建服务

服务名	分组名称	集群数目	实例数	健康实例数	触发保护阈值	操作
nacos-consumer-sample	DEFAULT_GROUP	1	1	1	false	详情 | 示例代码 | 删除
nacos-provider-sample	DEFAULT_GROUP	1	2	2	false	详情 | 示例代码 | 删除

图 4.7 服务列表

4.3.3 RestTemplate+Ribbon 实现简单远程调用

前面已经将两个服务提供者和消费者的代码写好了，也测试完成了，但如何把它们串联起来服务调用呢？下面看官网的说明。

```
Nacos Discovery integrate with the Netflix Ribbon, RestTemplate or OpenFeign
can be used for service-to-service calls
```

实际上就是使用了 Nacos 服务注册发现，远程调用可以使用 RestTemplate+Ribbon 或 OpenFeign。其实除了这些，还可以使用 Dubbo Spring Cloud，本书后面也会讲到。

这里先使用 RestTemplate+Ribbon 远程调用的方式。下面开始编写代码，步骤如下。

（1）使用 Java Config 方式配置 RestTemplate。

```
public class GenericConfiguration { // 常规配置类
    @LoadBalanced // 标注此注解后，RestTemplate 就具有了客户端负载均衡能力
    @Bean
    public RestTemplate restTemplate(){ // 创建 RestTemplate，并交给 Spring 容器管理
        return new RestTemplate();
    }
}
```

注意

@LoadBalanced 注解一定要加，如果不加它，不知道怎么选择这个服务命名下具体哪个服务，会报 java.net.UnknownHostException 异常。

（2）消费端调用提供者的接口代码。

```
@RestController // @RestController 注解是 @Controller+@ResponseBody
public class TestController {
    private final String SERVER_URL = "http://nacos-provider-sample"; // 这里的服务地址填写注册到 Nacos 的应用名称
    @Resource
    private RestTemplate restTemplate;
    @RequestMapping("/test")  // 标记该方法是接口请求
    public String test() {
        return restTemplate.getForObject(SERVER_URL + "/test", String.class);// 调用提供者 /test 接口
    }
}
```

4.3.4 测试负载均衡

4.3.3 节已经把代码写好了，本小节就来测试一下看能否达到预期效果，发起多次请求后，两个提供者都会被调用到，达到负载均衡的目的。

下面就看看发起 4 次请求后的结果。

```
D:\software\curl-7.71.1-win64-mingw\bin > curl http://localhost:8080/test
hello world test 8082
D:\software\curl-7.71.1-win64-mingw\bin > curl http://localhost:8080/test
hello world test 8081
D:\software\curl-7.71.1-win64-mingw\bin > curl http://localhost:8080/test
hello world test 8082
D:\software\curl-7.71.1-win64-mingw\bin > curl http://localhost:8080/test
hello world test 8081
```

8081、8082 各自被调用 2 次，达到效果，再把 8082 停止，试试服务是否可用，再测试 4 次。

```
D:\software\curl-7.71.1-win64-mingw\bin > curl http://localhost:8080/test
hello world test 8081
D:\software\curl-7.71.1-win64-mingw\bin > curl http://localhost:8080/test
hello world test 8081
D:\software\curl-7.71.1-win64-mingw\bin > curl http://localhost:8080/test
hello world test 8081
D:\software\curl-7.71.1-win64-mingw\bin > curl http://localhost:8080/test
hello world test 8081
```

测试成功，过程如此简单，得益于 Nacos 的 spring-cloud-starter-alibaba-nacos-discovery 包整合了 ribbon，无须其他烦琐配置，自带负载均衡的功能。

4.4 使用 Nacos 配置中心功能

相信读者朋友们也尝试过在 Java 代码里或在配置文件里写配置，其中在 Java 代码里直接写配置是最不优雅的，意味着每次修改配置要重新打包或替换 class 文件。如果是放在配置文件里，每次修改一般要重启服务，只要服务做了集群，也会出现很多重复的配置。

那么有没有更优雅的办法解决配置更新的问题呢？答案是有的，使用 Nacos 配置中心功能就是解决方案之一。

除了前面说的更新配置的问题，在多个微服务系统中还要涉及多项目多环境的管理，这些 Nacos 都支持。

4.4.1 集成 Nacos 配置中心

在使用 Nacos 配置中心功能前，先将基础依赖和配置引入项目，这里就前面讲的消费端服务来修改，有以下几个步骤。

（1）在项目 pom.xml 文件 dependencies 中引入依赖。

```
<!--Nacos 配置中心依赖 -->
<dependency>
 <groupId>com.alibaba.cloud</groupId>
 <artifactId>spring-cloud-starter-alibaba-nacos-config</artifactId>
</dependency>
```

（2）为了保证项目启动时，配置先从 Nacos 配置中心拉取，所以基础配置要写在 bootstrap（bootstrap.yml 或 bootstrap.properties）文件中。bootstrap 文件比 application（application.yml 或

application.properties）文件的优先级高。这里把大部分配置写在了 bootstrap.yml 中，文件内容如下。

```
server:
  port: 8080 #程序端口号
spring:
  application:
    name: nacos-consumer-sample #应用名称
  cloud:
    nacos:
      discovery:
        server-addr: 127.0.0.1:8848 #nacos 服务注册、发现地址
      config:
        server-addr: 127.0.0.1:8848 #nacos 配置中心地址
        file-extension: yml #指定配置内容的数据格式
management:
  endpoints:
    web:
      exposure:
        include: '*' #公开所有端点
```

4.4.2 Nacos DataId 配置

DataId 主要是使当前项目快速切换多套配置内容（环境）。先来看看 DataId 的组成格式，以便更容易理解。

```
${prefix}-${spring.profiles.active}.${file-extension}
```

- prefix 默认是 spring.application.name 的值。

注意

可以通过 spring.cloud.nacos.config.prefix 配置项覆盖。

- spring.profiles.active 是当前选择的环境。

注意

当 spring.profiles.active 为空时，对应的连接符“-”也将不存在，dataId 的拼接格式会变成 ${prefix}.${file-extension}。

- file-extension 是配置内容的数据格式。

注意

通过 spring.cloud.nacos.config.file-extension 配置项来配置。

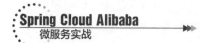

有了基础的认识后，下面来添加 DataId 的配置。

（1）在 application.yml 文件中添加选择环境的配置。

```
spring:
  profiles:
    active: dev   # 选择 dev，即 nacos-consumer-sample-dev.yml
```

（2）在 Nacos 控制面板新建 dev 和 prod 环境配置，即 nacos-consumer-sample-dev.yml、nacos-consumer-sample-prod.yml。

点击配置管理→配置列表，点击"+"号，新增如下配置，如图 4.8 和图 4.9 所示。

注意

要注意 yml 内容格式。

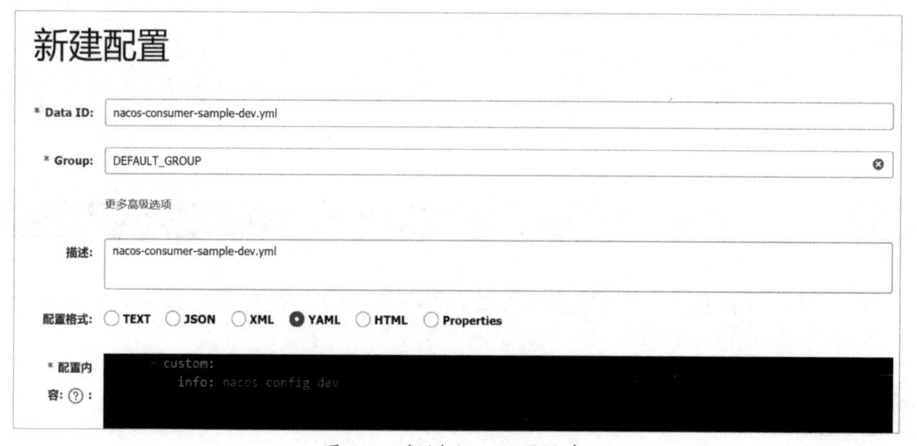

图 4.8　新增 dev 配置信息

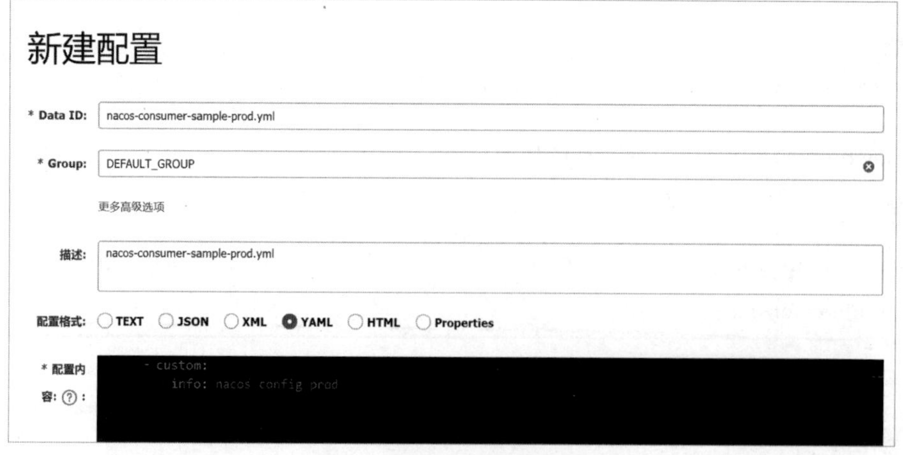

图 4.9　新增 prod 配置信息

点击发布后，返回到配置列表，可看到新增的配置就成功了，如图 4.10 所示。

图 4.10 新增后的配置列表

（3）代码获取 custom.info 配置项的值。

```
@RestController // @RestController 注解是 @Controller+@ResponseBody
@RefreshScope //通过 Spring Cloud 原生注解 @RefreshScope 实现配置自动更新
public class ConfigController {
    @Value("${custom.info}")// 注解获取 custom.info 配置的值
    private String config;
    @RequestMapping("/getConfig")
    public String getConfig() {   // 获取配置的接口
        return config;
    }
}
```

下面开始启动项目，测试是否能拿到配置，依旧是使用 curl 命令。

```
D:\software\curl-7.71.1-win64-mingw\bin > curl http://localhost:8080/getConfig
nacos config dev
```

获取配置是成功的，随后将内容修改，测试程序是否能自己动态更新配置。

```
D:\software\curl-7.71.1-win64-mingw\bin > curl http://localhost:8080/getConfig
nacos config dev update
```

获取配置的测试成功，同理将 spring.profiles.active 配置项的值修改为 prod，程序读取的是 nacos-consumer-sample-prod.yml 的配置，就能实现当前项目的环境切换了，效果如下。

```
D:\software\curl-7.71.1-win64-mingw\bin > curl http://localhost:8080/getConfig
nacos config prod
```

4.4.3 Nacos Group 配置

group 是分组的意思，表示配置内容归于哪个组，默认是 DEFAULT_GROUP 组。

下面开始自定义分组。

（1）还是新建一条DataId，叫作nacos-consumer-sample-dev.yml，并且分组填CUSTOM_GROUP，内容如图4.11所示。

新建配置

* Data ID: nacos-consumer-sample-dev.yml

* Group: CUSTOM_GROUP

更多高级选项

描述: nacos-consumer-sample-dev.yml

配置格式: TEXT JSON XML YAML HTML Properties

* 配置内容:

```
custom:
  info: nacos config dev CUSTOM_GROUP
```

图4.11　自定义group

（2）在bootstrap（bootstrap.yml或bootstrap.properties）文件中新增指定group配置。

```
server:
  port: 8080 #程序端口号
spring:
  application:
    name: nacos-consumer-sample # 应用名称
  cloud:
    nacos:
      discovery:
        server-addr: 127.0.0.1:8848 #nacos服务注册 / 发现地址
      config:
        server-addr: 127.0.0.1:8848 #nacos配置中心地址
        file-extension: yml # 指定配置内容的数据格式
        group: CUSTOM_GROUP # 指定group，默认是DEFAULT_GROUP，这是本次新增的配置
management:
  endpoints:
    web:
      exposure:
        include: '*' # 公开所有端点
```

（3）将spring.profiles.active的值写成dev。

完成后启动项目，测试接口是否能访问到配置，结果如下。

```
D:\software\curl-7.71.1-win64-mingw\bin > curl http://localhost:8080/getConfig
nacos config dev CUSTOM_GROUP
```

4.4.4 Nacos Namespace 配置

namespace 表示命名空间，比较粗粒度的控制。可以看到默认的命名空间是 public，如图 4.12 所示。

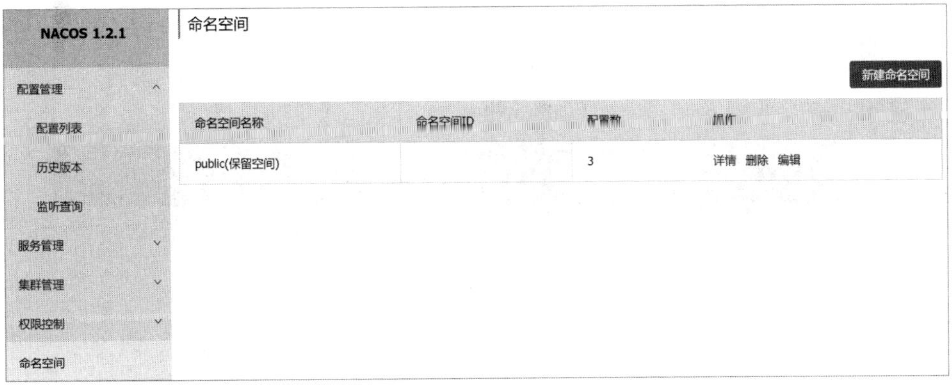

NACOS 1.2.1
配置管理
配置列表
历史版本
监听查询
服务管理
集群管理
权限控制
命名空间
命名空间
新建命名空间
命名空间名称
命名空间ID
配置数
操作
public(保留空间)
3
详情 删除 编辑

图 4.12 命名空间

图 4.12 中有 3 个配置数，就是前面配置的 DataId、Group，命名空间囊括了 Group、DataId，相对来说是一个很大的范围。

除了使用默认的 public 保留空间以外，Nacos 支持自定义命名空间。

下面开始使用自定义命名空间。

（1）点击命名空间，然后点击新建命名空间按钮，填入如下内容，点击“确定”按钮保存，如图 4.13 所示。

新建命名空间
命名空间ID(不填则自动生成):
* 命名空间名:
fast_team
* 描述:
fast_team
确定
取消

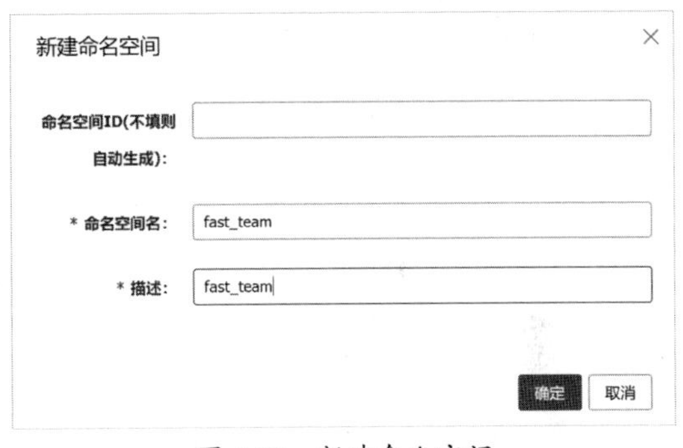

图 4.13 新建命名空间

（2）保存后，查看结果，后续会使用到命名空间 ID 的值，如图 4.14 所示。

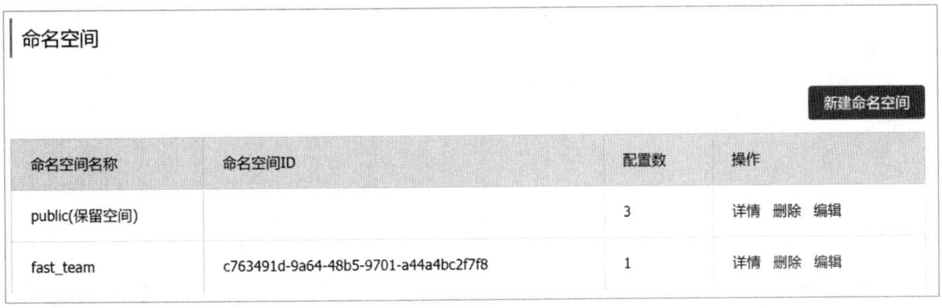

命名空间
新建命名空间
命名空间名称
命名空间ID
配置数
操作
public(保留空间)
3
详情 删除 编辑
fast_team
c763491d-9a64-48b5-9701-a44a4bc2f7f8
1
详情 删除 编辑

图 4.14 新增后的命名空间列表

（3）回到配置列表，会发现 public 旁边多了一个 dev 的命名空间，点击 dev，新建一条 DataId 配置内容，如图 4.15 所示。

新建配置

* Data ID: nacos-consumer-sample-dev.yml

* Group: CUSTOM_GROUP

更多高级选项

描述: fast_team CUSTOM_GROUP nacos-consumer-sample-dev.yml

配置格式: TEXT JSON XML YAML HTML Properties

* 配置内容:

```
custom:
  info: nacos config namespace fast_team group CUSTOM_GROUP active dev
```

图 4.15 新建 fast_team namespace 的 dataId 配置

（4）bootstrap 配置文件制定命名空间。

```
server:
  port: 8080 #程序端口号
spring:
  application:
    name: nacos-consumer-sample # 应用名称
  cloud:
    nacos:
      discovery:
        server-addr: 127.0.0.1:8848 #nacos 服务注册、发现地址
      config:
        server-addr: 127.0.0.1:8848 #nacos 配置中心地址
        file-extension: yml # 指定配置内容的数据格式
        group: CUSTOM_GROUP # 指定 group，默认是 DEFAULT_GROUP
        namespace: c763491d-9a64-48b5-9701-a44a4bc2f7f8 # 指定使用哪个命名空间，默
认 public，这是本次新增的配置
management:
  endpoints:
    web:
      exposure:
        include: '*' # 公开所有端点
```

注意

namespace 的值填写命名空间 ID，而非命名空间名称。

（5）将 spring.profiles.active 的值写成 dev。

以上完成后启动项目，测试结果如下所示。

```
D:\software\curl-7.71.1-win64-mingw\bin > curl http://localhost:8080/getConfig
nacos config namespace fast_team group CUSTOM_GROUP active dev
```

4.4.5 Namespace、Group、DataId 之间的关系

Namespace、Group、DataId 都已经实操过了，其设计思想就是“分门别类”。Namespace 代表最粗粒度的划分，Group 是第二级分组，DataId 是最细粒度的划分。

比如现在有很多微服务，需要区分不同企业团队开发的服务，就可以建 Namespace 来区分。比如这个企业团队开发的用户注册、用户登录服务可以分到关于用户 Group 里，最后就是具体选择使用哪个配置内容，也就是 DataId。

除了配置管理可以使用 Namespace 以外，服务的管理也可以使用 Namespace 功能区分，在项目配置中使用 spring.cloud.nacos.discovery.namespace 配置项。

4.5 Nacos 持久化配置

Nacos 默认使用嵌入式数据库 Derby 数据库，也就表明越到后面越容易出现瓶颈，比如存储容量限制，不方便数据查询、存储优化等，而且后面做集群很麻烦，将应用程序和数据分开，不必放在一起，应用程序只做一个“壳”，这样比较好。

所以需要一个外部的数据库，方便管理，并且这个数据库在业内通用，容易优化。

Nacos 在 0.7 版本的时候支持可以配置外部数据源的能力，不过目前仅支持 MySql，版本要求为 5.6.5+。

将 Derby 数据库改为 MySql 数据库的具体步骤如下。

（1）启动并登录 MySql，创建名称为 nacos_config（名称任意）的 database，并导入 nacos-mysql.sql 文件（路径为 conf/nacos-mysql.sql）。

```
D:\software\mysql-5.7.24-winx64\bin > mysql -u root -p # 登录 MySql
Enter password: ****  # 输入密码
... 省略 ...
mysql > create database 'nacos_config';  # 创建 config_info database
Query OK, 1 row affected (0.01 sec)
mysql > use nacos_config; # 选择 nacos_config database
Database changed
mysql > source D:/software/nacos/conf/nacos-mysql.sql;  # 使用 source 命令导入 sql 文件
... 省略 ...
mysql > show tables \G  # 查询 nacos_config database 有哪些表，这里加 \G 把行转化成列，格式不会乱
*************************** 1. row ***************************
Tables_in_nacos_config: config_info
*************************** 2. row ***************************
Tables_in_nacos_config: config_info_aggr
```

```
*************************** 3. row ***************************
Tables_in_nacos_config: config_info_beta
*************************** 4. row ***************************
Tables_in_nacos_config: config_info_tag
*************************** 5. row ***************************
Tables_in_nacos_config: config_tags_relation
*************************** 6. row ***************************
Tables_in_nacos_config: group_capacity
*************************** 7. row ***************************
Tables_in_nacos_config: his_config_info
*************************** 8. row ***************************
Tables_in_nacos_config: permissions
*************************** 9. row ***************************
Tables_in_nacos_config: roles
*************************** 10. row ***************************
Tables_in_nacos_config: tenant_capacity
*************************** 11. row ***************************
Tables_in_nacos_config: tenant_info
*************************** 12. row ***************************
Tables_in_nacos_config: users
```

（2）修改 conf/application.properties 文件，添加 MySql 数据源支持。

```
spring.datasource.platform=mysql   #选择 mysql 数据库平台
db.num=1
db.url.0=jdbc:mysql://127.0.0.1:3306/nacos_config?characterEncoding=utf8&con
nectTimeout=1000&socketTimeout=3000&autoReconnect=true #jdbc 连接地址
db.user=root  # 数据库用户名
db.password=root  # 数据库密码
```

注意

'nacos_config' 左右两边的反单引号代表转义符，即使名称存在特殊字符，一般也能创建成功。温馨提示，properties 文件属性值右边不要加其他东西，否则影响读取字段值，如果要加注释请换行，这里是因为编书的规范没有换行。

从 spring.datasource.platform 参数配置就能看出来，Nacos 并不满足于只支持 MySql，以后会支持更多数据库，让我们拭目以待。

重启 Nacos 登录进去后，又会回到之前初始的界面了。下一步启动一个服务试试，简单测试一下服务注册、查看功能是否正常，测试结果如图 4.16 所示，就代表是正常的。

测试完服务注册、发现功能后，再测试配置中心功能，重新建立新的 Namespace，Group，DataId。选择新的 Namespace，新增的 DataId 内容如图 4.17 所示。

图 4.16　测试服务注册、发现功能

新建配置

* Data ID: nacos-consumer-sample-dev.yml

* Group: CUSTOM_GROUP

更多高级选项

描述: fast_team CUSTOM_GROUP nacos-consumer-sample-dev.yml

配置格式: TEXT JSON XML YAML HTML Properties

* 配置内容:

```
custom:
  info: nacos config namespace fast_team group CUSTOM_GROUP active dev mysql database
```

图 4.17　测试配置中心功能

修改项目 spring.cloud.nacos.config.namespace 配置项的值，重启 nacos-consumer-sample 项目，测试结果如下，则表示是成功的。

```
D:\software\curl-7.71.1-win64-mingw\bin > curl http://localhost:8080/getConfig
nacos config namespace fast_team group CUSTOM_GROUP active dev mysql database
```

4.6 Nacos 集群部署

4.5 节配置了数据持久化，就是在为集群部署奠定基础。在生产环境中，如果使用单机模式运行，服务宕机，就会引发单点故障。因为 Nacos 是一个比较基础的服务，所以影响范围广，危害大。

在有一定流量的系统中，做集群是势在必行的。下面看看 Nacos 做集群的部署图，如图 4.18 所示。

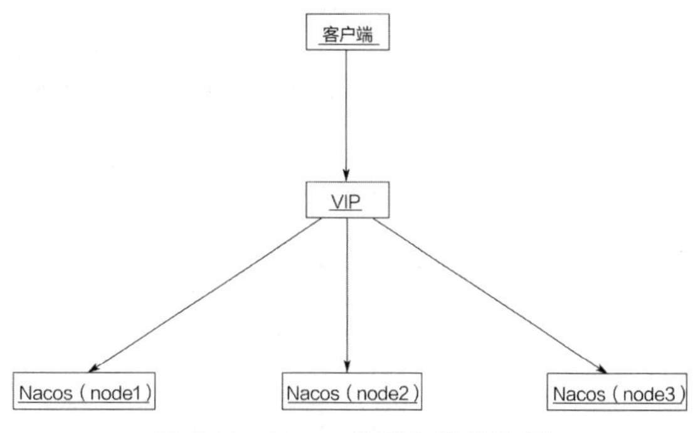

图 4.18　Nacos 集群部署架构图

从图 4.18 中可以看出一个整体流程，客户端（比如连接到 Nacos 的服务，再如浏览器，都算客户端）访问 VIP（Virtual IP），由这个中间层去做负载均衡等工作，最后就是到具体的一个 Nacos 节点。

这个 VIP 指的是虚拟 IP，业内一般使用 Keepalived 实现。它能解决使用静态路由地址单点故障的问题，保证 99.99% 高可用。

4.6.1 Nacos+OpenResty 简单集群

上面说到 Keepalived，要使用它还是很麻烦的，本小节先来个简单实现。使用 Nacos+OpenResty 技术实现，后续逐步引申到 Keepalived，暂且把 OpenResty 看成是图 4.18 中的 VIP，它在这里可以充当负载均衡器的作用，由它选择具体调用哪个 Nacos 节点。

到底什么是 OpenResty，想必不少读者朋友都听过“大名鼎鼎”的 Nginx 吧。它有两个重要的功能：反向代理和负载均衡，OpenResty 就是基于 Nginx 开发的，其中集成了很多优秀的 Nginx 模块，最出名的莫过于 Lua 了，OpenResty 相当于是 Nginx 的增强。

不知道读者有没有听过 Nginx 模块开发，相当于要定制自己的 Web 服务器，相对来说这块需要去熟悉 C、C++ 语言等，门槛较高。如果是使用 OpenResty，开发者可以用 Lua 脚本语言调用 C、Lua 模块，轻松完成单机并发连接数高且高性能的服务，毕竟 Lua 号称“第一快”的脚本语言，相对来说学习成本低，降低了定制化 Web 服务器的门槛。

之前笔者就使用过 Nginx Lua 共享内存解决过推广页服务崩溃的问题，推广页是一个 Spring Boot 项目，流量一下激增就容易出现内存溢出或请求堆积等问题。笔者使用 Lua 脚本将请求后端应用代理，请求推广页先看 Nginx Lua 共享内存有没有，如果没有，请求后端服务并把结果存在 Nginx Lua 共享内存，下一次请求直接在 OpenResty 阶段就能返回结果，不用请求后端应用，不需要多余的机器成本，又保护了 Java 程序。在这种应用场景使用起来是极度舒适的。

这也说明有的时候找解决方案也可以跳出 Java 语言层面。

本小节部署过程大致分为两大步骤：①建立 3 个节点的 Nacos 集群；②安装 OpenResty 并配置负载均衡指向 Nacos 集群，部署规划如表 4.1 所示。

表 4.1　OpenResty+Nacos 部署规划

名称	地址（IP+ 端口）
Nacos node1	192.168.42.128 : 8848
Nacos node2	192.168.42.128 : 8849
Nacos node3	192.168.42.128 : 8850
OpenResty	192.168.42.128 : 80

笔者依旧是使用虚拟机，版本是 Centos 7.0，这里将在一台 Linux 服务器上建立 3 个节点的 Nacos 伪集群，开始前请先安装好 JDK 1.8 及以上版本，具体有如下几个步骤。

（1）下载 Nacos 安装包，因为笔者早已下载好了，所以直接上传到 Linux 服务器。

（2）解压压缩包。

```
unzip nacos-server-1.2.1.zip
```

（3）修改 conf/application.properties 配置文件，增加 MySql 的配置。

```
spring.datasource.platform=mysql  # 选择 mysql 数据库平台
db.num=1
db.url.0=jdbc:mysql://localhost:3306/nacos_config?characterEncoding=utf8&con
nectTimeout=1000&socketTimeout=3000&autoReconnect=true #jdbc 连接地址
db.user=root  # 数据库用户名
db.password=root  # 数据库密码
```

（4）登录进入 MySql，导入 sql 文件。

```
/usr/local/mysql/bin/mysql -u root -p  # 登录命令
Enter password:    # 输入密码
... 省略 ...
mysql > create database 'nacos_config'; # 创建 nacos_config database
Query OK, 1 row affected (0.00 sec)
mysql > use nacos_config; # 选择 nacos_config database
Database changed
mysql > source /root/software/nacos1/conf/nacos-mysql.sql # 导入 sql 文件
```

（5）在 conf 目录下创建 cluster.conf 文件，内容填写节点的 IP 端口，笔者的 IP 是 192.168.42.128。

```
192.168.42.128:8848
192.168.42.128:8849
192.168.42.128:8850
```

（6）做 3 个程序包，复制出 2 份，因为至少要 3 个节点才能构成集群。

```
mv nacos nacos1 # 改名称
cp -R  nacos1/ nacos2 #  复制 nacos1 文件夹
cp -R  nacos1/ nacos3 #  复制 nacos1 文件夹
```

（7）指定程序启动端口：8848、8849、8850，分别修改 3 个程序包中的启动脚本。

① vim nacos1/bin/startup.sh

```
nohup $JAVA -Dserver.port=8848 ${JAVA_OPT}   nacos.nacos >> ${BASE_DIR}/
logs/start.out 2 > &1  & # 大概在 132 行增加 -Dserver.port=8848 端口号参数
```

② vim nacos2/bin/startup.sh

```
nohup $JAVA -Dserver.port=8849 ${JAVA_OPT}   nacos.nacos >> ${BASE_DIR}/
logs/start.out 2 > &1  & # 大概在 132 行增加 -Dserver.port=8849 端口号参数
```

③ vim nacos3/bin/startup.sh

```
nohup $JAVA -Dserver.port=8850  ${JAVA_OPT}  nacos.nacos >> ${BASE_DIR}/
logs/start.out 2 > &1 & # 大概在 132 行增加 -Dserver.port=8850 端口号参数
```

（8）分别启动三个程序。

```
sh nacos1/bin/startup.sh
sh nacos1/bin/startup.sh
sh nacos1/bin/startup.sh
```

注意

启动前记得设置防火墙端口允许访问或粗暴点暂时关闭防火墙。

查看对应日志文件 logs/start.out，提示 Nacos started successfully in cluster mode，则代表启动成功。

Nacos 集群 3 个节点做好后，开始下一步安装 OpenResty 并配置负载均衡，步骤如下。

（1）下载 OpenResty 和相关依赖。

① OpenResty 下载地址：http://openresty.org/cn/download.html。

② openssl 下载地址：https://www.openssl.org/source。

③ pcre 下载地址：http://www.pcre.org。

④ perl 下载地址：https://www.cpan.org/src/README.html。

（2）笔者下载的版本分别是：openresty-1.15.8.2.tar.gz、openssl-1.0.2q.tar.gz、pcre-8.41.tar.gz、zlib-1.2.11.tar.gz、perl-5.30.1.tar.gz，然后全部解压。

```
tar -zxvf perl-5.30.1.tar.gz  # 解压 perl-5.30.1.tar.gz
tar -zxvf openresty-1.15.8.2.tar.gz  # 解压 openresty-1.15.8.2.tar.gz
tar -zxvf openssl-1.0.2q.tar.gz  # 解压 openssl-1.0.2q.tar.gz
tar -zxvf pcre-8.41.tar.gz  # 解压 pcre-8.41.tar.gz
tar -zxvf zlib-1.2.11.tar.gz  # 解压 zlib-1.2.11.tar.gz
```

（3）安装 perl 依赖。

```
cd perl-5.30.1 #cd 到解压后的目录
./Configure -des -Dprefix=$HOME/localperl  # 配置
make    # 编译
make test # 编译测试
make install  # 编译安装
```

（4）开始安装 OpenResty。

```
cd openresty-1.15.8.2  # 先 cd 到 OpenResty 的解压目录
./configure --prefix=/usr/local/openresty --with-pcre=../pcre-8.41 --with-zlib=../
zlib-1.2.11 --with-http_ssl_module  --with-openssl=../openssl-1.0.2q  # 配置
```

```
make && make install # 编译安装
```

① --prefix：指定软件安装路径。

② --with-pcre：指定 pcre 的解压路径。

③ --with-zlib：指定 zlib 的解压路径。

④ --with-http_ssl_module：是 ssl 模块，支持配置 https。

⑤ --with-openssl：指定 openssl 的解压路径。

安装的依赖比较多，一个个找比较浪费时间，这里笔者已经为读者准备好了一键脚本安装，使用如下命令（适用于 Centos 7.X 的系统）。

```
wget https://github.com/1030907690/public-script/raw/master/generic/install-
openresty-centos.sh
sh install-openresty-centos.sh
```

如果地址访问不了，https://github.com/1030907690/public-script/blob/master/generic/install-openresty-centos.sh 这个地址是脚本具体内容。

（5）启动 OpenResty，记得设置防火墙端口允许访问或暂时关闭防火墙。

```
/usr/local/openresty/bin/openresty
```

如果安装成功，直接访问 OpenResty 服务的地址默认是 80 端口，可以看到如图 4.19 所示的界面。

Welcome to OpenResty!

If you see this page, the OpenResty web platform is successfully installed and working. Further configuration is required.

For online documentation and support please refer to openresty.org.
Commercial support is available at openresty.com.

Thank you for flying OpenResty.

图 4.19 OpenResty index 页面

（6）OpenResty 程序已经安装好了，下面开始使用 upstream 指令实现负载均衡的功能，定位到 nginx/conf/nginx.conf 文件 http 块中增加如下代码。

```
upstream nacosCluster{ #upstream 名称是 nacosCluster
 server 127.0.0.1:8848; # nacos 节点 1
 server 127.0.0.1:8849; # nacos 节点 2
 server 127.0.0.1:8850; # nacos 节点 3
}
```

注意

upstream 的名称最好不要有下划线“_”，否则代理到 tomcat8 会报 The character [_] is never valid in a domain name 异常。

（7）配置 location，代理到 nacos_cluster，依旧在 nginx/conf/nginx.conf 文件 server 块中修改 location/ 的配置，修改后的代码如下。

```
location / {
   proxy_pass http://nacosCluster; #代理到 nacosCluster
```

```
    index   index.html index.htm;    # 默认到 index.html 或 index.htm 页面
}
```

（8）修改完保存配置文件后，重新载入配置文件，使用如下命令。

```
/usr/local/openresty/bin/openresty -s reload
```

（9）笔者访问 http://192.168.42.128/nacos/index.html 测试。也就是 IP+ 端口 +/nacos/index.html，端口为 80 可以不写。登录的账号依旧是 nacos，密码也是 nacos，登录进去后是初始的界面。

（10）查看集群节点，如图 4.20 所示就表示是正常的。

图 4.20　集群节点

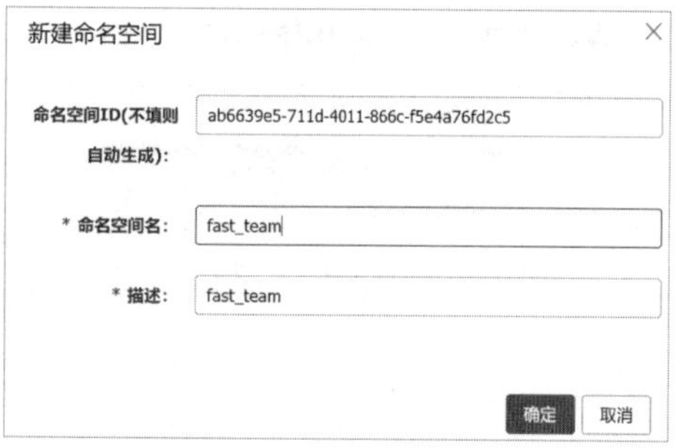

新建命名空间
命名空间ID(不填则自动生成): ab6639e5-711d-4011-866c-f5e4a76fd2c5
* 命名空间名: fast_team
* 描述: fast_team
确定　取消

图 4.21　新建命名空间

集群已经搭建好了，下面就用代码来验证服务注册、发现，配置中心这些基础功能是否正常。

（1）创建新的命名空间，配置内容如图 4.21 所示。

（2）在新的命名空间下创建一条新的 dataId 配置内容，Group 使用 CUSTOM_GROUP，具体内容如图 4.22 所示。

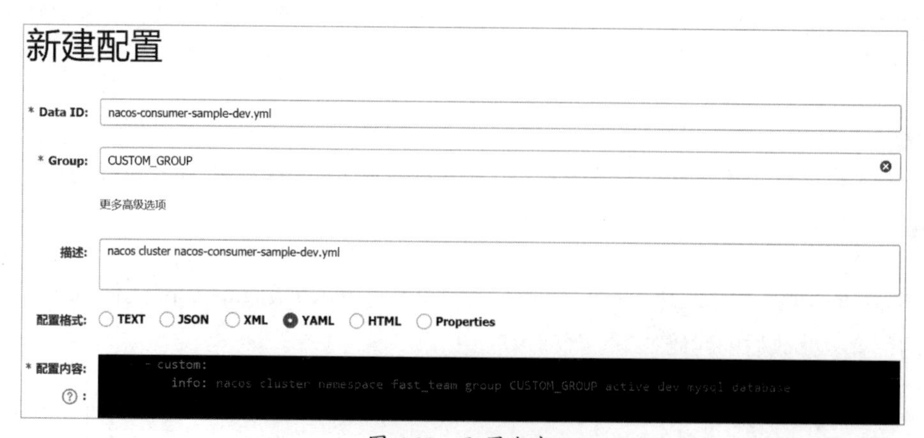

图 4.22　配置内容

（3）修改 bootstrap（yml 或 properties 结尾）文件中配置项的地址，例如，笔者会把下面两个配置地址修改为 192.168.42.128:80。

① spring.cloud.nacos.discovery.server-addr。

② spring.cloud.nacos.config.server-addr。

（4）启动消费端服务，查看 Nacos 控制台服务注册情况，服务列表有数据则表示成功。

（5）使用 curl 命令测试获取配置，结果如下所示，表示成功。

```
D:\software\curl-7.71.1-win64-mingw\bin > curl http://localhost:8080/getConfig
nacos cluster namespace fast team group CUSTOM_GROUP active dev mysql database
```

（6）在正常情况下，测试到服务是可用的。那么笔者再测试一下尝试关闭一个 Nacos 节点，看服务是否还可用，关闭后只有 2 个节点了，如图 4.23 所示。

节点列表 | public

节点Ip [请输入节点Ip] 查询

节点Ip	节点状态	集群任期	Leader止时(ms)	心跳止时(ms)
192.168.42.128:8849	FOLLOWER	7	15189	3000
192.168.42.128:8850	LEADER	7	16840	3500

图 4.23 关闭一个节点后的列表

（7）直接使用 curl 命令测试获取配置，测试结果如下。

```
D:\software\curl-7.71.1-win64-mingw\bin > curl http://localhost:8080/getConfig
nacos cluster namespace fast_team group CUSTOM_GROUP active dev mysql
database
```

以上的测试表明 Nacos 服务基本上达到高可用，为什么要说是“基本”呢?

4.6.2 Nacos+OpenResty+Keepalived 高可用集群

4.6.1 节说到此时 Nacos 集群服务只是基本的高可用，因为此时的短板在于 OpenResty，它就只有一个服务，试想一下，如果中途宕机（虽然这个概率很小），就会引发单点故障，请求连入口都进不来。

那如何解决呢?

可能很多读者朋友都想到了，既然 Nacos 能做集群，那 OpenResty 也可以。虽然 OpenResty 不能像 Tomcat 那样直接配置集群，但是可以联合 Keepalived 做成高可用的集群。加入 Keepalived 后的部署架构图如图 4.24 所示。

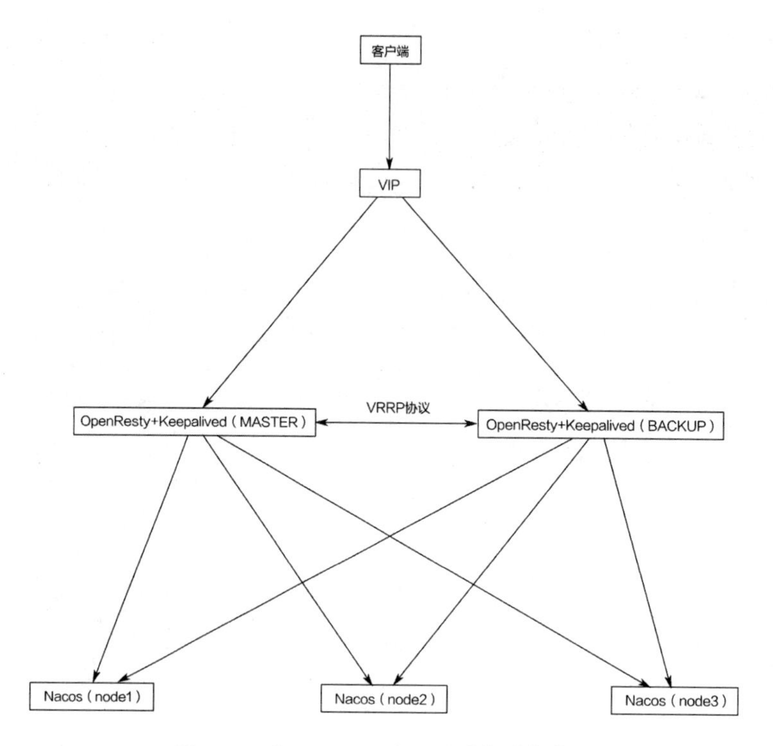

图 4.24 加入 Keepalived 后的部署架构图

从图 4.24 上可以看出客户端请求 VIP（虚拟 IP），然后请求到某个 OpenResty，最后由 OpenResty 转发到具体的某个 Nacos 节点。这中间 OpenResty 服务是高可用的，因为一台服务宕机了，VIP 会转到另一台 OpenResty 服务。

Keepalived 最早是为 LVS 设计的，用来监控 LVS 集群系统中服务节点的状态，后续加入了 VRRP（Virtual Router Redundancy Protocol）功能，中文名称为虚拟路由器冗余协议，是用来解决静态路由单点故障，保证服务高可用的解决方案。

VRRP 协议为两台或多台设备提供一个或多个 VIP（Virtual IP），其内部节点角色分为 MASTER 和 BACKUP。通过算法选举产生。假设有两台服务，一个 MASTER，一个 BACKUP，首先会选举 MASTER 提供服务；当 BACKUP 无法接收到 MASTER 时会重新选举（根据优先级）BACKUP 节点来提供服务。

为了更好地演示，笔者克隆了一台虚拟机，使用两台 Centos 7.0 的虚拟机，部署规划如表 4.2 所示。

表 4.2 Nacos+OpenResty+Keepalived 部署规划

名称	部署的服务器 IP	主从
Nacos node1	192.168.42.128	-
Nacos node2	192.168.42.128	-
Nacos node3	192.168.42.128	-

续表

名称	部署的服务器 IP	主从
OpenResty	192.168.42.128	-
OpenResty	192.168.42.129	-
Keepalived	192.168.42.128	BACKUP
Keepalived	192.168.42.129	MASTER

下面看看具体的部署过程，Nacos 和 OpenResty 的部署就不做赘述了。

正常部署情况下 192.168.42.129 主机缺少 OpenResty 和 Keepalived，192.168.42.128 主机缺少 Keepalived，不过笔者虚拟机是克隆的，所以这两台主机只缺 Keepalived，如果要安装，可以使用上面的脚本（前提是 Centos 7.X）。安装好 OpenResty，记得负载均衡的地址不能是 127.0.0.1 了，而是填写内网 IP，代码如下所示。

```
upstream nacosCluster{
 server 192.168.42.128:8848;
 server 192.168.42.128:8849;
 server 192.168.42.128:8850;
}
```

注意

记得设置防火墙端口允许访问或暂时关闭防火墙。

现在进入主题下载、安装、配置 Keepalived。

（1）Keepalived 官网下载地址：https://www.keepalived.org/download.html。这里下载的是目前较新的 keepalived-2.1.5.tar.gz 版本。

（2）解压压缩包，两台主机都这样操作。

```
tar -zxvf keepalived-2.1.5.tar.gz
```

（3）切换到解压后的目录、配置、编译安装，两台主机都这样操作。

```
cd keepalived-2.1.5  # 切换到目录
./configure --prefix=/usr/local/keepalived  # 配置
make && make install  # 编译安装
```

（4）把 Keepalived 设置为系统服务，两台主机都这样操作。

```
mkdir /etc/keepalived    # 先创建配置文件存放目录
cp /usr/local/keepalived/etc/keepalived/keepalived.conf /etc/keepalived/  # 复制配置文件到默认路径
cp /usr/local/keepalived/sbin/keepalived /usr/sbin/  # 拷贝执行文件
```

```
cp /root/software/keepalived-2.1.5/keepalived/etc/init.d/keepalived /etc/init.d/
# 将初始化脚本拷贝到系统初始化目录下  /root/software/keepalived-2.1.5 是源码包路径
cp /root/software/keepalived-2.1.5/keepalived/etc/sysconfig/keepalived /etc/sysconfig
# 将 keepalived 配置文件拷贝到 etc 下 /root/software/keepalived-2.1.5 是源码包路径
chmod +x /etc/init.d/keepalived  # 添加可执行权限
```

（5）加入开机自启动，两台主机都这样操作。

```
chkconfig --add keepalived  # 添加 keepalived 到开机启动
chkconfig keepalived on
```

（6）允许 vrrp 包发送（或暂时关闭防火墙），两台主机都这样操作，否则可能两台都有 VIP。

```
firewall-cmd --direct --permanent --add-rule ipv4 filter INPUT 0  --protocol vrrp
-j ACCEPT
firewall-cmd --reload
```

（7）编辑 MASTER /etc/keepalived/keepalived.conf 文件，里面内容很多，不过可以删除一下，修改后的内容如下。

```
vrrp_script chk_openresty {
   script "/etc/keepalived/openresty_check.sh"  # 检测 nginx 状态的脚本路径
   interval 2 # 检测时间间隔
    weight -20 # 如果条件成立，权重 -20
}
vrrp_instance VI_1 {
    state MASTER  # 主节点为 MASTER，对应的备份节点为 BACKUP
    interface ens33  # 绑定虚拟 IP 的网络接口，与本机 IP 地址所在的网络接口相同，笔者是
ens33
    virtual_router_id 51 # 虚拟路由的 ID 号，两个节点设置必须一样，可选 IP 最后一段使用，
相同的 VRID 为一个组，它将决定多播的 MAC 地址
    priority 100 # 节点优先级，值范围 0 ~ 254，MASTER 要比 BACKUP 高
    advert_int 1 # 组播信息发送间隔，两个节点设置必须一样
    authentication { # 设置验证信息，两个节点设置必须一样，用于节点间信息转发时的加密
        auth_type PASS
        auth_pass 1111
}
 track_script {# 将 track_script 块加入 instance 配置块
     chk_openresty # 执行 openresty 监控的服务
 }
    virtual_ipaddress {
        192.168.42.130/24 # 此处的虚拟 ip 同一个网段即可，24 代表 3 个 255 的子网掩码
    }
}
```

（8）编辑 BACKUP /etc/keepalived/keepalived.conf 文件，修改后的内容如下。

```
vrrp_script chk_openresty {
   script "/etc/keepalived/openresty_check.sh"  # 检测 nginx 状态的脚本路径
   interval 2 # 检测时间间隔
    weight -20 # 如果条件成立，权重 -20
}
vrrp_instance VI_1 {
    state BACKUP  # 主节点为 MASTER，对应的备份节点为 BACKUP
    interface ens33  # 绑定虚拟 IP 的网络接口，与本机 IP 地址所在的网络接口相同，笔者是
ens33
    virtual_router_id 51 # 虚拟路由的 ID 号，两个节点设置必须一样，可选 IP 最后一段使用，
相同的 VRID 为一个组，它将决定多播的 MAC 地址
    priority 50 # 节点优先级，值范围 0 ~ 254，MASTER 要比 BACKUP 高
    advert_int 1 # 组播信息发送间隔，两个节点设置必须一样
    authentication { # 设置验证信息，两个节点设置必须一样，用于节点间信息转发时的加密
        auth_type PASS
        auth_pass 1111
}
 track_script {# 将 track_script 块加入 instance 配置块
     chk_openresty # 执行 openresty 监控的服务
 }
    virtual_ipaddress {
        192.168.42.130/24 #此处的虚拟 ip 同一个网段即可，24 代表 3 个 255 的子网掩码
    }
}
```

（9）编写检测 OpenResty 服务的脚本，路径为 /etc/keepalived/openresty_check.sh，两台主机都需要这个脚本，内容如下所示。

```
#!/bin/bash
n='ps -C openresty --no-header |wc -l' # 得到 openresty 进程的个数
if [ $n -eq 0 ];then # 如果为 0
 /usr/local/openresty/bin/openresty  # 尝试启动 openresty
 sleep 2  # 睡眠 2 秒
 if [ 'ps -C openresty --no-header |wc -l' -eq 0 ];then  # 启动之后，再次检查
openresty 进程的个数是否等于 0
 killall keepalived  # 如果还为 0，杀死 keepalived 进程，让其他的机器来提供服务
 fi
fi
```

（10）启动服务，两台主机都启动，使用以下命令。

```
service keepalived start
```

（11）使用命令查看 IP，已经有虚拟 IP 192.168.42.130 了。返回内容如下所示就代表是成功的。

```
ip addr
```

```
...省略...
2: ens33: <BROADCAST, MULTICAST, UP, LOWER_UP> mtu 1500 qdisc pfifo_fast
state UP group default qlen 1000
    link/ether 00:0c:29:ce:85:90 brd ff:ff:ff:ff:ff:ff
    inet 192.168.42.129/24 brd 192.168.42.255 scope global noprefixroute
dynamic ens33
       valid_lft 1633sec preferred_lft 1633sec
    inet 192.168.42.130/24 scope global secondary ens33
       valid_lft forever preferred_lft forever
    inet6 fe80::ec72:b84b:da19:1a7f/64 scope link tentative noprefixroute dadfailed
       valid_lft forever preferred_lft forever
    inet6 fe80::fb72:cffc:c3df:e507/64 scope link noprefixroute
       valid_lft forever preferred_lft forever
...省略...
```

（12）Keepalived 的其他常用命令如下。

```
service keepalived stop # 停止
service keepalived restart # 重启
service keepalived status # 查看状态
```

服务已经做好了，下面开始进入验证阶段。

首先使用浏览器打开地址 http://192.168.42.130/nacos/index.html，确认换成虚拟 IP 能否访问 Nacos，结果如图 4.25 所示。

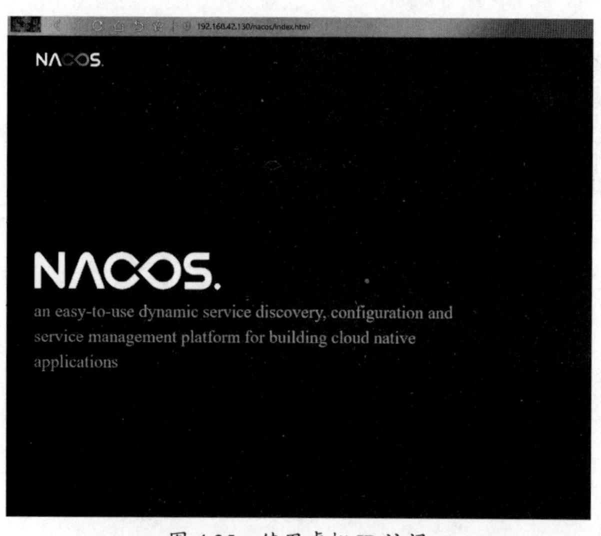

图 4.25　使用虚拟 IP 访问

下一步验证脚本是否生效，OpenResty 停止后是否能自启动。先使用命令关闭，然后看它自启动，效果如图 4.26 所示。

这不是最重要的一项测试，测试高可用，比如现在把 MASTER（192.168.42.129）这台主机关机，模拟宕机的效果；再来看看虚拟 IP 会不会到 BACKUP（192.168.42.129）这台主机，效果如图 4.27 所示。

```
[root@localhost keepalived]# /usr/local/openresty/bin/openresty -s stop
[root@localhost keepalived]# ps -ef |grep openresty
root      11130   1852  0 07:45 pts/0    00:00:00 tail -f /usr/local/openresty/nginx/logs/access.log
root      12374  10844  0 08:07 pts/1    00:00:00 grep --color=auto openresty
[root@localhost keepalived]#
[root@localhost keepalived]# ps -ef |grep openresty
root      11130   1852  0 07:45 pts/0    00:00:00 tail -f /usr/local/openresty/nginx/logs/access.log
root      12380      1  0 08:07 ?        00:00:00 nginx: master process /usr/local/openresty/bin/openresty
root      12385  10844  0 08:07 pts/1    00:00:00 grep --color=auto openresty
```

图 4.26　OpenResty 停止后自启动

```
[root@localhost ~]#
[root@localhost ~]# ip addr
1: lo: <LOOPBACK,UP,LOWER_UP> mtu 65536 qdisc noqueue state UNKNOWN group default qlen 1000
    link/loopback 00:00:00:00:00:00 brd 00:00:00:00:00:00
    inet 127.0.0.1/8 scope host lo
       valid_lft forever preferred_lft forever
    inet6 ::1/128 scope host
       valid_lft forever preferred_lft forever
2: ens33: <BROADCAST,MULTICAST,UP,LOWER_UP> mtu 1500 qdisc pfifo_fast state UP group default qlen 1000
    link/ether 00:0c:29:dd:96:70 brd ff:ff:ff:ff:ff:ff
    inet 192.168.42.128/24 brd 192.168.42.255 scope global noprefixroute dynamic ens33
       valid_lft 1207sec preferred_lft 1207sec
    inet 192.168.42.130/24 scope global secondary ens33
       valid_lft forever preferred_lft forever
    [illegible]
       valid_lft forever preferred_lft forever
```

图 4.27 VIP 切换到备机

再次访问页面也能打开，效果如图 4.28 所示。

最后一步代码测试，只需要将配置文件中配置项 spring.cloud.nacos.discover.server-addr 和 spring.cloud.nacos.config.server-addr 修改为 192.168.42.130 : 80 即可，使用 curl 测试结果如下所示，即表示成功。

```
D:\software\curl-7.71.1-win64-mingw\bin > curl http://localhost:8080/getConfig
nacos cluster namespace fast_team group CUSTOM_GROUP active dev mysql database
```

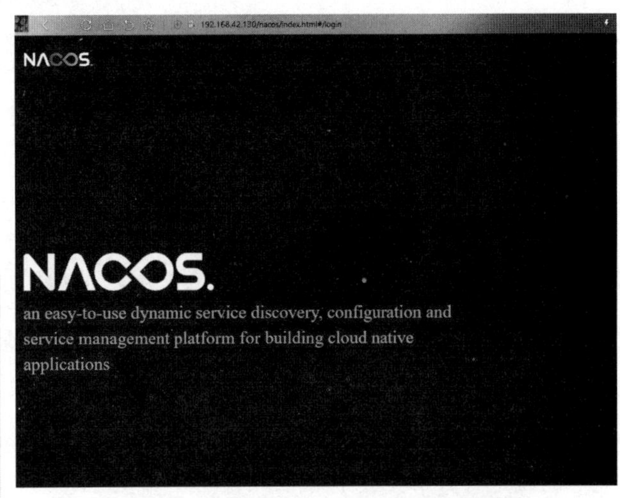

图 4.28 切换到备机后测试页面能否访问

Nacos+OpenResty+Keepalived 高可用集群到此结束，过程的确有些烦琐，有的时候还会做得更严谨更复杂些，这里还只是简单体验一下。

大部分小公司 Nacos+OpenResty 这样的搭配一般就足够了，OpenResty 服务宕机的概率还是很小的，之前被人 DDOS 攻击几个星期，从来没发生过宕机的情况，只是多了一堆日志。还是，根据自己的业务量来选择。

4.7 注册中心产品对比

在本章接近尾声之际，Nacos 组件大部分功能体验完成之后，再来对比一下其他同类型的产品。下面列出 Nacos 与 Eureka、Consul、Zookeeper 的对比，如表 4.3 所示。

表 4.3 注册中心产品对比

基础特性	Nacos	Eureka	Consul	Zookeeper
CAP 的选择	AP、CP	AP	CP	CP
健康检查	支持	支持	支持	支持
负载均衡	支持	支持	支持	不支持
雪崩保护	支持	支持	不支持	不支持
多数据中心	支持	支持	不支持	不支持
与 Spring Cloud 集成	支持	支持	支持	支持
与 Dubbo 集成	支持	不支持	不支持	支持
与 Kubernetes 集成	支持	不支持	不支持	不支持

从表 4.3 中看出 Nacos 更胜一筹，支持的功能更多，其中最醒目的就是它对于 CAP 的选择。

CAP 指的是：

- 一致性（Consistency）：集群中所有节点同一时间的数据是一致的。
- 可用性（Availability）：每次请求都能得到响应。
- 分区容错性（Partition tolerance）：在分布式系统中，服务之间相互通信，但网络往往在一定时间内不一定可靠，出现网络超时或中断，就有可能造成数据不一致，也就是发生了网络分区，所以必须在 C 和 A 之间做一个权衡。

从定理可以看出，不能同时满足三项，而现在大多都是分布式系统，所以 P 一般是必须存在的，剩下的就是对 A 和 C 进行权衡取舍了。

4.8 Nacos 的 CP 和 AP

Nacos 的服务运行模式从 1.0.0 版本开始就支持 AP、CP 的切换，默认是使用 AP 模式。那么 Nacos AP 和 CP 适用场景分别是什么呢?

AP 模式：一般服务实例是通过 Nacos 官方提供的 sdk（jar 包）进行注册的，能与 Nacos 保持良好的心跳，使用 AP 模式最佳，如 Spring Cloud、Dubbo 服务可以使用 AP 模式。AP 模式下减弱了一致性。

CP 模式：如果是修改服务级别信息或集群级别信息，必须在 CP 模式下操作，如 Kubernetes 服务适用于 CP 模式。CP 模式支持注册持久化实例。

其实还有 MIXED 模式，同时支持 AP 和 CP，即能够同时支持临时实例和持久化实例的注册。使用这种模式注册实例前，必须先创建服务。

如果是 Spring Cloud Alibaba 项目，想把 AP 模式切换成 CP 模式还有些麻烦，可能官方就不支持这种操作，认为这种场景没必要用 AP 模式。在 spring-cloud-starter-alibaba-nacos-discovery 包中，com.alibaba.cloud.nacos.registryNacosServiceRegistry#getNacosInstanceFromRegistration 方法源码如下所示。

```
private Instance getNacosInstanceFromRegistration(Registration registration)
{
 Instance instance = new Instance();// 创建实例
 instance.setIp(registration.getHost()); // IP 地址
 instance.setPort(registration.getPort()); // 端口
 instance.setWeight(nacosDiscoveryProperties.getWeight()); // 权重
 instance.setClusterName(nacosDiscoveryProperties.getClusterName());
 instance.setMetadata(registration.getMetadata()); // 元数据
 return instance;
}
```

这段代码是向 Nacos 注册实例的信息，要想用 CP 模式，首先保证 Instance 的 ephemeral 为 false（也就是非临时实例），但是 ephemeral 属性设置的默认值为 true，中间也没有修改 ephemeral 属性的值。如果真想进行这种反向操作，则需要修改源码。

4.9 源码分析

关于 Nacos 的主体功能已经了解得差不多了，为了更好地掌握 Nacos，再来看看源码。在源码中也能领略其代码风格和精妙的设计理念，方便我们日后遇到相似场景时也可以运用其解决实际问题。

4.9.1 源码预备知识之 Starter

在真正阅读 Nacos 源码之前先要了解一些预备知识，将整个脉络打通，才能知其然并知其所以然。重要的就是 Spring Boot Starter 的原理和 ApplicationListener 事件机制。

为了方便理解，笔者特意创建了一个 Starter 模块，如何创建项目导入模块还有主项目导入 Starter 模块，这些就不再赘述了，直接进入编写 Starter 模块代码阶段。

首先在项目的 pom.xml 文件中导入 autoconfigure 依赖即可，代码如下所示。

```
<dependency>
 <groupId>org.springframework.boot</groupId>
 <artifactId>spring-boot-autoconfigure</artifactId>
</dependency>
```

然后定义一个对象，创建 Users 类，代码如下所示。

```
public class Users {
    private String name;// 名称属性
    public void setName(String name) {
        this.name = name;
    }
    public String getName() {
        return name;
    }
}
```

再创建一个实现 ApplicationListener 接口的类，处理程序启动成功后的逻辑，命名为 ApplicationInitialize，代码如下所示。

```
public class ApplicationInitialize implements ApplicationListener
<WebServerInitializedEvent> {
 @Override
 public void onApplicationEvent(WebServerInitializedEvent event) {
     System.out.println("应用初始化 onApplicationEvent");
 }
}
```

创建配置类 StarterGenericConfiguration，把这两个对象交给 Spring 容器管理，代码如下所示。

```
@Configuration //标记为配置类
public class StarterGenericConfiguration {
 @Bean // 把 Bean 交给 spring 容器管理
 public Users users(){
     System.out.println("创建 Users 对象");
     Users users = new Users();
     users.setName("zzq");
     return users; // Users 对象
 }
 @Bean // 把 Bean 交给 spring 容器管理
 public ApplicationInitialize applicationInitialize(){
     return new ApplicationInitialize(); // ApplicationInitialize 对象
 }
}
```

那么还有一个问题，因为 Starter 模块和主项目的包名路径是不同的，众所周知，Spring Boot 默认只扫描启动类下的包路径，所以 Starter 模块下的代码目前并不会起作用，Bean 也不可能初始化。

这种情况下一般有两种解决办法。第一种办法是配置指定扫描包，可以在主启动类 @SpringBootApplication 注解配置 scanBasePackages 属性。第二种办法是在 resources/META-INF 目录下创建 spring.factories，指定要装配的类，这也是 Spring Boot Starter 的规范做法，一种可插拔的架构。所以这里选择第二种办法。

spring.factories 这种配置加载类的方式与 SPI（Service Provider Interface）很相似，都是加载文件里所定义的类，然后初始化。

现在开始在项目 resources 目录下创建 META-INF 目录，再创建 spring.factories 文件，文件内容如下所示。

```
org.springframework.boot.autoconfigure.EnableAutoConfiguration=com.sample.
starter.conf.StarterGenericConfiguration
```

至此，一个简单的 Starter 就开发完成了。

然后来看 Starter 的原理。

从 SpringApplication 类进入到 run 方法，缩略代码如下所示。

```
public ConfigurableApplicationContext run(String... args) {
 StopWatch stopWatch = new StopWatch();// 时间监控
 stopWatch.start();
 ConfigurableApplicationContext context = null;
 Collection < SpringBootExceptionReporter > exceptionReporters = new ArrayList
<> ();
 configureHeadlessProperty();//java.awt.headless 是 J2SE 的一种模式，用于在缺少显示
屏、键盘或鼠标时的系统配置，很多监控工具如 jconsole 需要将该值设置为 true，系统变量默认为
true，即使没有检测到显示器，也允许其启动
 SpringApplicationRunListeners listeners = getRunListeners(args);// 获取并启动监听器
 listeners.starting();// 获取的监听器为 EventPublishingRunListener，主要用来发布启动事件
 try {
     ApplicationArguments applicationArguments = new DefaultApplication
Arguments(args);
     ConfigurableEnvironment environment = prepareEnvironment(listeners,
applicationArguments);// 构造容器环境
     configureIgnoreBeanInfo(environment);// 设置需要忽略的 Bean
     Banner printedBanner = printBanner(environment);// 打印 Banner
     context = createApplicationContext();// 创建容器
     exceptionReporters = getSpringFactoriesInstances(SpringBootException
Reporter.class, new Class[] { ConfigurableApplicationContext.class }, context);
// 读取 spring.factories，得到错误报告 SpringBootExceptionReporter 接口的实现类
     prepareContext(context, environment, listeners, applicationArguments,
printedBanner);// 准备上下文环境，准备容器
     refreshContext(context);// 刷新容器
     afterRefresh(context, applicationArguments);// 刷新容器后的扩展接口
 ...省略...
 }
 catch (Throwable ex) {
     handleRunFailure(context, ex, exceptionReporters, listeners);
     throw new IllegalStateException(ex);
```

```
    }
    ... 省略 ...
    return context;
}
```

Spring Boot 也是立足于 Spring 的，为了与 Spring 结合起来，也需要创建上下文，Spring 常用的上下文有 ClassPathXmlApplicationContext、AnnotationConfigApplicationContext 等，现在就通过 createApplicationContext 方法来看 Spring Boot 用的是哪个类。

```
protected ConfigurableApplicationContext createApplicationContext() { // 创建应用上下文
    Class<?> contextClass = this.applicationContextClass;
    if (contextClass == null) {
        try {
            switch (this.webApplicationType) { // 判断程序类型
            case SERVLET: // 一般是进入 SERVLET
                contextClass = Class.forName(DEFAULT_WEB_CONTEXT_CLASS);
                break;
            case REACTIVE:
                contextClass = Class.forName(DEFAULT_REACTIVE_WEB_CONTEXT_CLASS);
                break;
            default:
                contextClass = Class.forName(DEFAULT_CONTEXT_CLASS);
            }
        }
        catch (ClassNotFoundException ex) {
            throw new IllegalStateException( "Unable create a default ApplicationContext",  "please specify an ApplicationContextClass", ex);
        }
    }
    return (ConfigurableApplicationContext) BeanUtils.instantiateClass(contextClass); // 通过反射创建对象
}
```

从上面代码可以看出，这里创建使用哪个类是根据 webApplicationType 变量进行判断的，而 webApplicationType 变量的值在 SpringApplication 构造方法中会事先通过 deduceWebApplicationType 方法来设置，代码如下所示。

```
public SpringApplication(ResourceLoader resourceLoader, Class<?>... primarySources) {
    ... 省略 ...
    this.webApplicationType = deduceWebApplicationType(); // 推断应用类型
    ... 省略 ...
}
private WebApplicationType deduceWebApplicationType() { // 推断应用类型
```

```
    if (ClassUtils.isPresent(REACTIVE_WEB_ENVIRONMENT_CLASS, null) &&
!ClassUtils.isPresent(MVC_WEB_ENVIRONMENT_CLASS, null) && !ClassUtils.
isPresent(JERSEY_WEB_ENVIRONMENT_CLASS, null)) {
        return WebApplicationType.REACTIVE;
    }
    for (String className : WEB_ENVIRONMENT_CLASSES) {
        if (!ClassUtils.isPresent(className, null)) {
            return WebApplicationType.NONE;
        }
    }
    return WebApplicationType.SERVLET; // 默认返回 SERVLET 类型
}
```

这个方法就是推断应用类型，判断 REACTIVE 相关的字节码是否存在，如果存在，返回 REACTIVE 类型，默认返回 SERVLET 类型。

这里会返回 SERVLET 类型，DEFAULT_WEB_CONTEXT_CLASS 变量的值就为 org.springframework.boot.web.servlet.context.AnnotationConfigServletWebServerApplicationContext。

已经确定上下文是 AnnotationConfigServletWebServerApplicationContext 类之后，再来关注 refreshContext 方法的逻辑，代码如下所示。

```
private void refreshContext(ConfigurableApplicationContext context) {// 刷新容器
    refresh(context);
... 省略 ...
}
```

里面的代码量很少，但是其中有一个 refresh 方法，看开源项目的源码一定要注意这种言简意赅的命名，大部分都非常重要。

继续跟进 refresh 方法，代码如下所示。

```
protected void refresh(ApplicationContext applicationContext) {
    Assert.isInstanceOf(AbstractApplicationContext.class, applicationContext);
// 判断对象是所提供类的实例
    ((AbstractApplicationContext) applicationContext).refresh();
//applicationContext 实际是 AnnotationConfigServletWebServerApplicationContext
类型对象，而 AnnotationConfigServletWebServerApplicationContext 并没有 refresh()
方法，所以是进入其父类 ServletWebServerApplicationContext 的 refresh() 方法
}
```

这里的 applicationContext 传入的就是 AnnotationConfigServletWebServerApplicationContext 对象，要注意的是该类并没有 refresh 方法，调用时会进入父类 ServletWebServerApplicationContext 的 refresh 方法，ServletWebServerApplicationContext#refresh 方法代码如下所示。

```
    public final void refresh() throws BeansException, IllegalStateException {
```

```
    try {
        super.refresh(); // 调用父类的 refresh 方法，将进入 AbstractApplicationContext 类
    }catch (RuntimeException ex) {
        stopAndReleaseWebServer(); // 如果出现异常停止并释放 web 服务
        throw ex;
    }
}
```

主要逻辑是调用父类的 refresh 方法，定位到 AbstractApplicationContext#refresh，方法代码如下所示。

```
public void refresh() throws BeansException, IllegalStateException {
 synchronized (this.startupShutdownMonitor) { // 加锁，防止并发
     prepareRefresh();// 准备工作，记录下容器的启动时间，标记为已启动状态，校验配置文件
     ConfigurableListableBeanFactory beanFactory = obtainFreshBeanFactory();
// 刷新 Bean 工厂，得到 DefaultListableBeanFactory 实例
     prepareBeanFactory(beanFactory);// 设置 BeanFactory 的类加载器，添加几个
BeanPostProcessor，手动注册几个特殊的 Bean
     try {
         postProcessBeanFactory(beanFactory);// 这里是提供给子类的扩展点，模板方法，
允许在上下文子类中对 Bean 工厂进行后处理
         invokeBeanFactoryPostProcessors(beanFactory);//Spring 扩展点之一，调用
BeanFactoryPostProcessor 各个实现类的 postProcessBeanFactory(factory) 方法，也会
调用 BeanDefinitionRegistryPostProcessor 各个实现类的 postProcessBeanDefinition
Registry(registry) 方法
         registerBeanPostProcessors(beanFactory); // Spring 扩展点之一，注册
BeanPostProcessor 的实现类，注意看和 BeanFactoryPostProcessor 的区别，此时实现类并
不会执行
         initMessageSource();// 初始化当前 ApplicationContext 的 MessageSource，
国际化相关
         initApplicationEventMulticaster(); // 初始化当前 ApplicationContext 的
事件广播器
         onRefresh(); // 这里是提供给子类的扩展点，典型的模板方法，具体的子类可以重写此
方法初始化一些特殊的 Bean
         registerListeners();// 注册事件监听器
         finishBeanFactoryInitialization(beanFactory);// 初始化非懒加载的单例对象
         finishRefresh(); // 发布事件
     }
     catch (BeansException ex) {
         if (logger.isWarnEnabled()) {
             logger.warn("Exception encountered during context initialization
- cancelling refresh attempt: " + ex);
         }
         destroyBeans();// 销毁 Bean 及其他无用资源
         cancelRefresh(ex);// 重置
         throw ex;
     }
```

```
        finally {
            resetCommonCaches();// 重置缓存
        }
    }
}
```

注意

BeanDefinitionRegistryPostProcessor 接口继承自 BeanFactoryPostProcessor 接口，在执行 invokeBeanFactoryPostProcessors 方法时，也会执行 BeanDefinitionRegistryPostProcessor 各个实现类的 postProcessBeanDefinitionRegistry 方法。

对 Spring 源码有了解的读者应该知道，AbstractApplicationContext#refresh 方法是 Spring 的核心代码，可谓重中之重。

其中 postProcessBeanFactory 方法和 onRefresh 方法是模板方法，子类可以重新定义这些步骤。模板方法使得子类可以在不改变算法结构的情况下，重新定义算法的某些步骤。

要想初始化 StarterGenericConfiguration 对象，那么必然要加载 spring.factories 配置文件。加载 spring.factories 文件的行为就是由后处理器 ConfigurationClassPostProcessor 触发的。

先来看 invokeBeanFactoryPostProcessors 方法是如何调用 ConfigurationClassPostProcessor#postProcessBeanDefinitionRegistry 方法的，代码如下所示。

```
public static void invokeBeanFactoryPostProcessors(ConfigurableListableBeanFactory
beanFactory, List<BeanFactoryPostProcessor> beanFactoryPostProcessors) {
  ...省略...
    List<BeanDefinitionRegistryPostProcessor> currentRegistryProcessors =
new ArrayList<>();
    String[] postProcessorNames = beanFactory.getBeanNamesForType(BeanDefinition
RegistryPostProcessor.class, true, false); // 获取实现了 BeanDefinitionRegistry
PostProcessor 接口的 Bean，拿到 beanName 集合
    for (String ppName : postProcessorNames) {
        if (beanFactory.isTypeMatch(ppName, PriorityOrdered.class)) {
            currentRegistryProcessors.add(beanFactory.getBean(ppName,
BeanDefinitionRegistryPostProcessor.class)); // 根据 beanName 和接口得到对象
            processedBeans.add(ppName);
        }
    }
    sortPostProcessors(currentRegistryProcessors, beanFactory); // 排序
    registryProcessors.addAll(currentRegistryProcessors);
    invokeBeanDefinitionRegistryPostProcessors(currentRegistryProcessors,
registry); // 真正调用 BeanDefinitionRegistryPostProcessor 接口实现类的 postProcess
BeanDefinitionRegistry 方法
    currentRegistryProcessors.clear();
  ...省略...
```

```
}
private static void invokeBeanDefinitionRegistryPostProcessors(Collection<? extends BeanDefinitionRegistryPostProcessor> postProcessors,
BeanDefinitionRegistry registry) {
 for (BeanDefinitionRegistryPostProcessor postProcessor : postProcessors) {
     postProcessor.postProcessBeanDefinitionRegistry(registry); // 调用实现类的
postProcessBeanDefinitionRegistry方法
 }
}
```

这里的代码意图很简单，主要是先从 Spring 容器中拿到实现 BeanDefinitionRegistryPostProcessor 接口的 beanName，然后通过 beanName 从 Spring 容器中获取对象，拿到后放到 currentRegistryProcessors 集合中，结果排序后，变量集合调用每个实现类的 postProcessBeanDefinitionRegistry 方法。

先说结论，从 postProcessorNames 变量中能得到 org.springframework.context.annotation.internalConfigurationAnnotationProcessor 这个 beanName。而这个 beanName 对应的对象就是 ConfigurationClassPostProcessor。

那么有的读者可能有疑惑了，笔者是如何知道的呢？

前面已经知道 AnnotationConfigServletWebServerApplicationContext 通过反射初始化，下面来看它的构造方法。一步步找下去，就可以看到注册 org.springframework.context.annotation.internalConfigurationAnnotationProcessor beanName 的位置，代码如下所示。

```
public AnnotationConfigServletWebServerApplicationContext() {
 this.reader = new AnnotatedBeanDefinitionReader(this); // 主要完成了Spring内
部BeanDefinition的注册
 this.scanner = new ClassPathBeanDefinitionScanner(this); // 创建BeanDefinition扫描器
}
public AnnotatedBeanDefinitionReader(BeanDefinitionRegistry registry) {
 this(registry, getOrCreateEnvironment(registry)); // 再调用自己的构造函数
}
public AnnotatedBeanDefinitionReader(BeanDefinitionRegistry registry,
Environment environment) {
 Assert.notNull(registry, "BeanDefinitionRegistry must not be null");
 Assert.notNull(environment, "Environment must not be null");
 this.registry = registry;
 this.conditionEvaluator = new ConditionEvaluator(registry, environment, null);
 AnnotationConfigUtils.registerAnnotationConfigProcessors(this.registry); // 注册逻辑
}
public static void registerAnnotationConfigProcessors(BeanDefinitionRegistry
registry) {
 registerAnnotationConfigProcessors(registry, null);
}
```

```
public static final String CONFIGURATION_ANNOTATION_PROCESSOR_BEAN_NAME = "org.
springframework.context.annotation.internalConfigurationAnnotationProcessor";
public static Set<BeanDefinitionHolder> registerAnnotationConfigProcessors(
    BeanDefinitionRegistry registry, @Nullable Object source) {
 ...省略...
 Set<BeanDefinitionHolder> beanDefs = new LinkedHashSet<>(8);
 if (!registry.containsBeanDefinition(CONFIGURATION_ANNOTATION_PROCESSOR_
BEAN_NAME)) {
    RootBeanDefinition def = new RootBeanDefinition(ConfigurationClassPost
Processor.class);
    def.setSource(source);
    beanDefs.add(registerPostProcessor(registry, def, CONFIGURATION_
ANNOTATION_PROCESSOR_BEAN_NAME)); // 注册 ConfigurationClassPostProcessor 对象
 }
 ...省略...
 return beanDefs;
}
```

已经找到注册的方法了，最后，beanName org.springframework.context.annotation.internal-ConfigurationAnnotationProcessor 和相关定义信息主要保存到 DefaultListableBeanFactory 类的两个 Map 数据结构中，代码如下所示。

```
private final Map<String, BeanDefinition> beanDefinitionMap = new ConcurrentHashMap
<>(256); // BeanDefinition（bean 定义信息）集合，Map<beanName, bean 定义信息>
private volatile List<String> beanDefinitionNames = new ArrayList<>(256);
// beanName 集合
public void registerBeanDefinition(String beanName, BeanDefinition
beanDefinition) throws BeanDefinitionStoreException {
 ...省略...
 this.beanDefinitionMap.put(beanName, beanDefinition);
 this.beanDefinitionNames.add(beanName);
 ...省略...
}
```

这样通过 beanName org.springframework.context.annotation.internalConfigurationAnnotation-Processor 就能拿到 ConfigurationClassPostProcessor 的 BeanDefinition（bean 定义描述信息），再根据 BeanDefinition（bean 定义描述信息）创建 ConfigurationClassPostProcessor 对象，最后返回 ConfigurationClassPostProcessor 对象。

好了，现在关于如何得到 ConfigurationClassPostProcessor 对象已经有了大致了解，下面进入 ConfigurationClassPostProcessor#postProcessBeanDefinitionRegistry 方法，代码如下所示。

```
public void postProcessBeanDefinitionRegistry(BeanDefinitionRegistry registry) {
 int registryId = System.identityHashCode(registry);
 if (this.registriesPostProcessed.contains(registryId)) { //判断是否重复
```

```
        throw new IllegalStateException("postProcessBeanDefinitionRegistry
already called on this post-processor against " + registry);
    }
    if (this.factoriesPostProcessed.contains(registryId)) {
        throw new IllegalStateException("postProcessBeanFactory already called
on this post-processor against " + registry);
    }
    this.registriesPostProcessed.add(registryId);
    processConfigBeanDefinitions(registry);// 处理 BeanDefinition
}
```

然后跟进 processConfigBeanDefinitions 方法，该方法主要拿到已注册的 beanName 集合，然后找出配置类（一般就是主启动类），最后解析、验证，加载 BeanDefinition，代码如下所示。

```
public void processConfigBeanDefinitions(BeanDefinitionRegistry registry) {
    List<BeanDefinitionHolder> configCandidates = new ArrayList<>();
    String[] candidateNames = registry.getBeanDefinitionNames();
    for (String beanName : candidateNames) {
        BeanDefinition beanDef = registry.getBeanDefinition(beanName);
        if (ConfigurationClassUtils.isFullConfigurationClass(beanDef) ||
ConfigurationClassUtils.isLiteConfigurationClass(beanDef)) { // 判断
BeanDefinition 的一个属性值是 full 还是 lite
            if (logger.isDebugEnabled()) {
                logger.debug("Bean definition has already been processed as a
configuration class: " + beanDef);
            }
        } else if (ConfigurationClassUtils.checkConfigurationClassCandidate
(beanDef, this.metadataReaderFactory)) {// 判断该 bean 是否为配置类
            configCandidates.add(new BeanDefinitionHolder(beanDef, beanName));
// 一般只有主启动类
        }
    }
    if (configCandidates.isEmpty()) {
        return; // 如果没有找到配置类，立即返回
    }
    configCandidates.sort((bd1, bd2) -> { // 排序
        int i1 = ConfigurationClassUtils.getOrder(bd1.getBeanDefinition());
        int i2 = ConfigurationClassUtils.getOrder(bd2.getBeanDefinition());
        return Integer.compare(i1, i2);
    });
    SingletonBeanRegistry sbr = null;
    if (registry instanceof SingletonBeanRegistry) { // 检查是否有自定义的 beanName 生成器
        sbr = (SingletonBeanRegistry) registry;
        if (!this.localBeanNameGeneratorSet) {
            BeanNameGenerator generator = (BeanNameGenerator) sbr.
getSingleton(CONFIGURATION_BEAN_NAME_GENERATOR);
```

```
            if (generator != null) {
                this.componentScanBeanNameGenerator = generator;
                this.importBeanNameGenerator = generator;
            }
        }
    }
    if (this.environment == null) {
        this.environment = new StandardEnvironment(); // 关于配置的对象
    }
    ConfigurationClassParser parser = new ConfigurationClassParser( this.
metadataReaderFactory, this.problemReporter, this.environment, this.
resourceLoader, this.componentScanBeanNameGenerator, registry);// 配置类解析器
    Set<BeanDefinitionHolder> candidates = new LinkedHashSet<>(configCandidates);
    Set<ConfigurationClass> alreadyParsed = new HashSet<>(configCandidates.size());
    do {
        parser.parse(candidates);// 解析
        parser.validate();// 验证
        Set<ConfigurationClass> configClasses = new LinkedHashSet<>(parser.
getConfigurationClasses());
        configClasses.removeAll(alreadyParsed);
        if (this.reader == null) {
            this.reader = new ConfigurationClassBeanDefinitionReader(registry,
this.sourceExtractor, this.resourceLoader, this.environment, this.
importBeanNameGenerator, parser.getImportRegistry());
        }
        this.reader.loadBeanDefinitions(configClasses); // 载入 BeanDefinition
        alreadyParsed.addAll(configClasses); // 已解析
        candidates.clear(); // 清空
    ...省略...
    }
    while (!candidates.isEmpty());
    ...省略...
}
```

在解析阶段时，就会读取 spring.factories 文件内容，从 ConfigurationClassParser#parse 方法开始跟进，代码如下所示。

```
public void parse(Set<BeanDefinitionHolder> configCandidates) {
    ...省略...
    this.deferredImportSelectorHandler.process();
}
public void process() {
    List<DeferredImportSelectorHolder> deferredImports = this.
deferredImportSelectors;
    ...省略...
    if (deferredImports != null) {
```

```
    DeferredImportSelectorGroupingHandler handler = new DeferredImportSelector
GroupingHandler();
    deferredImports.sort(DEFERRED_IMPORT_COMPARATOR);
    deferredImports.forEach(handler::register);
    handler.processGroupImports(); // 处理逻辑
 }
 ...省略...
}
public void processGroupImports() {
 for (DeferredImportSelectorGrouping grouping : this.groupings.values()) {
    grouping.getImports().forEach(entry -> { // 获取全部要导入的类，然后遍历
        ConfigurationClass configurationClass = this.configurationClasses.
get(entry.getMetadata());
        try {
            processImports(configurationClass, asSourceClass(configurationClass),
asSourceClasses(entry.getImportClassName()), false); //处理每个类
        }
        ...省略...
    });
 }
}
public Iterable<Group.Entry> getImports() {
 for (DeferredImportSelectorHolder deferredImport : this.deferredImports) {
    this.group.process(deferredImport.getConfigurationClass().getMetadata(),
deferredImport.getImportSelector());  // 处理导入类
 }
 return this.group.selectImports();// 返回应该导入的类
}
```

然后具体来看 AutoConfigurationImportSelector#process 方法是如何处理的，代码如下所示。

```
public void process(AnnotationMetadata annotationMetadata,
DeferredImportSelector deferredImportSelector) {
 Assert.state(deferredImportSelector instanceof AutoConfigurationImport
Selector, () -> String.format("Only %s implementations are supported,
got %s", AutoConfigurationImportSelector.class.getSimpleName(),
deferredImportSelector.getClass().getName()));
 AutoConfigurationEntry autoConfigurationEntry = ((AutoConfigurationImportSelector)
deferredImportSelector).getAutoConfigurationEntry(getAutoConfigurationMetadata(),
annotationMetadata);// 获取自动装配的实体类
 this.autoConfigurationEntries.add(autoConfigurationEntry); // 添加到集合中
 for (String importClassName : autoConfigurationEntry.getConfigurations()) {
    this.entries.putIfAbsent(importClassName, annotationMetadata);// 添加到 Map 中
 }
}
```

获取自动装配的实体类，感觉越来越近了，继续跟进 getAutoConfigurationEntry 方法，代码如下所示。

```
protected AutoConfigurationEntry getAutoConfigurationEntry(AutoConfiguration
Metadata autoConfigurationMetadata, AnnotationMetadata annotationMetadata) {
 if (!isEnabled(annotationMetadata)) { // 判断是否启用
     return EMPTY_ENTRY;
 }
 AnnotationAttributes attributes = getAttributes(annotationMetadata);
 List<String> configurations = getCandidateConfigurations(annotation
Metadata, attributes);// 获取候选的类
 ...省略...
 return new AutoConfigurationEntry(configurations, exclusions);
}
protected List<String> getCandidateConfigurations(AnnotationMetadata
metadata, AnnotationAttributes attributes) {
 List<String> configurations = SpringFactoriesLoader.loadFactoryNames(get
SpringFactoriesLoaderFactoryClass(), getBeanClassLoader()); // 获取对应的类列表
 ...省略...
 return configurations;
}
protected Class<?> getSpringFactoriesLoaderFactoryClass() {
 return EnableAutoConfiguration.class;
}
```

getSpringFactoriesLoaderFactoryClass 方法得到 EnableAutoConfiguration 的 class，这个类就刚好是 spring.factories 文件中配置的 org.springframework.boot.autoconfigure.EnableAutoConfiguration，下面进入 SpringFactoriesLoader#loadFactoryNames 方法，代码如下所示。

```
public static List<String> loadFactoryNames(Class<?> factoryClass, @
Nullable ClassLoader classLoader) {
 String factoryClassName = factoryClass.getName(); // 得到Class的名称，也就是
org.springframework.boot.autoconfigure.EnableAutoConfiguration
 return loadSpringFactories(classLoader).getOrDefault(factoryClassName,
Collections.emptyList());
}
public static final String FACTORIES_RESOURCE_LOCATION = "META-INF/spring.
factories"; // 文件相对路径
private static Map<String, List<String>> loadSpringFactories(@Nullable
ClassLoader classLoader) {
 MultiValueMap<String, String> result = cache.get(classLoader); // 先尝试
从缓存中获取
 if (result != null) {
     return result;
 }
```

```
  try {
      Enumeration<URL> urls = (classLoader != null ? classLoader.
getResources(FACTORIES_RESOURCE_LOCATION) : ClassLoader.
getSystemResources(FACTORIES_RESOURCE_LOCATION));
      result = new LinkedMultiValueMap<>();
      while (urls.hasMoreElements()) {
          URL url = urls.nextElement();
          UrlResource resource = new UrlResource(url);
          Properties properties = PropertiesLoaderUtils.
loadProperties(resource);// 读取配置文件
          for (Map.Entry<?, ?> entry : properties.entrySet()) {
              String factoryClassName = ((String) entry.getKey()).trim();
              for (String factoryName : StringUtils.commaDelimitedListToString
Array((String) entry.getValue())) {
                  result.add(factoryClassName, factoryName.trim()); // 添加到Map中
              }
          }
      }
      cache.put(classLoader, result); // 加入缓存
      return result;
  }
  catch (IOException ex) {
      throw new IllegalArgumentException("Unable to load factories from
location [" + FACTORIES_RESOURCE_LOCATION + "]", ex);
  }
}
```

SpringFactoriesLoader#loadFactoryNames 方法通过 ClassLoader 去读取项目的配置文件，然后缓存起来。

在 getCandidateConfigurations 方法处，通过断点调试，configurations 变量中就有 com.sample.starter.conf.StarterGenericConfiguration 了，如图 4.29 所示。

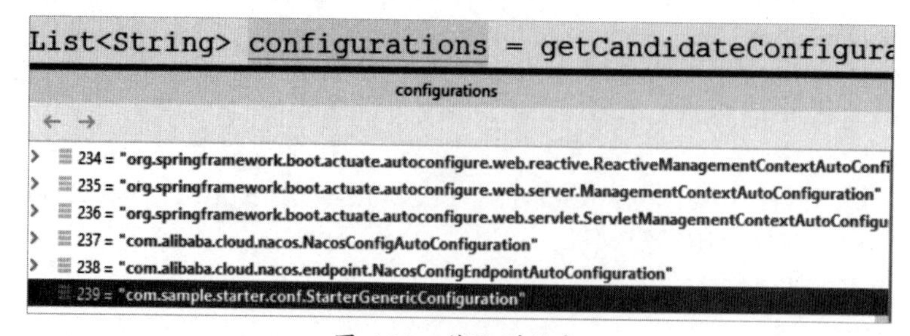

图 4.29　获取到的类

然后，AutoConfigurationImportSelector#process 方法会把 autoConfigurationEntry 对象添加到 autoConfigurationEntries 集合中，也会遍历 autoConfigurationEntry.getConfigurations()，把数据添加到 entries 变量中。

selectImports 方法将 autoConfigurationEntries 变量的数据排序后，根据 entries Map 数据结构传入 importClassName，可以拿到对应的 AnnotationMetadata 对象，然后转成集合返回。

回过来看 ConfigurationClassParser#processImports 方法是如何处理的，代码如下所示。

```
private void processImports(ConfigurationClass configClass, SourceClass
currentSourceClass, Collection<SourceClass> importCandidates, boolean
checkForCircularImports) {
 if (importCandidates.isEmpty()) {
     return; // 如果没有元素，直接返回
 }
 if (checkForCircularImports && isChainedImportOnStack(configClass)) {
     this.problemReporter.error(new CircularImportProblem(configClass, this.
importStack));
 }
 else {
     this.importStack.push(configClass);
     try {
         for (SourceClass candidate : importCandidates) {
             if (candidate.isAssignable(ImportSelector.class)) {
                 ...省略...
             }
             else {// 候选类不是 ImportSelector 或 ImportBeanDefinitionRegistrar
                 this.importStack.registerImport(currentSourceClass.
getMetadata(), candidate.getMetadata().getClassName());
                 processConfigurationClass(candidate.asConfigClass(configClass));
// 配置类处理
             }
         }
     }
     catch (BeanDefinitionStoreException ex) {
         throw ex;
     }
     catch (Throwable ex) {
         throw new BeanDefinitionStoreException("Failed to process import candidates
 for configuration class [" + configClass.getMetadata().getClassName() + "]", ex);
     }
     finally {
         this.importStack.pop();
     }
 }
}
protected void processConfigurationClass(ConfigurationClass configClass) throws
IOException {
 if (this.conditionEvaluator.shouldSkip(configClass.getMetadata(),
ConfigurationPhase.PARSE_CONFIGURATION)) {// 判断是否应该忽略
```

```
        return;
    }
    ... 省略 ...
    SourceClass sourceClass = asSourceClass(configClass); // 递归地处理配置类及其超类层次结构
    do {
        sourceClass = doProcessConfigurationClass(configClass, sourceClass);// 循环处理配置类 configClass，直到 sourceClass 变为 null
    }
    while (sourceClass != null);
    this.configurationClasses.put(configClass, configClass);// 重点，把配置类添加到 configurationClasses 变量中
}
```

代码 this.configurationClasses.put(configClass, configClass) 表示将配置类添加到 configurationClasses 变量中。

回到 ConfigurationClassPostProcessor#processConfigBeanDefinitions 方法，会先从 ConfigurationClassParser 对象中得到 configurationClasses 变量，转为 Set 集合，再调用 ConfigurationClassBeanDefinitionReader#loadBeanDefinitions 方法加载 BeanDefinition，代码如下所示。

```
public void loadBeanDefinitions(Set<ConfigurationClass> configurationModel) {
    TrackedConditionEvaluator trackedConditionEvaluator = new TrackedConditionEvaluator(); // 跟踪条件计算器
    for (ConfigurationClass configClass : configurationModel) {
        loadBeanDefinitionsForConfigurationClass(configClass, trackedConditionEvaluator);// 加载 BeanDefinition
    }
}
private void loadBeanDefinitionsForConfigurationClass(ConfigurationClass configClass, TrackedConditionEvaluator trackedConditionEvaluator) {
    ... 省略 ...
    if (configClass.isImported()) {
        registerBeanDefinitionForImportedConfigurationClass(configClass); // 配置类 Bean 的加载、注册
    }
    for (BeanMethod beanMethod : configClass.getBeanMethods()) {
        loadBeanDefinitionsForBeanMethod(beanMethod); // 配置类配置的 Bean 加载、注册，指的是配置类中加了 @Bean 注解的方法
    }
    ... 省略 ...
}
```

配置类的注册，registerBeanDefinitionForImportedConfigurationClass 方法代码如下所示。

```
private void registerBeanDefinitionForImportedConfigurationClass(ConfigurationClass configClass) {
```

```
...省略...
String configBeanName = this.importBeanNameGenerator.
generateBeanName(configBeanDef, this.registry); // 生成 beanName
AnnotationConfigUtils.processCommonDefinitionAnnotations(configBeanDef, metadata);
BeanDefinitionHolder definitionHolder = new BeanDefinitionHolder(configBeanDef,
configBeanName);
definitionHolder = AnnotationConfigUtils.applyScopedProxyMode(scopeMetadata,
definitionHolder, this.registry);
this.registry.registerBeanDefinition(definitionHolder.getBeanName(),
definitionHolder.getBeanDefinition()); // 注册 BeanDefinition
configClass.setBeanName(configBeanName);
}
```

最后又回到 DefaultListableBeanFactory#registerBeanDefinition 方法，主要把 Bean 的描述信息注册到 Map 数据结构中，代码如下所示。

```
private final Map<String, BeanDefinition> beanDefinitionMap = new ConcurrentHashMap
<>(256); // BeanDefinition（bean 定义信息）集合，Map<beanName, bean 定义信息>
private volatile List<String> beanDefinitionNames = new ArrayList<>(256);
// beanName 集合
public void registerBeanDefinition(String beanName, BeanDefinition
beanDefinition) throws BeanDefinitionStoreException {
    ...省略...
 synchronized (this.beanDefinitionMap) {
     this.beanDefinitionMap.put(beanName, beanDefinition);  // 添加 BeanDefinition
     List<String> updatedDefinitions = new ArrayList<>(this.beanDefinitionNames.
size() + 1);
     updatedDefinitions.addAll(this.beanDefinitionNames);
     updatedDefinitions.add(beanName);
     this.beanDefinitionNames = updatedDefinitions; // beanName 集合
     removeManualSingletonName(beanName);
 }
...省略...
}
```

关于本例中的 StarterGenericConfiguration 配置类，有两个标记了 @Bean 注解的方法，对于如何加载标记了 @Bean 注解的 Bean 也很简单，外层使用 for 循环，遍历 beanMethods（Spring 将标记了 @Bean 的方法信息封装到该属性中），然后通过 ConfigurationClassBeanDefinitionReader#loadBeanDefinitionsForBeanMethod 方法一个个加载到 Spring 容器中，loadBeanDefinitionsForBeanMethod 方法代码如下所示。

```
private void loadBeanDefinitionsForBeanMethod(BeanMethod beanMethod) {
 ConfigurationClass configClass = beanMethod.getConfigurationClass();
 MethodMetadata metadata = beanMethod.getMetadata();
 String methodName = metadata.getMethodName(); // 方法名称
```

```
...省略...
    List<String> names = new ArrayList<>(Arrays.asList(bean.
getStringArray("name")));
 String beanName = (!names.isEmpty() ? names.remove(0) : methodName);
 ...省略...
 ConfigurationClassBeanDefinition beanDef = new ConfigurationClassBeanDefinition
(configClass, metadata); // 构建BeanDefinition对象
 ...省略...
 BeanDefinition beanDefToRegister = beanDef;
 ...省略...
 this.registry.registerBeanDefinition(beanName, beanDefToRegister); // 注册逻辑
}
```

主要逻辑依旧是把 Bean 的描述信息注册到 DefaultListableBeanFactory Map 数据结构中。

关于 Starter 的原理有了基本了解，大体执行流程如图 4.30 所示。

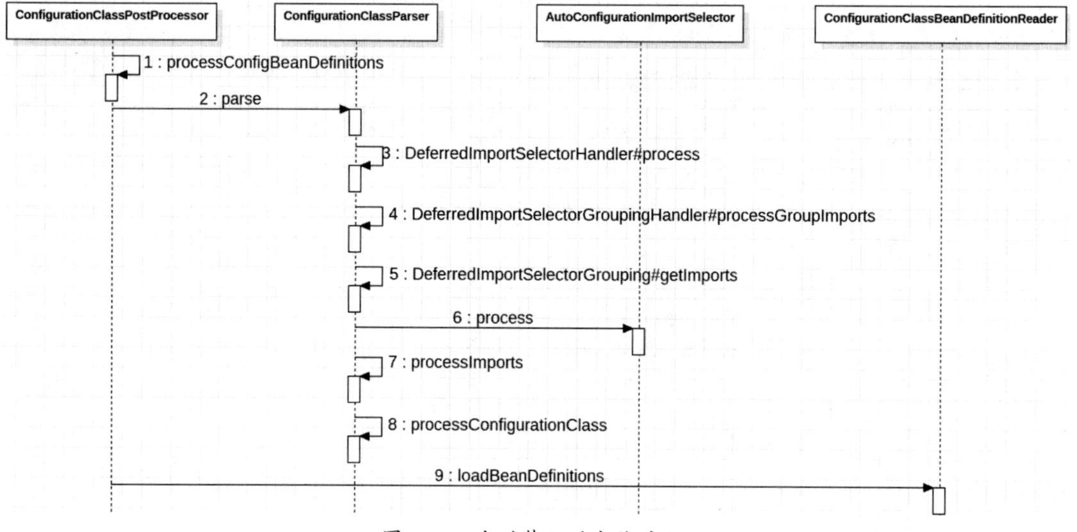

图 4.30　自动装配的大体流程

实现逻辑就是从后处理器 ConfigurationClassPostProcessor#postProcessBeanDefinitionRegistry 方法触发，然后读取配置文件，把实体类封装成 BeanDefinition，存到 Spring 容器中。

4.9.2 源码预备知识之 ApplicationListener

关于 Starter 的原理已经介绍过了，下面来看 ApplicationListener 事件机制原理，具体看 ApplicationListener < WebServerInitializedEvent >的事件。ApplicationListener 接口定义代码如下所示。

```
@FunctionalInterface
public interface ApplicationListener<E extends ApplicationEvent> extends
EventListener {
 void onApplicationEvent(E event); // 回调方法，处理事件
}
```

首先找到注册事件监听器的方法 AbstractApplicationContext#registerListeners，代码如下所示。

```
protected void registerListeners() {
 ...省略...
 String[] listenerBeanNames = getBeanNamesForType(ApplicationListener.class,
true, false); // 从 Spring 容器中获取实现了 ApplicationListener 接口的 Bean
 for (String listenerBeanName : listenerBeanNames) {
     getApplicationEventMulticaster().addApplicationListenerBean(listenerBeanName);
// 把 beanName 添加到监听器
 }
 ...省略...
}
private ApplicationEventMulticaster applicationEventMulticaster;
ApplicationEventMulticaster getApplicationEventMulticaster() throws
IllegalStateException {
...省略...
 return this.applicationEventMulticaster;
}
```

getApplicationEventMulticaster 方法实际调用的是 SimpleApplicationEventMulticaster 对象，在 AbstractApplicationContext#initApplicationEventMulticaster 方法中会赋值为 SimpleApplicationEvent-Multicaster 对象。

SimpleApplicationEventMulticaster 并没有 addApplicationListenerBean 方法，而是在父类 Abstract-ApplicationEventMulticaster，代码如下所示。

```
public void addApplicationListenerBean(String listenerBeanName) {
 synchronized (this.retrievalMutex) {
     this.defaultRetriever.applicationListenerBeans.add(listenerBeanName);
// 添加监听器的 beanName
     this.retrieverCache.clear();
 }
}
```

这样就完成了从 Spring 容器中获取实现 ApplicationListener 接口的 Bean，然后单独保存到一个 Set 集合中。

监听器除了存储 beanName，还会存储真实的 Bean 对象。存储 beanName 集合的属性名叫作 applicationListenerBeans，存储 Bean 对象的属性叫作 applicationListeners。下面来看监听器对象是如何添加到 applicationListeners 变量中的。

首先要知道 Bean 在初始化前后肯定要运行后处理器（实现 BeanPostProcessor 接口的 Bean）的。

运行 ApplicationListenerDetector 后处理器的 postProcessAfterInitialization 方法时，便会把 Bean 一步步加入到 applicationListeners 属性中，代码如下所示。

```
public Object postProcessAfterInitialization(Object bean, String beanName) {
 if (bean instanceof ApplicationListener) { // 判断是否是ApplicationListener
类型的Bean
     Boolean flag = this.singletonNames.get(beanName);
     if (Boolean.TRUE.equals(flag)) {
         this.applicationContext.addApplicationListener((ApplicationListener
<?>) bean); //添加事件监听器
 }
}
```

然后会调用到上下文的addApplicationListener方法，上下文是AnnotationConfigServletWeb-ServerApplicationContext，没有addApplicationListener方法，所以进入父类，AbstractApplicationContext#addApplicationListener方法代码如下所示。

```
public void addApplicationListener(ApplicationListener<?> listener) {
 Assert.notNull(listener, "ApplicationListener must not be null");
 if (this.applicationEventMulticaster != null) {
     this.applicationEventMulticaster.addApplicationListener(listener);
// 添加事件监听器
 }
 this.applicationListeners.add(listener);
}
```

最后进入AbstractApplicationEventMulticaster#addApplicationListener方法代码如下所示。

```
public void addApplicationListener(ApplicationListener<?> listener) {
 synchronized (this.retrievalMutex) {
     Object singletonTarget = AopProxyUtils.getSingletonTarget(listener);
     if (singletonTarget instanceof ApplicationListener) {
         this.defaultRetriever.applicationListeners.remove(singletonTarget);
     }
     this.defaultRetriever.applicationListeners.add(listener); // 添加监听器到集合中
     this.retrieverCache.clear();
 }
}
```

现在已经明白程序在运行时如何添加事件监听器，下面来看它是如何获取的。

既然添加事件监听器是registerListeners方法，那么按常理来说，获取事件监听器并执行就会在其后的某个方法中，finishRefresh方法就是我们想要的，这点从注释就可以看出来publish corresponding event（发布相应事件）。从4.9.1源码预备知识之Starter小节中，我们得知应用上下文是AnnotationConfigServletWebServerApplicationContext类，不过它并没有finishRefresh方法，熟悉继承的读者朋友应该知道一定会在其父类，事实也的确如此。ServletWebServerApplicationContext#finishRefresh方法代码如下所示。

```
protected void finishRefresh() {
 super.finishRefresh(); // 执行父类的 finishRefresh 方法
 WebServer webServer = startWebServer(); // 启动 web 服务
 if (webServer != null) {
     publishEvent(new ServletWebServerInitializedEvent(webServer, this)); //
发布、广播 ServletWebServerInitializedEvent 相关事件
 }
}
```

可以看到 Spring Boot 在进行扩展时，并没有丢弃原有的功能。仔细观察 ServletWebServerInitializedEvent 类，就会发现它刚好继承自 WebServerInitializedEvent 类。继续跟进 publishEvent 方法，代码如下所示。

```
public void publishEvent(ApplicationEvent event) {
 publishEvent(event, null); // 发布事件
}
protected void publishEvent(Object event, @Nullable ResolvableType
eventType) {
 ...省略...
 getApplicationEventMulticaster().multicastEvent(applicationEvent,
eventType); //广播事件
 ...省略...
}
public void multicastEvent(final ApplicationEvent event, @Nullable
ResolvableType eventType) {
 ResolvableType type = (eventType != null ? eventType : resolveDefaultEventType
(event)); // 如果为空，根据 event 获取默认的类型
 Executor executor = getTaskExecutor(); // 得到 Executor
 for (ApplicationListener<?> listener : getApplicationListeners(event,
type)) { // 获取相应的事件
     if (executor != null) {
         executor.execute(() -> invokeListener(listener, event));// 执行事件
     } else {
         invokeListener(listener, event); // 执行事件
     }
 }
}
```

看到 getApplicationListeners 方法和参数就知道，里面的逻辑肯定是根据某个事件类型和事件源类型获取对应的监听器。继续跟进 getApplicationListeners 方法，代码如下所示。

```
protected Collection<ApplicationListener<?>> getApplicationListeners
(ApplicationEvent event, ResolvableType eventType) {
 ...省略...
 if (this.beanClassLoader == null || (ClassUtils.isCacheSafe(event.getClass(),
```

```
this.beanClassLoader) && (sourceType == null || ClassUtils.isCacheSafe(sourceType,
this.beanClassLoader)))) {
        // Fully synchronized building and caching of a ListenerRetriever
        synchronized (this.retrievalMutex) {
            retriever = this.retrieverCache.get(cacheKey);
            if (retriever != null) {
                return retriever.getApplicationListeners(); // 取缓存里的监听器
            }
            retriever = new ListenerRetriever(true);
            Collection<ApplicationListener<?>> listeners = retrieveApplication
Listeners(eventType, sourceType, retriever); // 真正获取某个事件类型和事件源类型的监听器
            this.retrieverCache.put(cacheKey, retriever);// 加入缓存
            return listeners;
        }
    }
    ...省略...
}
```

其中 retrieveApplicationListeners 就是真正获取某个事件类型和源类型监听器的方法，该方法在父类中实现，AbstractApplicationEventMulticaster#retrieveApplicationListeners 代码如下所示。

```
private Collection<ApplicationListener<?>> retrieveApplication
Listeners(ResolvableType eventType, @Nullable Class<?> sourceType,
@Nullable ListenerRetriever retriever) {
    List<ApplicationListener<?>> allListeners = new ArrayList<>();
    Set<ApplicationListener<?>> listeners;
    Set<String> listenerBeans;
    synchronized (this.retrievalMutex) {
        listeners = new LinkedHashSet<>(this.defaultRetriever.
applicationListeners); //拿到已注册的事件监听器对象
        listenerBeans = new LinkedHashSet<>(this.defaultRetriever.
applicationListenerBeans);//拿到已注册的事件监听器 beanName
    }
    for (ApplicationListener<?> listener : listeners) {
        if (supportsEvent(listener, eventType, sourceType)) {// 判断类型是否匹配
            if (retriever != null) {
                retriever.applicationListeners.add(listener); // 加入缓存
            }
            allListeners.add(listener); // 匹配，添加到返回集合中
        }
    }
    ...省略...
    return allListeners;
}
```

继续进入 supportsEvent 方法，判断是否支持（匹配），代码如下所示。

```
protected boolean supportsEvent(ApplicationListener<?> listener,
ResolvableType eventType, @Nullable Class<?> sourceType) {
 GenericApplicationListener smartListener = (listener instanceof
GenericApplicationListener ? (GenericApplicationListener) listener : new Generic
ApplicationListenerAdapter(listener)); // 如果不是 GenericApplicationListener 类
型对象，就用适配器转
 return (smartListener.supportsEventType(eventType) && smartListener.supports
SourceType(sourceType)); // 判断时间类型和时间源是否匹配
}
public boolean supportsEventType(ResolvableType eventType) {
 ...省略...
 return (this.declaredEventType == null || this.declaredEventType.
isAssignableFrom(eventType));
}
public boolean supportsSourceType(@Nullable Class<?> sourceType) {
 return !(this.delegate instanceof SmartApplicationListener) ||
((SmartApplicationListener) this.delegate).supportsSourceType(sourceType);
}
```

如果是 ApplicationInitialize 事件监听器，supportsEventType 方法中 eclaredEventType 的值是 WebServer-InitializedEvent，eventType 的值是 ServletWebServerInitializedEvent，那么 (this.declaredEventType == null || this.declaredEventType.isAssignableFrom(eventType)) 返回 true。

supportsSourceType 方法中，delegate 的值是 ApplicationInitialize 对象，并不属于 SmartApplication-Listener 类型，所以 !(this.delegate instanceof SmartApplicationListener) || ((SmartApplicationListener) this.delegate).supportsSourceType(sourceType) 返回 true。

既然都是返回 true，那么监听器就会添加到 allListeners 集合中，最后返回。

现在已经拿到对应事件类型和时间源的监听器了，最后来看源码是如何执行 ApplicationInitialize 监听器的。

无论是否配置 Executor，都会进入 invokeListener 方法，代码如下所示。

```
protected void invokeListener(ApplicationListener<?> listener,
ApplicationEvent event) {
 ...省略...
 doInvokeListener(listener, event); // 真正执行监听器中的方法
 ...省略...
}
private void doInvokeListener(ApplicationListener listener, Application
Event event) {
 try {
     listener.onApplicationEvent(event); // 执行监听器实现类中的方法
 }
 catch (ClassCastException ex) {
```

```
        ... 省略 ...
    }
}
```

关于 ApplicationListener 事件监听器的代码并不难理解。首先要保存事件监听器，根据对应事件类型和事件源类型的集合后，for 循环遍历依次调用实现类的 onApplicationEvent 方法执行。这块操作很类似于观察者模式。

4.9.3 Nacos 服务注册

Nacos 为了能与 Spring Boot 结合使用，也有自己的 Starter 模块。前面已经了解 Starter 和 Application-Listener 的原理，这样就方便我们阅读 Nacos 相关的源码了。

首先要做的就是下载 Nacos 的源码，使用的 git 命令如下所示。

```
git clone https://github.com/alibaba/nacos.git
```

然后使用 IDEA 导入源码，并且在当前项目根路径下切换分支到 1.2.1（和项目使用的版本保持一致），执行的命令如下所示。

```
git branch 1.2.1
```

Nacos 源码也是 Spring Boot 项目，运行 console 项目下的 Nacos 类就可以启动了。不过，在运行之前先要设定两个运行参数，声明是单机运行（默认是集群启动）和 home 目录（源码目录下的 distribution 的路径），如图 4.31 所示。

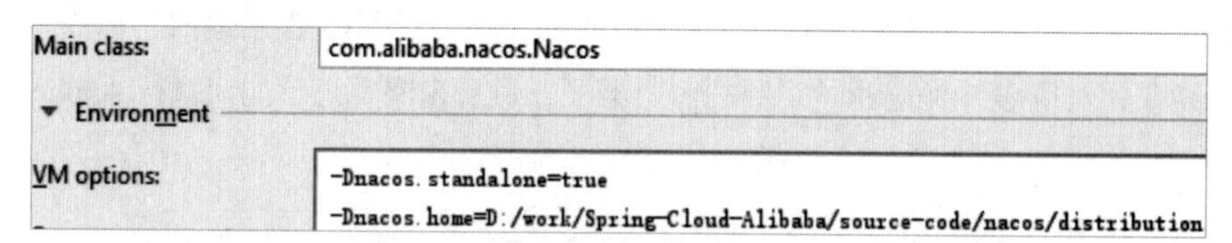

图 4.31 设置启动参数

填入的代码如下所示。

```
-Dnacos.standalone=true -Dnacos.home=D:/work/Spring-Cloud-Alibaba/source-code/
nacos/distribution
```

然后就可以启动 Nacos，现在可以调试 Nacos 服务端代码了。

回到自己的项目，来看 spring-cloud-starter-alibaba-nacos-discovery 模块的源码，其实"套路"都是一样的，它是一个 Starter，那么必定会加载 spring.factories 文件的内容。spring.factories 文件内容如下所示。

```
org.springframework.boot.autoconfigure.EnableAutoConfiguration=\
```

```
  com.alibaba.cloud.nacos.discovery.NacosDiscoveryAutoConfiguration,\
  com.alibaba.cloud.nacos.ribbon.RibbonNacosAutoConfiguration,\
  com.alibaba.cloud.nacos.endpoint.NacosDiscoveryEndpointAutoConfiguration,\
  com.alibaba.cloud.nacos.registry.NacosServiceRegistryAutoConfiguration,\
  com.alibaba.cloud.nacos.discovery.NacosDiscoveryClientConfiguration,\
  com.alibaba.cloud.nacos.discovery.configclient.NacosConfigServerAutoConfiguration
org.springframework.cloud.bootstrap.BootstrapConfiguration=\
  com.alibaba.cloud.nacos.discovery.configclient.NacosDiscoveryClientConfig
ServiceBootstrapConfiguration
```

粗略过一遍这些类，就会发现NacosServiceRegistryAutoConfiguration类的命名比较符合服务注册。进入这个类，具体代码如下所示。

```
@Configuration
@EnableConfigurationProperties
@ConditionalOnNacosDiscoveryEnabled
@ConditionalOnProperty(value = "spring.cloud.service-registry.auto-
registration.enabled", matchIfMissing = true)
@AutoConfigureAfter({ AutoServiceRegistrationConfiguration.class, AutoService
RegistrationAutoConfiguration.class, NacosDiscoveryAutoConfiguration.class })
public class NacosServiceRegistryAutoConfiguration {
 @Bean
 public NacosServiceRegistry nacosServiceRegistry(NacosDiscoveryProperties
nacosDiscoveryProperties) { // 服务注册的处理类
     return new NacosServiceRegistry(nacosDiscoveryProperties);
 }
 @Bean
 @ConditionalOnBean(AutoServiceRegistrationProperties.class)
 public NacosRegistration nacosRegistration(NacosDiscoveryProperties nacos
DiscoveryProperties, ApplicationContext context) { // 配置
     return new NacosRegistration(nacosDiscoveryProperties, context);
 }
 @Bean
 @ConditionalOnBean(AutoServiceRegistrationProperties.class)
 public NacosAutoServiceRegistration nacosAutoServiceRegistration(NacosService
Registry registry, AutoServiceRegistrationProperties autoServiceRegistration
Properties, NacosRegistration registration) { // nacos 服务注册
     return new NacosAutoServiceRegistration(registry, autoServiceRegistration
Properties, registration);
 }
}
```

NacosServiceRegistryAutoConfiguration类会向Spring容器注册3个Bean，分别看一下它们的构造方法。

```
public NacosServiceRegistry(NacosDiscoveryProperties nacosDiscoveryProperties) {
 this.nacosDiscoveryProperties = nacosDiscoveryProperties;
 this.namingService = nacosDiscoveryProperties.namingServiceInstance();
}
public NacosRegistration(NacosDiscoveryProperties nacosDiscoveryProperties,
ApplicationContext context) {
 this.nacosDiscoveryProperties = nacosDiscoveryProperties;
 this.context = context;
}
public NacosAutoServiceRegistration(ServiceRegistry<Registration> service
Registry, AutoServiceRegistrationProperties autoServiceRegistrationProperties,
NacosRegistration registration) {
 super(serviceRegistry, autoServiceRegistrationProperties);
 this.registration = registration;
}
```

发现在初始化实例时并没有什么特别的，只是 NacosAutoServiceRegistration 的父类 Abstract-AutoServiceRegistration 实现了 ApplicationListener 接口，关系如图 4.32 所示。

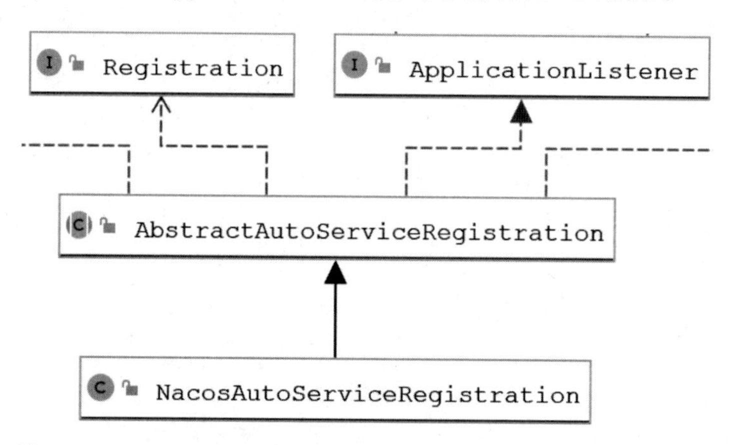

图 4.32　NacosAutoServiceRegistration 与 ApplicationListener 的关系图

在 AbstractAutoServiceRegistration 中实现 ApplicationListener 接口，泛型就是 WebServerInitializedEvent。

在 ApplicationListener 事件机制源码分析中，已经知道在广播事件阶段肯定会调用每个事件监听器的 onApplicationEvent 方法。查看 AbstractAutoServiceRegistration#onApplicationEvent 方法代码如下所示。

```
public void onApplicationEvent(WebServerInitializedEvent event) {
 bind(event); // 绑定
}
```

如此简洁的用语 bind，多半是非常重要的。继续跟进 bind 方法，代码如下所示。

```
public void bind(WebServerInitializedEvent event) {
... 省略 ...
```

```
    this.port.compareAndSet(0, event.getWebServer().getPort()); // 程序端口
    this.start(); // 开始
}
```

继续进入 start 方法，代码如下所示。

```
public void start() {
 ... 省略 ...
 if (!this.running.get()) { // 原子变量 AtomicBoolean，保证不重复注册
     this.context.publishEvent(new InstancePreRegisteredEvent(this,
getRegistration())); // 广播服务注册前事件
     register(); //注册逻辑
     ... 省略 ...
 }
}
```

已经看到注册的方法，感觉越来越近了，进入注册的方法代码如下所示。

```
protected void register() {
 this.serviceRegistry.register(getRegistration()); //委托给
NacosServiceRegistry 类完成注册逻辑
}
```

serviceRegistry 的值初始化是 NacosAutoServiceRegistration 构造方法调用 super(serviceRegistry, autoServiceRegistrationProperties) 赋值的，是 NacosServiceRegistry 对象。进入 NacosServiceRegistry#register 方法代码如下所示。

```
public void register(Registration registration) {
 if (StringUtils.isEmpty(registration.getServiceId())) { //判断服务名称是否为空
     log.warn("No service to register for nacos client...");
     return;
 }
 String serviceId = registration.getServiceId(); // 服务名称
 String group = nacosDiscoveryProperties.getGroup(); //分组
 Instance instance = getNacosInstanceFromRegistration(registration);
 try {
     namingService.registerInstance(serviceId, group, instance); //注册实例
     log.info("nacos registry, {} {} {}:{} register finished", group,
serviceId, instance.getIp(), instance.getPort());
 }
 catch (Exception e) {
     log.error("nacos registry, {} register failed...{},", serviceId,
registration.toString(), e);
     rethrowRuntimeException(e);
 }
}
```

```
private Instance getNacosInstanceFromRegistration(Registration registration)
{ //得到一个实例
 Instance instance = new Instance();
 instance.setIp(registration.getHost()); // ip 地址
 instance.setPort(registration.getPort()); //端口
 instance.setWeight(nacosDiscoveryProperties.getWeight()); //权重
 instance.setClusterName(nacosDiscoveryProperties.getClusterName()); // cluster 名称
 instance.setMetadata(registration.getMetadata()); // 元数据
 return instance;
}
```

核心方法是 registerInstance，进入 NacosNamingService#registerInstance 方法，代码如下所示。

```
public void registerInstance(String serviceName, String groupName, Instance
instance) throws NacosException {
 if (instance.isEphemeral()) { //判断是否是临时实例
     BeatInfo beatInfo = new BeatInfo();
     beatInfo.setServiceName(NamingUtils.getGroupedName(serviceName,
groupName));
     beatInfo.setIp(instance.getIp());
     beatInfo.setPort(instance.getPort());
     beatInfo.setCluster(instance.getClusterName());
     beatInfo.setWeight(instance.getWeight());
     beatInfo.setMetadata(instance.getMetadata());
     beatInfo.setScheduled(false);
     beatInfo.setPeriod(instance.getInstanceHeartBeatInterval());
     beatReactor.addBeatInfo(NamingUtils.getGroupedName(serviceName,
groupName), beatInfo); // 把发送心跳加入到延时任务
 }
 serverProxy.registerService(NamingUtils.getGroupedName(serviceName,
groupName), groupName, instance); // 注册服务
}
```

进入注册服务的逻辑，NamingProxy#registerService 代码如下所示。

```
public void registerService(String serviceName, String groupName, Instance
instance) throws NacosException {
 ...省略...
 final Map<String, String> params = new HashMap<String, String>(9); //
封装实例的属性到 params 中
 params.put(CommonParams.NAMESPACE_ID, namespaceId);
 params.put(CommonParams.SERVICE_NAME, serviceName);
 params.put(CommonParams.GROUP_NAME, groupName);
 params.put(CommonParams.CLUSTER_NAME, instance.getClusterName());
 params.put("ip", instance.getIp());
 params.put("port", String.valueOf(instance.getPort()));
 params.put("weight", String.valueOf(instance.getWeight()));
```

```
 params.put("enable", String.valueOf(instance.isEnabled()));
 params.put("healthy", String.valueOf(instance.isHealthy()));
 params.put("ephemeral", String.valueOf(instance.isEphemeral()));
 params.put("metadata", JSON.toJSONString(instance.getMetadata()));
 reqAPI(UtilAndComs.NACOS_URL_INSTANCE, params, HttpMethod.POST); // 请求注册
实例的接口
}
public String reqAPI(String api, Map<String, String> params, String
method) throws NacosException {
    return reqAPI(api, params, StringUtils.EMPTY, method);
}
public String reqAPI(String api, Map<String, String> params, String body,
String method) throws NacosException {
    return reqAPI(api, params, body, getServerList(), method);
}
```

来到真正的处理逻辑，reqAPI 代码如下所示。

```
public String reqAPI(String api, Map<String, String> params, String body,
List<String> servers, String method) throws NacosException {
        params.put(CommonParams.NAMESPACE_ID, getNamespaceId());
        if (CollectionUtils.isEmpty(servers) && StringUtils.
isEmpty(nacosDomain)) {
            throw new NacosException(NacosException.INVALID_PARAM, "no
server available");
        }
        NacosException exception = new NacosException();
        if (servers != null && !servers.isEmpty()) {
            Random random = new Random(System.currentTimeMillis());
            int index = random.nextInt(servers.size());
            for (int i = 0; i < servers.size(); i++) { // 遍历配置的nacos服
务端地址，以","号分割
                String server = servers.get(index);//  nacos服务端地址
                try {
                    return callServer(api, params, body, server, method);
// 调用nacos服务端
                } catch (NacosException e) {
                    exception = e;
                    if (NAMING_LOGGER.isDebugEnabled()) {
                        NAMING_LOGGER.debug("request {} failed.", server, e);
                    }
                }
                index = (index + 1) % servers.size();
            }
        }
    ...省略...
}
```

注意

此处调用的接口是 /nacos/v1/ns/instance，是专门用来注册实例的接口，官方文档 Open-API 地址是 https://nacos.io/zh-cn/docs/open-api.html。

这里插入一个题外话，当看到服务地址是一个集合时，笔者萌生了一个想法。把 spring.cloud.nacos.discovery.server-addr 配置项的值填写为 127.0.0.1:8848,127.0.0.1:8849，注意这两个 Nacos 并没有集群关系，发现注册能成功，服务间调用也能成功。

接着来看 callServer 方法，代码如下所示。

```
public String callServer(String api, Map<String, String> params, String
body, String curServer, String method)throws NacosException {
 long start = System.currentTimeMillis();
 long end = 0;
 injectSecurityInfo(params); // 注入 token
 List<String> headers = builderHeaders(); // 构建请求头
 String url;
 if (curServer.startsWith(UtilAndComs.HTTPS) || curServer.
startsWith(UtilAndComs.HTTP)) { // 判断前缀是否是 http:// 或 https://
     url = curServer + api;
 } else {
     if (!curServer.contains(UtilAndComs.SERVER_ADDR_IP_SPLITER)) {
         curServer = curServer + UtilAndComs.SERVER_ADDR_IP_SPLITER + serverPort;
     }
     url = HttpClient.getPrefix() + curServer + api; // 拼接完整地址
 }
 HttpClient.HttpResult result = HttpClient.request(url, headers, params,
body, UtilAndComs.ENCODING, method); // 请求 nacos 服务端
 ...省略...
}
```

callServer 方法的主要逻辑是判断是否要加 token，添加请求头参数，通过拼接参数得到完整的请求地址，最后请求 Nacos 服务端注册实例。

然后到 Nacos 服务端，看服务端接收到注册实例请求是如何处理的。

来到 naming 项目的 controller 层，定位到 InstanceController#register 方法，代码如下所示。

```
@CanDistro
@PostMapping
@Secured(parser = NamingResourceParser.class, action = ActionTypes.WRITE)
public String register(HttpServletRequest request) throws Exception {
 String serviceName = WebUtils.required(request, CommonParams.SERVICE_NAME);
// 提取服务名称的值
 String namespaceId = WebUtils.optional(request, CommonParams.NAMESPACE_ID,
```

```
Constants.DEFAULT_NAMESPACE_ID); // 提取 nameSpace 的值
 serviceManager.registerInstance(namespaceId, serviceName,
parseInstance(request)); // 注册实例
 return "ok";
}
```

继续进入到注册实例的 ServiceManager#registerInstance 方法，代码如下所示。

```
public void registerInstance(String namespaceId, String serviceName,
Instance instance) throws NacosException {
 createEmptyService(namespaceId, serviceName, instance.isEphemeral()); // 创
建空的服务实例，占个位置
 Service service = getService(namespaceId, serviceName); // 得到服务实例
 if (service == null) {
     throw new NacosException(NacosException.INVALID_PARAM,"service not
found, namespace: " + namespaceId + ", service: " + serviceName);
 }
 addInstance(namespaceId, serviceName, instance.isEphemeral(), instance); // 添加实例
}
```

先从创建空的服务实例开始，createEmptyService 方法代码如下所示。

```
public void createEmptyService(String namespaceId, String serviceName,
boolean local) throws NacosException {
    createServiceIfAbsent(namespaceId, serviceName, local, null);
}
public void createServiceIfAbsent(String namespaceId, String serviceName,
boolean local, Cluster cluster) throws NacosException {
 Service service = getService(namespaceId, serviceName); // 获取服务实例
 if (service == null) {
    Loggers.SRV_LOG.info("creating empty service {}:{}", namespaceId,
serviceName);
    service = new Service(); // 创建服务实例对象
    service.setName(serviceName);
    service.setNamespaceId(namespaceId);
    service.setGroupName(NamingUtils.getGroupName(serviceName));
    service.setLastModifiedMillis(System.currentTimeMillis());
    service.recalculateChecksum();
    if (cluster != null) {
        cluster.setService(service);
        service.getClusterMap().put(cluster.getName(), cluster);
    }
    service.validate(); // 验证
    putServiceAndInit(service); // 添加服务实例到 Map 数据结构中并初始化
    if (!local) {
```

```
            addOrReplaceService(service);
        }
    }
}
```

进入添加服务实例并初始化的 putServiceAndInit 方法，代码如下所示。

```
private void putServiceAndInit(Service service) throws NacosException {
 putService(service); // 添加服务实例
 service.init();// 初始化，启动一个健康检查的定时任务
 consistencyService.listen(KeyBuilder.buildInstanceListKey(service.
getNamespaceId(), service.getName(), true), service);
 consistencyService.listen(KeyBuilder.buildInstanceListKey(service.
getNamespaceId(), service.getName(), false), service);
 Loggers.SRV_LOG.info("[NEW-SERVICE] {}", service.toJSON());
}
public void putService(Service service) {
 if (!serviceMap.containsKey(service.getNamespaceId())) { // 如果不存在这个
nameSpace
     synchronized (putServiceLock) {
         if (!serviceMap.containsKey(service.getNamespaceId())) {// 如果不存在
这个 nameSpace
             serviceMap.put(service.getNamespaceId(), new ConcurrentHashMap
<>(16)); // 对当前 nameSpace 创建空元素的 ConcurrentHashMap，初始化
         }
     }
 }
 serviceMap.get(service.getNamespaceId()).put(service.getName(), service);
// 添加服务实例到 Map 数据结构中
}
```

服务最终存储在 serviceMap 这个双重 Map 中，serviceMap 变量代码如下所示。

```
private Map<String, Map<String, Service>> serviceMap = new
ConcurrentHashMap<>(); //Map<namespace, Map<group::serviceName, Service
>>
```

Service 对象中有 clusterMap 变量，默认值是 DEFAULT，代码如下所示。

```
private Map<String, Cluster> clusterMap = new HashMap<>();
```

Cluster 对象中存储真实的实例数据，代码如下所示。

```
private Set<Instance> persistentInstances = new HashSet<>(); // 持久实例
private Set<Instance> ephemeralInstances = new HashSet<>();  // 临时实例
```

serviceMap 是双重 Map，存储的数据结构如图 4.33 所示。

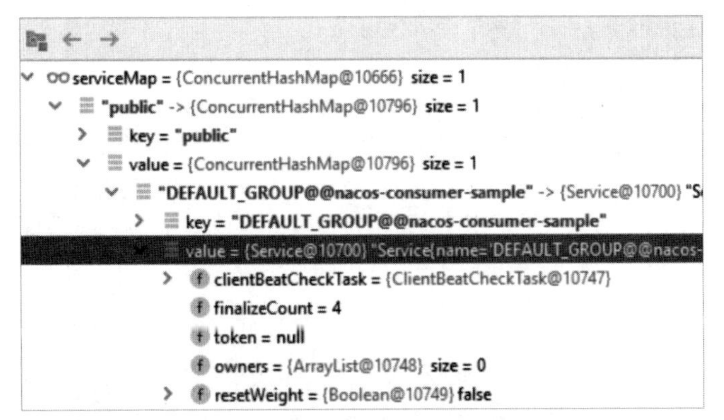

图 4.33　服务实例存储结构

不过，到此服务注册逻辑并未完成，因为服务实例还有很多数据没有填充。

再回到 ServiceManager#addInstance 方法，代码如下所示。

```
public void addInstance(String namespaceId, String serviceName, boolean
ephemeral, Instance... ips) throws NacosException {
 String key = KeyBuilder.buildInstanceListKey(namespaceId, serviceName,
ephemeral);
 Service service = getService(namespaceId, serviceName);// 获取服务实例
 synchronized (service) {
     List<Instance> instanceList = addIpAddresses(service, ephemeral, ips);
     Instances instances = new Instances();
     instances.setInstanceList(instanceList);
     consistencyService.put(key, instances); // 添加实例列表，这里的实现类是
DelegateConsistencyServiceImpl
 }
}
public void put(String key, Record value) throws NacosException {
    mapConsistencyService(key).put(key, value); // 继续委托给其他类型添加操作
}
private ConsistencyService mapConsistencyService(String key) {
 return KeyBuilder.matchEphemeralKey(key) ? ephemeralConsistencyService :
persistentConsistencyService;
}
```

由于是临时实例，因此 mapConsistencyService(key) 方法得到的是 DistroConsistencyServiceImpl 对象。

进入 DistroConsistencyServiceImpl#put 方法，代码如下所示。

```
public void put(String key, Record value) throws NacosException {
 onPut(key, value);  // 真正的添加操作
 taskDispatcher.addTask(key); // 集群同步
}
```

```
public void onPut(String key, Record value) {
 if (KeyBuilder.matchEphemeralInstanceListKey(key)) {
     Datum < Instances > datum = new Datum <> ();
     datum.value = (Instances) value;
     datum.key = key;
     datum.timestamp.incrementAndGet();
     dataStore.put(key, datum); // 暂存起来
 }
 if (!listeners.containsKey(key)) {
     return;
 }
 notifier.addTask(key, ApplyAction.CHANGE);// 添加到队列
}
private BlockingQueue < Pair > tasks = new LinkedBlockingQueue < Pair > (1024 *
1024); // 阻塞队列
public void addTask(String datumKey, ApplyAction action) {
 if (services.containsKey(datumKey) && action == ApplyAction.CHANGE) {
     return;
 }
 if (action == ApplyAction.CHANGE) {
     services.put(datumKey, StringUtils.EMPTY);
 }
 tasks.add(Pair.with(datumKey, action)); // 添加到阻塞队列
}
```

可以看到 addInstance 阶段并没有去直接操作 serviceMap 变量，而是添加到阻塞队列中。集群同步也是加入到阻塞队列中，这样的好处就是注册实例的接口并发量提高了，响应速度也更快。

既然有生产消息，那么必定有一个地方在不断消费这些消息。Notifier（DistroConsistencyServiceImpl 的内部类）是一个线程，run 方法的代码如下所示。

```
public void run() {
 Loggers.DISTRO.info("distro notifier started");
 while (true) {
     try {
         Pair pair = tasks.take(); // 获取队列中的数据
         if (pair == null) {
             continue;
         }
         String datumKey = (String) pair.getValue0();
         ApplyAction action = (ApplyAction) pair.getValue1();
         services.remove(datumKey);
         int count = 0;
         if (!listeners.containsKey(datumKey)) {
             continue;
         }
```

```
            for (RecordListener listener : listeners.get(datumKey)) {
                count++;
                try {
                    if (action == ApplyAction.CHANGE) { // 数据改变
                        listener.onChange(datumKey, dataStore.get(datumKey).value);
                        continue;
                    }
                    if (action == ApplyAction.DELETE) { // 数据删除
                        listener.onDelete(datumKey);
                        continue;
                    }
                } catch (Throwable e) {
                    Loggers.DISTRO.error("[NACOS-DISTRO] error while notifying
listener of key: {}", datumKey, e);
                }
            }
            if (Loggers.DISTRO.isDebugEnabled()) {
                Loggers.DISTRO.debug("[NACOS-DISTRO] datum change notified, key:
{}, listener count: {}, action: {}", datumKey, count, action.name());
            }
        } catch (Throwable e) {
            Loggers.DISTRO.error("[NACOS-DISTRO] Error while handling
notifying task", e);
        }
    }
}
```

一个标准的 while (true) 循环，循环消费阻塞队列中的数据。之前添加任务时使用的是 ApplyAction.CHANGE，那么进入 Service#onChange 方法，查看源码是如何修改数据的，代码如下所示。

```
public void onChange(String key, Instances value) throws Exception {
 Loggers.SRV_LOG.info("[NACOS-RAFT] datum is changed, key: {}, value: {}",
key, value);
 for (Instance instance : value.getInstanceList()) {
     ... 省略 ...
     if (instance.getWeight() > 10000.0D) { // 判断权重是否有问题
         instance.setWeight(10000.0D); // 如果有问题重新设置权重
     }
     if (instance.getWeight() < 0.01D && instance.getWeight() > 0.0D) { //
判断权重是否有问题
         instance.setWeight(0.01D); // 如果有问题重新设置权重
     }
 }
 updateIPs(value.getInstanceList(), KeyBuilder.matchEphemeralInstanceListKey
(key)); // 修改数据
```

```
    recalculateChecksum();
}
```

继续进入 updateIPs 修改数据方法，代码如下所示。

```
public void updateIPs(Collection<Instance> instances, boolean ephemeral) {
 Map<String, List<Instance>> ipMap = new HashMap<>(clusterMap.size());
 for (String clusterName : clusterMap.keySet()) {
     ipMap.put(clusterName, new ArrayList<>());
 }
 for (Instance instance : instances) {
     try {
         ...省略...
         List<Instance> clusterIPs = ipMap.get(instance.getClusterName());
         if (clusterIPs == null) {
             clusterIPs = new LinkedList<>();
             ipMap.put(instance.getClusterName(), clusterIPs);
         }
         clusterIPs.add(instance); // 添加实例
     } catch (Exception e) {
         Loggers.SRV_LOG.error("[NACOS-DOM] failed to process ip: " +
instance, e);
     }
 }
 for (Map.Entry<String, List<Instance>> entry : ipMap.entrySet()) {
     List<Instance> entryIPs = entry.getValue();
     clusterMap.get(entry.getKey()).updateIPs(entryIPs, ephemeral); //修改数据
 }
 ...省略...
}
```

由 clusterMap.get(entry.getKey()) 得到 Cluster 对象，继续进入 Cluster#updateIPs 方法，代码如下所示。

```
public void updateIPs(List<Instance> ips, boolean ephemeral) {
 Set<Instance> toUpdateInstances = ephemeral ? ephemeralInstances :
persistentInstances; //复制
 ...省略...
 List<Instance> newIPs = subtract(ips, oldIPMap.values()); // 新的实例
 if (newIPs.size() > 0) {
     Loggers.EVT_LOG.info("{} {SYNC} {IP-NEW} cluster: {}, new ips size: {},
content: {}", getService().getName(), getName(), newIPs.size(), newIPs.toString());
     for (Instance ip : newIPs) {
         HealthCheckStatus.reset(ip); // 重置状态
     }
 }
 List<Instance> deadIPs = subtract(oldIPMap.values(), ips); // 已下线的实例
```

```
    if (deadIPs.size() > 0) {
        Loggers.EVT_LOG.info("{} {SYNC} {IP-DEAD} cluster: {}, dead ips size: {}, 
content: {}", getService().getName(), getName(), deadIPs.size(), deadIPs.
toString());
        for (Instance ip : deadIPs) {
            HealthCheckStatus.remv(ip);// 删除
        }
    }
    toUpdateInstances = new HashSet<>(ips); // 重新实例化
    if (ephemeral) {
        ephemeralInstances = toUpdateInstances; // 对临时实例重新赋值操作
    } else {
        persistentInstances = toUpdateInstances; //对持久实例重新赋值操作
    }
}
```

该方法拿到全部实例后，再对实例集合重新赋值。这里使用了 CopyOnWrite（写入时复制）的思想。写的时候，把该对象数据复制一份，一个数据对象产生，写完后再把数据对象的指针（引用）一次性赋给原始对象。

4.9.4 Nacos 心跳

做过长连接的读者应该知道，客户端定时给服务端发送心跳消息，一般服务端还有个定时任务，定时检查每个用户和服务端最近的交互时间，如果很长时间（具体时间视情况而定）没有发生交互，那么判定为下线，剔除该用户。

Nacos 心跳机制的思想也是类似的，下面先从客户端开始。客户端在注册实例时在 Nacos NamingService#registerInstance 方法内，先判断是否为临时实例，如果是，则加入到发送心跳的延迟任务。BeatReactor#addBeatInfo 方法代码如下所示。

```
public void addBeatInfo(String serviceName, BeatInfo beatInfo) {
 NAMING_LOGGER.info("[BEAT] adding beat: {} to beat map.", beatInfo);
 String key = buildKey(serviceName, beatInfo.getIp(), beatInfo.getPort());
 BeatInfo existBeat = null;
 if ((existBeat = dom2Beat.remove(key)) != null) {
     existBeat.setStopped(true); //相同 serviceName，ip 和 port 的相同实例添加新的
beatInfo 时，停止现有的 beatInfo
 }
 dom2Beat.put(key, beatInfo);
 executorService.schedule(new BeatTask(beatInfo), beatInfo.getPeriod(),
TimeUnit.MILLISECONDS); // 延迟执行任务，默认值 5 秒
 MetricsMonitor.getDom2BeatSizeMonitor().set(dom2Beat.size());
}
```

既然 BeatTask 是一个线程，那么具体逻辑一定在 run 方法中，代码如下所示。

```
public void run() {
 if (beatInfo.isStopped()) {
     return;
 }
 long nextTime = beatInfo.getPeriod();
 try {
     JSONObject result = serverProxy.sendBeat(beatInfo, BeatReactor.this.
lightBeatEnabled); // 向服务端发送心跳请求
       ...省略...
 } catch (NacosException ne) {
     NAMING_LOGGER.error("[CLIENT-BEAT] failed to send beat: {}, code: {},
msg: {}", JSON.toJSONString(beatInfo), ne.getErrCode(), ne.getErrMsg());
 }
 executorService.schedule(new BeatTask(beatInfo), nextTime, TimeUnit.
MILLISECONDS); // 再把发送心跳加入延时任务
}
```

具体发送心跳的逻辑和注册实例是类似的，也是调用 Open-API，只是调用的接口地址是 /nacos/v1/ns/instance/beat，NamingProxy#sendBeat 方法代码如下所示。

```
public JSONObject sendBeat(BeatInfo beatInfo, boolean lightBeatEnabled)
throws NacosException {
 ...省略...
 String result = reqAPI(UtilAndComs.NACOS_URL_BASE + "/instance/beat",
params, body, HttpMethod.PUT);
 return JSON.parseObject(result);
}
```

请求最终会到达服务端，InstanceController#beat 方法代码如下所示。

```
@CanDistro
@PutMapping("/beat")
@Secured(parser = NamingResourceParser.class, action = ActionTypes.WRITE)
public JSONObject beat(HttpServletRequest request) throws Exception {
 ...省略...
 service.processClientBeat(clientBeat); // 处理客户端心跳
 result.put(CommonParams.CODE, NamingResponseCode.OK);
 result.put("clientBeatInterval", instance.getInstanceHeartBeatInterval());
 result.put(SwitchEntry.LIGHT_BEAT_ENABLED, switchDomain.
isLightBeatEnabled());
 return result;
}
```

进入处理客户端发送上来的心跳，Service#processClientBeat 方法代码如下所示。

```
public void processClientBeat(final RsInfo rsInfo) {
 ClientBeatProcessor clientBeatProcessor = new ClientBeatProcessor();
 clientBeatProcessor.setService(this);
 clientBeatProcessor.setRsInfo(rsInfo);
 HealthCheckReactor.scheduleNow(clientBeatProcessor); // 立即执行的任务
}
public static ScheduledFuture <?> scheduleNow(Runnable task) {
 return EXECUTOR.schedule(task, 0, TimeUnit.MILLISECONDS); // 延时为0，会立即执行
}
```

ClientBeatProcessor也是一个线程，直接找到run方法就明白了，其代码如下所示。

```
public void run() {
 Service service = this.service;
 if (Loggers.EVT_LOG.isDebugEnabled()) {
     Loggers.EVT_LOG.debug("[CLIENT-BEAT] processing beat: {}", rsInfo.
toString());
 }
 String ip = rsInfo.getIp();
 String clusterName = rsInfo.getCluster();
 int port = rsInfo.getPort();
 Cluster cluster = service.getClusterMap().get(clusterName);
 List<Instance> instances = cluster.allIPs(true); // 得到服务实例
 for (Instance instance : instances) {
     if (instance.getIp().equals(ip) && instance.getPort() == port) {
         ...省略...
         instance.setLastBeat(System.currentTimeMillis()); // 设置最近发送心跳时间
         if (!instance.isMarked()) {
             if (!instance.isHealthy()) {
                 instance.setHealthy(true); // 设置为健康状态
                 Loggers.EVT_LOG.info("service: {} {POS} {IP-ENABLED} valid:
{}:{}@{}, region: {}, msg: client beat ok", cluster.getService().getName(),
ip, port, cluster.getName(), UtilsAndCommons.LOCALHOST_SITE);
                 getPushService().serviceChanged(service); // 发布服务改变事件
             }
         }
     }
 }
}
```

主要是修改了最近心跳时间和健康状态。那么做这些有什么用呢?

肯定是有用的，还记得注册实例时那个putServiceAndInit方法吗？里面还会调用service#init方法，代码如下所示。

```
public void init() {
 HealthCheckReactor.scheduleCheck(clientBeatCheckTask); // 心跳检测的延时任务
 for (Map.Entry<String, Cluster> entry : clusterMap.entrySet()) {
     entry.getValue().setService(this);
     entry.getValue().init();
 }
}
public static void scheduleCheck(ClientBeatCheckTask task) {
 futureMap.putIfAbsent(task.taskKey(), EXECUTOR.scheduleWithFixedDelay(task,
5000, 5000, TimeUnit.MILLISECONDS));// 每 5 秒执行一次
}
```

ClientBeatCheckTask 依然是一个线程，定位到 run 方法，代码如下所示。

```
public void run() {
 try {
     ...省略...
     List<Instance> instances = service.allIPs(true); // 获取实例
     for (Instance instance : instances) { // 检测每个实例
         if (System.currentTimeMillis() - instance.getLastBeat() > instance.
getInstanceHeartBeatTimeOut()) { // 如果当前时间减去最近客户端发送心跳的时间大于实
例心跳超时时间（默认值 15 秒）
             if (!instance.isMarked()) {
                 if (instance.isHealthy()) {
                         instance.setHealthy(false); // 设置为非健康状态
                     Loggers.EVT_LOG.info("{POS} {IP-DISABLED} valid: {}:{}
@{}@{}, region: {}, msg: client timeout after {}, last beat: {}", instance.
getIp(), instance.getPort(), instance.getClusterName(), service.getName(),
UtilsAndCommons.LOCALHOST_SITE, instance.getInstanceHeartBeatTimeOut(),
instance.getLastBeat());
                     getPushService().serviceChanged(service); // 发布服务改变事件
                     SpringContext.getAppContext().publishEvent(new Instance
HeartbeatTimeoutEvent(this, instance)); // 发布超时事件
                 }
             }
         }
     }
     if (!getGlobalConfig().isExpireInstance()) {
         return;
     }
     for (Instance instance : instances) {
         if (instance.isMarked()) {
             continue;
         }
         if (System.currentTimeMillis() - instance.getLastBeat() > instance.
getIpDeleteTimeout()) {  // 如果当前时间减去最近客户端发送心跳的时间大于设置的可删除
```

```
实例时间（默认值 30 秒）
                Loggers.SRV_LOG.info("[AUTO-DELETE-IP] service: {}, ip: {}",
service.getName(), JSON.toJSONString(instance));
                deleteIP(instance);// 删除实例
            }
        }
    } catch (Exception e) {
        Loggers.SRV_LOG.warn("Exception while processing client beat time out.", e);
    }
}
```

心跳超时后不会立即删除实例，而是等到大于设置的可删除实例时间后再执行删除。

4.9.5 Nacos 配置中心加载

Nacos 配置中心相关源码依然要从 Starter 开始，定位到 spring-cloud-starter-alibaba-nacos-config 包。

找到 META-INF 文件夹下的 spring.factories 文件，代码如下所示。

```
org.springframework.cloud.bootstrap.BootstrapConfiguration=\
com.alibaba.cloud.nacos.NacosConfigBootstrapConfiguration
org.springframework.boot.autoconfigure.EnableAutoConfiguration=\
com.alibaba.cloud.nacos.NacosConfigAutoConfiguration,\
com.alibaba.cloud.nacos.endpoint.NacosConfigEndpointAutoConfiguration
org.springframework.boot.diagnostics.FailureAnalyzer=\
com.alibaba.cloud.nacos.diagnostics.analyzer.NacosConnectionFailureAnalyzer
```

最上面有一个 org.springframework.cloud.bootstrap.BootstrapConfiguration，与 org.springframework.boot.autoconfigure.EnableAutoConfiguration 的处理方式类似，同样在启动时会把类导入。值得一提的是，BootstrapConfiguration 的类比 EnableAutoConfiguration 的类初始化更早。

处理类使用的是 BootstrapImportSelector#selectImports 方法得到配置，代码如下所示。

```
public String[] selectImports(AnnotationMetadata annotationMetadata) {
 ClassLoader classLoader = Thread.currentThread().getContextClassLoader();
 List<String> names = new ArrayList<>(SpringFactoriesLoader.load
FactoryNames(BootstrapConfiguration.class, classLoader)); // 提取 org.
springframework.cloud.bootstrap.BootstrapConfiguration 的值
 names.addAll(Arrays.asList(StringUtils.commaDelimitedListToStringArray
(this.environment.getProperty("spring.cloud.bootstrap.sources", ""))));

 List<OrderedAnnotatedElement> elements = new ArrayList<>();
 for (String name : names) {
     try {
         elements.add(new OrderedAnnotatedElement(this.metadataReaderFactory,
```

```
name));
        }
        catch (IOException e) {
            continue;
        }
  }
  AnnotationAwareOrderComparator.sort(elements);
  String[] classNames = elements.stream().map(e -> e.name).
toArray(String[]::new);
  return classNames;
}
```

提取的类如图 4.34 所示。

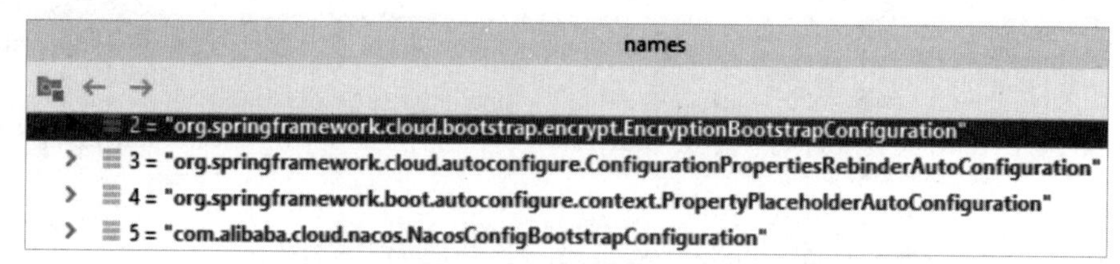

图 4.34　BootstrapConfiguration.class 的类

获取到 BootstrapConfiguration 的类后，与 EnableAutoConfiguration 类的流程也是类似的，后续就是注册 Bean 的操作。

进入 NacosConfigBootstrapConfiguration 类，查看会初始化哪些 Bean，代码如下所示。

```
@Configuration
@ConditionalOnProperty(name = "spring.cloud.nacos.config.enabled",
matchIfMissing = true)
public class NacosConfigBootstrapConfiguration {
  @Bean
  @ConditionalOnMissingBean
  public NacosConfigProperties nacosConfigProperties() { // 配置文件中的配置
      return new NacosConfigProperties();
  }
  @Bean
  @ConditionalOnMissingBean
  public NacosConfigManager nacosConfigManager(NacosConfigProperties
nacosConfigProperties) { // 配置管理
      return new NacosConfigManager(nacosConfigProperties);
  }
  @Bean
  public NacosPropertySourceLocator nacosPropertySourceLocator(NacosConfig
Manager nacosConfigManager) {// 属性资源配置
      return new NacosPropertySourceLocator(nacosConfigManager);
  }
}
```

Spring Boot 能用注解等方式引入本地配置。然而，微服务一般使用统一的配置中心，需要发起网络请求。那么如何解决这个问题呢？

Spring Cloud 中提供了 PropertySourceLocator 接口，支持用户自定义逻辑，然后把配置加载到 Spring Environment 中。

NacosPropertySourceLocator 就是 PropertySourceLocator 接口的实现类。下面来看它是如何加载配置的。

准备刷新容器阶段有一个应用初始化 applyInitializers 方法，代码如下所示。

```
protected void applyInitializers(ConfigurableApplicationContext context) {
 for (ApplicationContextInitializer initializer : getInitializers()) { // 遍
历 ApplicationContextInitializer 接口的实现类
      ...省略...
      initializer.initialize(context); // 调用实现类的 initialize 方法
 }
}
```

遍历 ApplicationContextInitializer 接口的实现类，其中有一个实现类叫作 PropertySourceBootstrapConfiguration。进入 PropertySourceBootstrapConfiguration#initialize 方法，代码如下所示。

```
public void initialize(ConfigurableApplicationContext applicationContext) {
 ...省略...
  for (PropertySourceLocator locator : this.propertySourceLocators) { //遍历
PropertySourceLocator 的实现类
      Collection<PropertySource<?>> source = locator.
locateCollection(environment);  // 调用实现类的 locateCollection 方法
      if (source == null || source.size() == 0) {
         continue;
      }
      List<PropertySource<?>> sourceList = new ArrayList<>();
      for (PropertySource<?> p : source) {
         sourceList.add(new BootstrapPropertySource<>(p)); // 把
NacosPropertySource 包装为 BootstrapPropertySource
      }
      logger.info("Located property source: " + sourceList);
      composite.addAll(sourceList);
      empty = false;
 }
 if (!empty) {
      MutablePropertySources propertySources = environment.getPropertySources();
      String logConfig = environment.resolvePlaceholders("${logging.config:}");
      LogFile logFile = LogFile.get(environment);
      for (PropertySource<?> p : environment.getPropertySources()) {
         if (p.getName().startsWith(BOOTSTRAP_PROPERTY_SOURCE_NAME)) {
            propertySources.remove(p.getName());
```

```
            }
        }
        insertPropertySources(propertySources, composite); // 加入到环境中
        reinitializeLoggingSystem(environment, logConfig, logFile);
        setLogLevels(applicationContext, environment);
        handleIncludedProfiles(environment);
    }
}
```

propertySourceLocators 变量是加了 @Autowired 注解的，会自动注入，代码如下所示。

```
@Autowired(required = false)
private List<PropertySourceLocator> propertySourceLocators = new
ArrayList<>();
```

关于 PropertySourceLocator 的实现类，只向 Spring 容器中注入了 NacosPropertySourceLocator，所以这个集合只有 NacosPropertySourceLocator。

NacosPropertySourceLocator 中并没有 locateCollection 方法，会先进入 PropertySourceLocator 的两个 locateCollection 方法（方法签名不同）。然后进入 NacosPropertySourceLocator#locate 方法，代码如下所示。

```
public PropertySource<?> locate(Environment env) {
 ...省略...
 if (StringUtils.isEmpty(dataIdPrefix)) {
     dataIdPrefix = env.getProperty("spring.application.name"); // dataId前缀，
一般是应用名称
 }
 CompositePropertySource composite = new CompositePropertySource(NACOS_
PROPERTY_SOURCE_NAME);
 loadSharedConfiguration(composite);// 加载共享配置
 loadExtConfiguration(composite);// 加载扩展配置
 loadApplicationConfiguration(composite, dataIdPrefix, nacosConfigProperties,
env);// 加载当前应用的配置
 return composite;
}
```

加载共享配置和加载扩展配置需要额外配置，loadSharedConfiguration 和 loadExtConfiguration 代码如下所示。

```
private void loadSharedConfiguration(CompositePropertySource
compositePropertySource) {
 List<NacosConfigProperties.Config> sharedConfigs = nacosConfigProperties.
getSharedConfigs();
 if (!CollectionUtils.isEmpty(sharedConfigs)) {// 判断当前项目是否配置了共享配置信息
     checkConfiguration(sharedConfigs, "shared-configs");
```

```
        loadNacosConfiguration(compositePropertySource, sharedConfigs);
    }
  }
  private void loadExtConfiguration(CompositePropertySource compositePropertySource) {
   List < NacosConfigProperties.Config > extConfigs = nacosConfigProperties.
  getExtensionConfigs();
   if (!CollectionUtils.isEmpty(extConfigs)) {// 判断当前项目是否配置了扩展配置信息
        checkConfiguration(extConfigs, "extension-configs");
        loadNacosConfiguration(compositePropertySource, extConfigs);
    }
  }
```

本项目中并没有使用共享配置和扩展配置，重点是看加载当前应用的配置，loadApplication-Configuration 方法代码如下所示。

```
  private void loadApplicationConfiguration(CompositePropertySource
  compositePropertySource, String dataIdPrefix, NacosConfigProperties
  properties, Environment environment) {
   String fileExtension = properties.getFileExtension(); // 后缀扩展
   String nacosGroup = properties.getGroup(); // 分组
   loadNacosDataIfPresent(compositePropertySource, dataIdPrefix, nacosGroup,
  fileExtension, true); // 应用名直接加载
   loadNacosDataIfPresent(compositePropertySource, dataIdPrefix + DOT + fileExtension,
  nacosGroup, fileExtension, true);// 应用名 + 后缀扩展加载，优先级高于前面的
   for (String profile : environment.getActiveProfiles()) {
        String dataId = dataIdPrefix + SEP1 + profile + DOT + fileExtension;
        loadNacosDataIfPresent(compositePropertySource, dataId, nacosGroup,
  fileExtension, true); // 应用名 + 选择的环境 + 后缀扩展加载，优先级高于前面的
   }
  }
```

因为本项目只配置了 nacos-consumer-sample-dev.yml，所以只有在 DataId 为 dataIdPrefix + SEP1 + profile + DOT + fileExtension 时才能获取到有用的配置，dataIdPrefix 和 dataIdPrefix + DOT + fileExtension 加载到 source 对象都是空的元素，如图 4.35 所示。

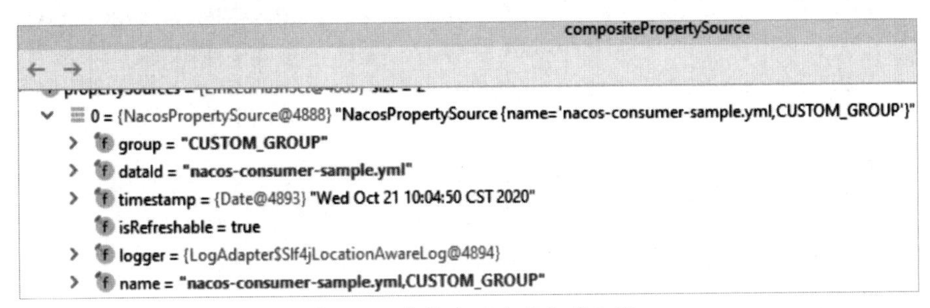

图 4.35　直接应用名称加载配置

应用名 + 后缀扩展的结果也是一样的。继续跟进 loadNacosDataIfPresent 方法，主要是尝试从

Nacos中获取属性资源并加入到CompositePropertySource对象propertySources属性中，代码如下所示。

```
private void loadNacosDataIfPresent(final CompositePropertySource composite, final
String dataId, final String group, String fileExtension, boolean isRefreshable) {
 ...省略...
 NacosPropertySource propertySource = this.loadNacosPropertySource(dataId,
group, fileExtension, isRefreshable); // 加载nacos属性资源
 this.addFirstPropertySource(composite, propertySource, false); // 把加载到的
资源添加到CompositePropertySource对象
}
private NacosPropertySource loadNacosPropertySource(final String dataId, final
String group, String fileExtension, boolean isRefreshable) {
 if (NacosContextRefresher.getRefreshCount() != 0) {
     if (!isRefreshable) {
          return NacosPropertySourceRepository.getNacosPropertySource(dataId,
group);// 如果不用动态刷新的，直接从本地缓存仓库中获取
     }
 }
 return nacosPropertySourceBuilder.build(dataId, group, fileExtension,
isRefreshable); // 尝试从nacos中获取
}
private void addFirstPropertySource(final CompositePropertySource composite,
NacosPropertySource nacosPropertySource, boolean ignoreEmpty) {
 ...省略...
 composite.addFirstPropertySource(nacosPropertySource);// 把获取到的属性资源添
加到CompositePropertySource对象propertySources属性中
}
```

然后进入NacosPropertySourceBuilder#build方法，主要是从Nacos中获取配置数据，构建NacosPropertySource对象，把配置加入本地缓存仓库，代码如下所示。

```
NacosPropertySource build(String dataId, String group, String fileExtension,
boolean isRefreshable) {
 Map<String, Object> p = loadNacosData(dataId, group, fileExtension);
 // 从nacos中获取配置数据
 NacosPropertySource nacosPropertySource = new NacosPropertySource(group,
dataId, p, new Date(), isRefreshable); // 创建NacosPropertySource对象
 NacosPropertySourceRepository.collectNacosPropertySource(nacosPropertySource);
// 把配置加入本地缓存仓库
 return nacosPropertySource;
}
```

继续进入加载Nacos数据的方法，loadNacosData方法代码如下所示。

```
private Map<String, Object> loadNacosData(String dataId, String group,
String fileExtension) {
```

```
String data = null;
try {
    data = configService.getConfig(dataId, group, timeout); // 获取配置
    ... 省略 ...
    Map<String, Object> dataMap = NacosDataParserHandler.getInstance().
parseNacosData(data, fileExtension); // 解析数据，这里的后缀扩展是 yml，最后通过
NacosDataYamlParser#doParse 方法转为 Map 类型
    return dataMap == null ? EMPTY_MAP : dataMap;
} catch (NacosException e) {
    log.error("get data from Nacos error, dataId:{}, ", dataId, e);
}
catch (Exception e) {
    log.error("parse data from Nacos error, dataId:{}, data:{},", dataId,
data, e);
}
return EMPTY_MAP;
}
```

此处有一个 ConfigService（配置服务）对象，此时离调用 Nacos 服务端接口获取配置已经很接近了，继续进入 NacosConfigService#getConfig 方法，代码如下所示。

```
public String getConfig(String dataId, String group, long timeoutMs) throws
NacosException {
 return getConfigInner(namespace, dataId, group, timeoutMs); // 获取配置
}
private String getConfigInner(String tenant, String dataId, String group,
long timeoutMs) throws NacosException {
 ... 省略 ...
 String content = LocalConfigInfoProcessor.getFailover(agent.getName(),
dataId, group, tenant);// 先尝试从本地路径读取，默认情况下路径为：用户目录下 /nacos/
config/
 if (content != null) {
     ... 省略 ...
     cr.setContent(content);
     configFilterChainManager.doFilter(null, cr);
     content = cr.getContent();
     return content;
 }
 try {
     String[] ct = worker.getServerConfig(dataId, group, tenant, timeoutMs);
// 没有从本地获取到，发送请求，从 nacos 服务端获取
     cr.setContent(ct[0]);
     configFilterChainManager.doFilter(null, cr);
     content = cr.getContent();
     return content;
 } catch (NacosException ioe) {
```

```
        ... 省略 ...
    }
    ... 省略 ...
    content = LocalConfigInfoProcessor.getSnapshot(agent.getName(), dataId, group,
tenant); // 如果本地和远程服务器上都没有获取到配置，则采用本地快照版本的配置信息
    cr.setContent(content);
    configFilterChainManager.doFilter(null, cr);
    content = cr.getContent();
    return content;
}
```

这里直接进入发送网络请求，从 Nacos 服务端获取配置的代码。ClientWorker#getServerConfig 方法代码如下所示。

```
public String[] getServerConfig(String dataId, String group, String tenant,
long readTimeout) throws NacosException {
    String[] ct = new String[2];
    if (StringUtils.isBlank(group)) {
        group = Constants.DEFAULT_GROUP;
    }
    HttpResult result = null;
    try {
        List<String> params = null; // 参数
        if (StringUtils.isBlank(tenant)) { // tenant 是 namespace
            params = new ArrayList<String>(Arrays.asList("dataId", dataId,
"group", group));
        } else {
            params = new ArrayList<String>(Arrays.asList("dataId", dataId,
"group", group, "tenant", tenant));
        }
        result = agent.httpGet(Constants.CONFIG_CONTROLLER_PATH, null,
params, agent.getEncode(), readTimeout); // 发起获取配置的网络请求，内部使用的是
HttpURLConnection 调用 /nacos/v1/cs/configs 接口
    } catch (IOException e) {
        ... 省略 ...
    }
    switch (result.code) {
        case HttpURLConnection.HTTP_OK:
            LocalConfigInfoProcessor.saveSnapshot(agent.getName(), dataId, group,
tenant, result.content); // 保存快照
            ct[0] = result.content;
            if (result.headers.containsKey(CONFIG_TYPE)) {
                ct[1] = result.headers.get(CONFIG_TYPE).get(0);
            } else {
                ct[1] = ConfigType.TEXT.getType();
            }
```

```
            return ct;
        case HttpURLConnection.HTTP_NOT_FOUND:
            LocalConfigInfoProcessor.saveSnapshot(agent.getName(), dataId, group,
    tenant, null);// 保存快照
            return ct;
        ...省略...
    }
}
```

agent 对象是 MetricsHttpAgent，调用 MetricsHttpAgent#httpGet 时，发起获取配置的网络请求，内部使用的是 HttpURLConnection 调用 Nacos 服务端的 /nacos/v1/cs/configs 接口。

来到 Nacos 服务端 config 项目下，ConfigController#getConfig 方法代码如下所示。

```
@GetMapping
@Secured(action = ActionTypes.READ, parser = ConfigResourceParser.class)
public void getConfig(HttpServletRequest request, HttpServletResponse
response,@RequestParam("dataId") String dataId, @RequestParam("group")
String group,@RequestParam(value = "tenant", required = false, defaultValue
= StringUtils.EMPTY)String tenant,@RequestParam(value = "tag", required =
false) String tag) throws IOException, ServletException, NacosException {
 tenant = processTenant(tenant);
 ...省略...
 final String clientIp = RequestUtil.getRemoteIp(request);
 inner.doGetConfig(request, response, dataId, group, tenant, tag, clientIp);
// 真正获取配置的方法
}
public String doGetConfig(HttpServletRequest request, HttpServletResponse
response, String dataId, String group, String tenant, String tag, String
clientIp) throws IOException, ServletException {
  ...省略...
 if (STANDALONE_MODE && !PropertyUtil.isStandaloneUseMysql()) {
     configInfoBase = persistService.findConfigInfo(dataId, group, tenant);
// 从数据库中获取配置
 } else {
     file = DiskUtil.targetFile(dataId, group, tenant);
 }
 ...省略...
 if (STANDALONE_MODE && !PropertyUtil.isStandaloneUseMysql()) {
     out = response.getWriter();
     out.print(configInfoBase.getContent()); // 返回配置
     out.flush();
     out.close();
 } else {
     fis.getChannel().transferTo(0L, fis.getChannel().size(), Channels.
newChannel(response.getOutputStream()));
```

```
    }
    ...省略...
    return HttpServletResponse.SC_OK + "";
}
```

PersistService#findConfigInfo 方法执行的是查询数据库 config_info 表的操作，根据 data_id、group_id、tenant_id 这三个表字段查询。得到的 configInfoBase 变量的值结果如图 4.36 所示。

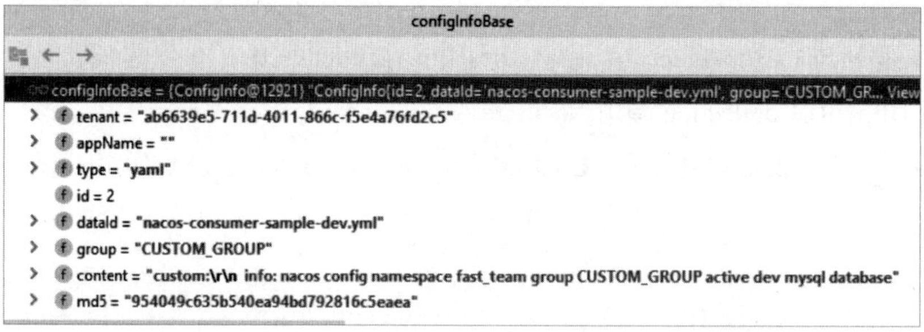

configInfoBase

configInfoBase = {ConfigInfo@12921} "ConfigInfo{id=2, dataId='nacos-consumer-sample-dev.yml', group='CUSTOM_GR... View
tenant = "ab6639e5-711d-4011-866c-f5e4a76fd2c5"
appName = ""
type = "yaml"
id = 2
dataId = "nacos-consumer-sample-dev.yml"
group = "CUSTOM_GROUP"
content = "custom:\r\n info: nacos config namespace fast_team group CUSTOM_GROUP active dev mysql database"
md5 = "954049c635b540ea94bd792816c5eaea"

图 4.36　configInfoBase 变量的值

获取到配置以后，最后就是保存到 Spring 环境中。

4.9.6 初始化 Bean 时获取配置

现在配置已经加入到 Spring 环境中了，那么 ConfigController 是如何给 config 属性赋值的呢？

了解 Spring 源码的读者应该知道，初始化 Bean 时对内部属性赋值有一个统一的方法，叫作 populateBean，AbstractAutowireCapableBeanFactory#populateBean 方法代码如下所示。

```
protected void populateBean(String beanName, RootBeanDefinition mbd,
@Nullable BeanWrapper bw) {
 ...省略...
 PropertyDescriptor[] filteredPds = null;
 if (hasInstAwareBpps) {
     if (pvs == null) {
         pvs = mbd.getPropertyValues();
     }
     for (BeanPostProcessor bp : getBeanPostProcessors()) {
         if (bp instanceof InstantiationAwareBeanPostProcessor) {
             InstantiationAwareBeanPostProcessor ibp = (InstantiationAwareBean
PostProcessor) bp;
             PropertyValues pvsToUse = ibp.postProcessProperties(pvs,
bw.getWrappedInstance(), beanName); // 处理内部属性
             ...省略...
         }
     }
 }
```

```
    ...省略...
}
```

ConfigController 对象 config 属性赋值依赖于后处理器，这个后处理器就是 AutowiredAnnotation-BeanPostProcessor。可以看出，通过后处理器可以完成许多灵活的功能。AutowiredAnnotationBean PostProcessor#postProcessProperties 方法代码如下所示。

```
public PropertyValues postProcessProperties(PropertyValues pvs, Object bean, String beanName) {
 InjectionMetadata metadata = findAutowiringMetadata(beanName, bean.getClass(), pvs); // 找到需要处理的属性，比如带有 @Value 注解的属性
 try {
     metadata.inject(bean, beanName, pvs); // 注入
 }catch (BeanCreationException ex) {
     throw ex;
 } catch (Throwable ex) {
     throw new BeanCreationException(beanName, "Injection of autowired dependencies failed", ex);
 }
 return pvs;
}
protected void inject(Object bean, @Nullable String beanName, @Nullable PropertyValues pvs) throws Throwable {
 Field field = (Field) this.member;
 Object value;
 if (this.cached) {
     value = resolvedCachedArgument(beanName, this.cachedFieldValue); // 解析依赖
 } else {
      ...省略...
 }
 if (value != null) {
     ReflectionUtils.makeAccessible(field);
     field.set(bean, value); // 反射设置值
 }
}
```

在解析依赖阶段就是获取表达式的值，最后在 PropertySourcesPropertyResolver#getProperty 方法中获取到值，代码如下所示。

```
protected <T> T getProperty(String key, Class<T> targetValueType, boolean resolveNestedPlaceholders) {
 if (this.propertySources != null) {
     for (PropertySource<?> propertySource : this.propertySources) { // 遍历 propertySource
         ...省略...
```

```
            Object value = propertySource.getProperty(key); // 获取值
            if (value != null) {
                if (resolveNestedPlaceholders && value instanceof String) {
                    value = resolveNestedPlaceholders((String) value);
                }
                logKeyFound(key, propertySource, value);
                return convertValueIfNecessary(value, targetValueType);
            }
        }
    }
    ...省略...
    return null;
}
```

因为 Nacos 属性资源早已在 Spring 环境中，并且传递给了 propertySources 变量，所以通过 propertySources 不断循环就能获取到表达式的值，如图 4.37 所示。

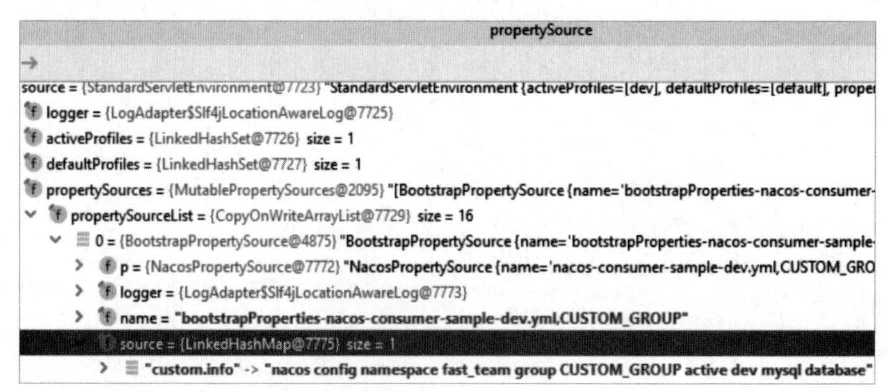

图 4.37　属性资源的值

获取到值以后，通过反射就能设置属性值。

4.9.7 Nacos 动态更新配置

Nacos 能动态感知配置的变化，自动更改配置，无须人工手动刷新，那么其实现机制又是怎样的呢?

一般有两种办法。

（1）服务端推送数据。

（2）客户端拉取数据。

Nacos 采用的是客户端拉取数据的方式，定时检查本地和服务端的配置，比对 MD5 的值。如果配置有更新，那么刷新 Spring 环境，销毁使用了 @RefreshScope 注解的 Bean，当再次使用到这个 Bean 时，再重新创建一个，重新赋值属性，这样获取到的配置又是最新的了。

Nacos 采用客户端拉的方式能减少很多麻烦，比如维持心跳，服务端不需要保持与客户端长连接，从而在一定程度上降低了服务端的压力。

下面来看代码具体是怎样做的。

依然定位到 NacosConfigBootstrapConfiguration 类。内部有一个 NacosConfigManager 对象，应用启动时便会创建。在其构造方法中会创建一个对配置动态更新特别重要的类，那就是 NacosConfigService，代码如下所示。

```
public NacosConfigManager(NacosConfigProperties nacosConfigProperties) {
 this.nacosConfigProperties = nacosConfigProperties;
 createConfigService(nacosConfigProperties); // 创建 NacosConfigService 对象
}
static ConfigService createConfigService(NacosConfigProperties
nacosConfigProperties) {
 if (Objects.isNull(service)) {
     synchronized (NacosConfigManager.class) {
         try {
             if (Objects.isNull(service)) {
                 service = NacosFactory.createConfigService(nacosConfigProperties.
assembleConfigServiceProperties()); // 委托工厂创建 NacosConfigService 对象
             }
         } catch (NacosException e) {
             ... 省略 ...
         }
     }
 }
 return service;
}
public static ConfigService createConfigService(Properties properties) throws
NacosException {
 return ConfigFactory.createConfigService(properties);
}
```

创建 NacosConfigService 对象最终会到达 ConfigFactory#createConfigService 方法，利用反射创建对象，代码如下所示。

```
public static ConfigService createConfigService(Properties properties) throws
NacosException {
 try {
     Class<?> driverImplClass = Class.forName("com.alibaba.nacos.client.
config.NacosConfigService");
     Constructor constructor = driverImplClass.getConstructor(Properties.class);
     ConfigService vendorImpl = (ConfigService) constructor.
newInstance(properties); // 创建实例
     return vendorImpl;
```

```
    } catch (Throwable e) {
        throw new NacosException(NacosException.CLIENT_INVALID_PARAM, e);
    }
}
```

而NacosConfigService类是nacos-client包下的代码，属于Nacos本身的源码，真正“干大事儿”的也就是Nacos框架基础的源代码。从这里可以体会到，手写一个Starter并不神秘，其最大意义就是在不改变原有代码的基础上，把原有代码关联起来，起到一个桥梁的作用。

已经会创建NacosConfigService对象了，那么NacosConfigService的构造方法是否还做了其他的事呢？继续进入NacosConfigService的构造方法，代码如下所示。

```
public NacosConfigService(Properties properties) throws NacosException {
 String encodeTmp = properties.getProperty(PropertyKeyConst.ENCODE); // 编码
 if (StringUtils.isBlank(encodeTmp)) {
     encode = Constants.ENCODE;
 } else {
     encode = encodeTmp.trim();
 }
 initNamespace(properties); // 初始化 namespace
 agent = new MetricsHttpAgent(new ServerHttpAgent(properties));// 包装
ServerHttpAgent，增加了统计功能
 agent.start();
 worker = new ClientWorker(agent, configFilterChainManager, properties);
// 客户端工作类
}
```

MetricsHttpAgent类使用了装饰器模式，装饰了ServerHttpAgent类，把它包起来，增加了统计功能。ClientWorker类从字面意思理解是客户工作。那么这个工作到底是什么呢？

接着进入ClientWorker的构造方法，代码如下所示。

```
public ClientWorker(final HttpAgent agent, final ConfigFilterChainManager
configFilterChainManager, final Properties properties) {
 this.agent = agent;
 this.configFilterChainManager = configFilterChainManager;
 init(properties); // 初始化超时参数
 executor = Executors.newScheduledThreadPool(1, new ThreadFactory() { // 初
始化核心线程的线程池
     @Override
     public Thread newThread(Runnable r) {
         Thread t = new Thread(r);
         t.setName("com.alibaba.nacos.client.Worker." + agent.getName());
         t.setDaemon(true);
         return t;
     }
 });
```

```
    executorService = Executors.newScheduledThreadPool(Runtime.getRuntime().
availableProcessors(), new ThreadFactory() { // 初始化用于长轮询的线程池
        @Override
        public Thread newThread(Runnable r) {
            Thread t = new Thread(r);
            t.setName("com.alibaba.nacos.client.Worker.longPolling." + agent.
getName());
            t.setDaemon(true);
            return t;
        }
    });
    executor.scheduleWithFixedDelay(new Runnable() { // 延时的定时任务，最初 1 毫秒
后执行一次，以后每 10 毫秒执行一次
        @Override
        public void run() {
            try {
                checkConfigInfo(); // 检查配置
            } catch (Throwable e) {
                LOGGER.error("[" + agent.getName() + "] [sub-check] rotate
check error", e);
            }
        }
    }, 1L, 10L, TimeUnit.MILLISECONDS);
}
```

继续进入 checkConfigInfo 方法，Nacos 开发团队还考虑到可能配置太多，任务量比较大，分摊到多个 LongPollingRunnable 执行，代码如下所示。

```
public void checkConfigInfo() {
    int listenerSize = cacheMap.get().size();// 分任务
    int longingTaskCount = (int) Math.ceil(listenerSize / ParamUtil.
getPerTaskConfigSize());// 向上取整为批数
    if (longingTaskCount > currentLongingTaskCount) {
        for (int i = (int) currentLongingTaskCount; i < longingTaskCount; i++) {
            executorService.execute(new LongPollingRunnable(i));//  执行长轮询线
程，要判断任务是否在执行，这块需要好好想想。任务列表现在是无序的，变化过程可能有问题
        }
        currentLongingTaskCount = longingTaskCount;
    }
}
```

重点关注执行 LongPollingRunnable 线程，既然它是一个线程，那么主要逻辑一定在 run 方法中，LongPollingRunnable#run 方法代码如下所示。

```
public void run() {
    List<CacheData> cacheDatas = new ArrayList<CacheData>();
```

```
List < String > inInitializingCacheList = new ArrayList < String > ();
try {
    for (CacheData cacheData : cacheMap.get().values()) {
        if (cacheData.getTaskId() == taskId) {
            cacheDatas.add(cacheData);
            try {
                checkLocalConfig(cacheData); // 检查本地配置
                if (cacheData.isUseLocalConfigInfo()) {
                    cacheData.checkListenerMd5();// 如果使用本地配置，检查 MD5 的
值有没有改变
                }
            } catch (Exception e) {
                LOGGER.error("get local config info error", e);
            }
        }
    }
    List < String > changedGroupKeys = checkUpdateDataIds(cacheDatas,
inInitializingCacheList); // 向服务端发请求，对比 MD5 的值，服务端返回有更新的配置名称（key）值
    LOGGER.info("get changedGroupKeys:" + changedGroupKeys);
    for (String groupKey : changedGroupKeys) {
        String[] key = GroupKey.parseKey(groupKey);
        String dataId = key[0];
        String group = key[1];
        String tenant = null;
        if (key.length == 3) {
            tenant = key[2];
        }
        try {
            String[] ct = getServerConfig(dataId, group, tenant, 3000L);
 // 获取配置数据
            CacheData cache = cacheMap.get().get(GroupKey.getKeyTenant
(dataId, group, tenant));
            cache.setContent(ct[0]);
            if (null != ct[1]) {
                cache.setType(ct[1]); // 最新值放入 CacheData
            }
            ...省略...
        } catch (NacosException ioe) {
            ...省略...
        }
    }
    for (CacheData cacheData : cacheDatas) {
        if (!cacheData.isInitializing() || inInitializingCacheList.contains
(GroupKey.getKeyTenant(cacheData.dataId, cacheData.group, cacheData.tenant))) {
            cacheData.checkListenerMd5(); // 检查 MD5 的值有没有改变
            cacheData.setInitializing(false);
```

```
            }
        }
        inInitializingCacheList.clear();
        executorService.execute(this);// 继续执行该任务
    } catch (Throwable e) {
        LOGGER.error("longPolling error : ", e);
        executorService.schedule(this, taskPenaltyTime, TimeUnit.MILLISECONDS);
// 如果出现异常，下次执行的时间加长，衰减重试
    }
}
```

checkUpdateDataIds 方法将发起网络请求，接口地址是 /nacos/v1/cs/configs/listener，对应的服务端代码是 config 模块下的 ConfigController#listener 方法，传递的参数中有一个配置参数比较特别，注意，此配置非彼配置，而是在 NacosPropertySourceLocator#loadApplicationConfiguration 方法加载的那三个配置的名称，如图 4.38 所示。

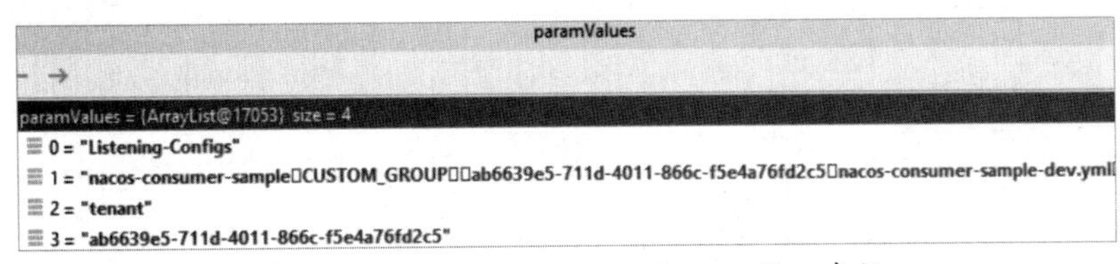

图 4.38　/nacos/v1/cs/configs/listener 接口参数

发送请求上去，让 Nacos 服务端比对 MD5 值，最后返回有更改的配置名称。笔者修改 nacos-consumer-sample-dev.yml DataId 的配置，changedGroupKeys 变量返回结果如图 4.39 所示。

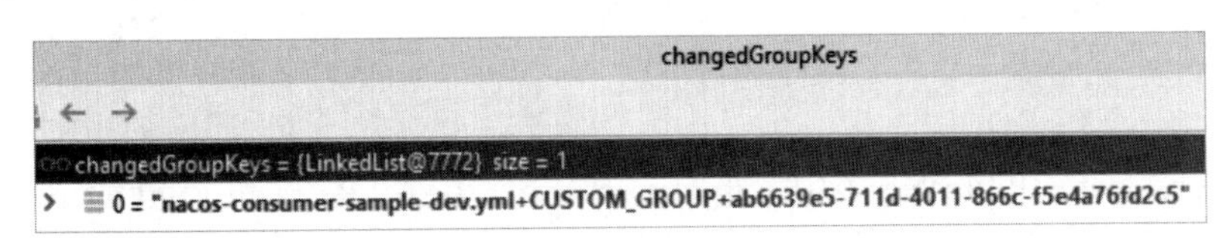

图 4.39　有变更的配置

getServerConfig 方法则请求 Nacos 服务端接口获取最新的配置，再存入 CacheData 缓存中。用 CacheData#checkListenerMd5 方法检查 MD5 是否有变化，代码如下所示。

```
void checkListenerMd5() {
 for (ManagerListenerWrap wrap : listeners) {
     if (!md5.equals(wrap.lastCallMd5)) { // 比对 MD5
         safeNotifyListener(dataId, group, content, type, md5, wrap); // 安全通
知监听
     }
 }
}
```

继续进入 safeNotifyListener 方法，代码如下所示。

```
private void safeNotifyListener(final String dataId, final String group, final String
```

```
content, final String type, final String md5, final ManagerListenerWrap listenerWrap) {
 final Listener listener = listenerWrap.listener;
 Runnable job = new Runnable() {
     @Override
     public void run() {
         ClassLoader myClassLoader = Thread.currentThread().getContextClassLoader();
         ClassLoader appClassLoader = listener.getClass().getClassLoader();
         try {
             ...省略...
             listener.receiveConfigInfo(contentTmp); // 接收配置
             ...省略...
         } catch (NacosException de) {
             ...省略...
         } catch (Throwable t) {
             ...省略..
         } finally {
            Thread.currentThread().setContextClassLoader(myClassLoader);
         }
     }
 };
 ...省略...
  if (null != listener.getExecutor()) {
    listener.getExecutor().execute(job);
 } else {
    job.run();
 }
  ...省略...
}
```

最后在 NacosContextRefresher 类中发布 RefreshEvent 事件，RefreshEventListener#onApplication Event 方法中能获取到 RefreshEvent 事件，代码处理逻辑如下所示。

```
public void onApplicationEvent(ApplicationEvent event) {
 if (event instanceof ApplicationReadyEvent) {
     handle((ApplicationReadyEvent) event);
 } else if (event instanceof RefreshEvent) {
     handle((RefreshEvent) event);  // 处理 RefreshEvent 事件
 }
}
public void handle(RefreshEvent event) {
 if (this.ready.get()) { // 应用准备就绪前不要处理事件
     log.debug("Event received " + event.getEventDesc());
     Set<String> keys = this.refresh.refresh(); // 刷新
     log.info("Refresh keys changed: " + keys);
 }
}
```

跟进 ContextRefresher#refresh 方法，查看刷新的逻辑，代码如下所示。

```
public synchronized Set < String > refresh() {
 Set < String > keys = refreshEnvironment(); // 刷新 Spring 环境，返回有变更的配置
key
 this.scope.refreshAll(); // 刷新，销毁 Bean，发布 RefreshScopeRefreshedEvent 事件
 return keys;
}
```

refreshEnvironment 方法会刷新环境，并比对有更新的配置项。RefreshScope#refreshAll 方法会执行销毁 Bean，并发布 RefreshScopeRefreshedEvent 事件。

现在 Spring 环境已更新，Bean 已销毁，当再次使用该 Bean 时，会重新创建该 Bean，然后对其属性重新赋值，这里肯定能获取到最新的配置，最终对象中属性值是最新的，也就实现了动态更新配置。

4.10 小结

本章使用了 Nacos 服务注册、发现功能，非常容易就能实现负载均衡；而配置中心则能针对多环境配置；支持集群运行保证高可用；从应用到运维方面全景覆盖，支持 AP、CP 模式。不难看出，Nacos 可以替代之前的 Spring Cloud Netflix Eureka + Spring Cloud Config + Spring Cloud Bus，足见 Nacos 的强大和易用性。通过简单的源码分析也能更好地掌握 Nacos 的使用。

本章完整代码可在 https://github.com/1030907690/spring-cloud-alibaba-nacos-sample 获取。

第5章 远程调用——RestTemplate+Ribbon

前面已经使用 RestTemplate+Ribbon 完成远程调用，本章主要是来更详细地了解这种远程调用方式。

本章主要涉及的知识点有：

- RestTemplate 和 Ribbon 介绍；
- Ribbon 自带的负载均衡规则；
- RandomRule 源码解析；
- 自定义负载均衡规则。

5.1 RestTemplate 简介

RestTemplate 属于 spring-web.jar 包下的一个类，使用 RestTemplate 既简化了 http 请求过程，又符合 RestFul 风格。

在默认情况下，使用无参构造函数实例化 RestTemplate 对象，使用的是 JDK 源码 java.net 包的实现来完成 http 的连接。可以使用带参构造函数 RestTemplate(ClientHttpRequestFactory requestFactory) 去替换，替换成 HttpClient 等。

5.2 Ribbon 简介

Spring Cloud Ribbon 是基于 Netflix Ribbon 开发的负载均衡框架。主要功能就是通过客户端软件负载均衡算法完成服务调用。Ribbon 自带了很多负载均衡算法，如轮询、随机等，Ribbon 可从服务注册中心拿到具体提供者地址列表，根据负载均衡算法，来选择调用其中一个服务；当然，还可以自定义负载均衡算法。

5.3 Ribbon 自带的负载均衡规则

Ribbon 源码中的 IRule 接口，代码如下所示。

```
public interface IRule{ //负载均衡算法主要是通过 lb.getAllServers() 得到全部服务地址，再根据某种负载均衡算法选择某个服务，或者还有联合上 key(hint) 选择某个服务
    public Server choose(Object key);  //选择一个服务
    public void setLoadBalancer(ILoadBalancer lb);  // 设置负载均衡器对象
    public ILoadBalancer getLoadBalancer();     // 得到负载均衡器对象
}
```

这就表示一个负载均衡算法大概会有这些方法。Ribbon 内置的负载均衡算法落地实现有以下几种，具体说明如表 5.1 所示。

表 5.1　Ribbon 内置的几种负载均衡算法

名称（类名）	说明
RoundRobinRule	轮询算法
RandomRule	随机算法
AvailabilityFilteringRule	先过滤掉不可用的服务，再使用轮询规则算法

续表

名称（类名）	说明
WeightedResponseTimeRule	根据响应时间计算服务的权重，如果统计信息不足（如程序刚启动），则使用轮询算法
RetryRule	先使用轮询算法获取服务，如遇失败则在规定时间内重试
BestAvailableRule	先过滤掉不可用的服务，选择并发量最小的服务
ZoneAvoidanceRule	判断服务的性能并且判断服务可用性去选择某个服务

5.4 替换 Ribbon 的负载均衡规则

在 BaseLoadBalancer 类中可以看到 rule 对象的默认值是 RoundRobinRule，但这并不表示 Ribbon 的默认负载均衡规则就是 RoundRobinRule。

原因是在 RibbonClientConfiguration 类中初始化了 IRule 对象，代码如下所示。

```
@Bean  // 交给 Spring 容器初始化的标识
@ConditionalOnMissingBean  // 如果找不到这个 IRule bean 才去初始化
public IRule ribbonRule(IClientConfig config) {
 if (this.propertiesFactory.isSet(IRule.class, name)) {
     return this.propertiesFactory.get(IRule.class, config, name);
 }
 ZoneAvoidanceRule rule = new ZoneAvoidanceRule(); // 负载均衡算法
 rule.initWithNiwsConfig(config);
 return rule;
}
```

在发起第一次调用请求时，会调用 BaseLoadBalancer#setRule 重新设置负载均衡算法，如图 5.1 所示。

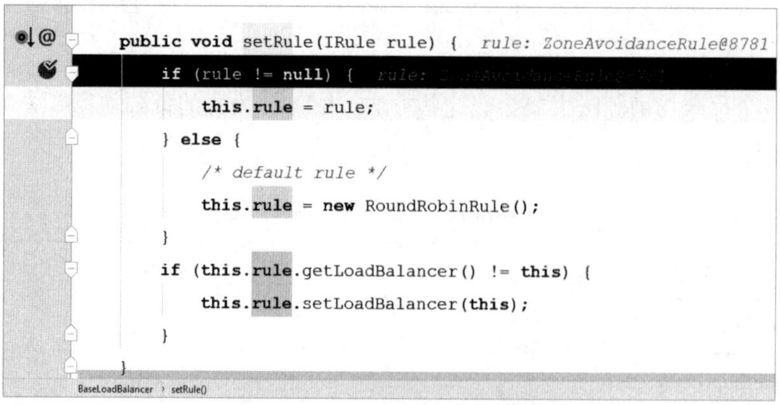

```
public void setRule(IRule rule) {   rule: ZoneAvoidanceRule@8781
    if (rule != null) {
        this.rule = rule;
    } else {
        /* default rule */
        this.rule = new RoundRobinRule();
    }
    if (this.rule.getLoadBalancer() != this) {
        this.rule.setLoadBalancer(this);
    }
}
BaseLoadBalancer › setRule()
```

图 5.1　设置负载均衡算法

所以 Ribbon 的默认负载均衡规则是 ZoneAvoidanceRule。

看到前面初始化负载均衡规则的条件注解 @ConditionalOnMissingBean，相信会有所启发，在写一个小组件时，可以先提供一个默认实现，用户可以根据自己的需求去替换。

只要有 IRule bean，那么就可以覆盖默认的配置了。

因为前面 Nacos 的代码和本章代码整合比较好，所以笔者把代码复制过来，把项目名称改成 spring-cloud-alibaba-resttemplate-ribbon-sample 即可。

笔者在消费端新建 RibbonConfiguration 文件，增加 IRule bean 的配置，这样就覆盖了默认配置，具体代码如下所示。

```
@Configuration // 标记这是个配置类
public class RibbonConfiguration {
    @Bean  // 交给 Spring 容器初始化的标识
    public IRule ribbonRule() {
        return new RandomRule();  // 负载均衡规则，改为随机
    }
}
```

再来看看 BaseLoadBalancer#setRule，重新设置 RandomRule 为负载均衡算法，如图 5.2 所示。

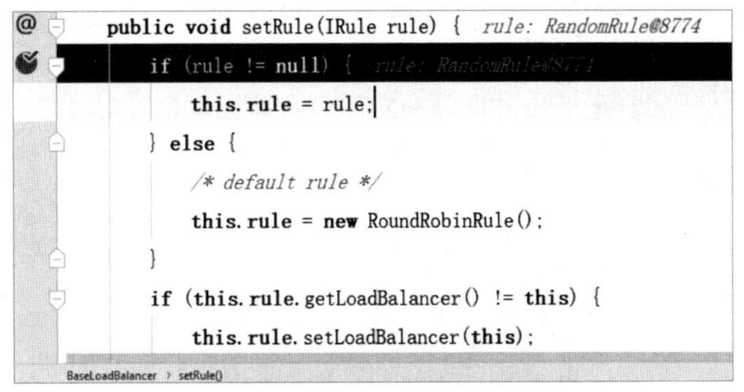
```
public void setRule(IRule rule) {  rule: RandomRule@8774
    if (rule != null) {  rule: RandomRule@8774
        this.rule = rule;
    } else {
        /* default rule */
        this.rule = new RoundRobinRule();
    }
    if (this.rule.getLoadBalancer() != this) {
        this.rule.setLoadBalancer(this);
```


图 5.2　设置 RandomRule 为负载均衡算法

5.5 RandomRule 规则源码解析

为了能让读者更深刻地理解负载均衡算法，领略负载均衡算法的“风采”，笔者就从最简单的随机负载均衡规则来展开探讨。

从上面 IRule 接口就可以知道，选择某一个服务的时候肯定是调用 choose，顾名思义，下面来看看 RandomRule 选择服务的具体代码。

```
public Server choose(ILoadBalancer lb, Object key) {
```

```
 if (lb == null) { // 如果负载均衡对象为空，则返回 null
     return null;
 }
 Server server = null;
 while (server == null) {  // 一直循环取可用的服务，直到拿到可用的服务为止
     if (Thread.interrupted()) { // 判断当前线程是否被中断，如果是返回 null
         return null;
     }
     List<Server> upList = lb.getReachableServers(); // 获取可用的服务列表
     List<Server> allList = lb.getAllServers(); // 获取全部的服务列表
     int serverCount = allList.size();
     if (serverCount == 0) { // 如果全部的服务列表个数为 0，则返回 null
         return null;
     }
     int index = chooseRandomInt(serverCount); // 在全部的服务列表个数范围内，随
机一个服务，返回一个数字
     server = upList.get(index); // 根据数字拿到一个服务
     if (server == null) { // 如果拿到的服务是空
         Thread.yield(); // 让当前线程让渡出自己的 CPU 时间片
         continue; // 跳过
     }
     if (server.isAlive()) { // 判断服务是否可用
         return (server); // 可用则返回这个服务
     }
     server = null; // 重置为 null
     Thread.yield();// 让当前线程让渡出自己的 CPU 时间片
 }
 return server;
}
protected int chooseRandomInt(int serverCount) {
    return ThreadLocalRandom.current().nextInt(serverCount); // 随机一个数值，
包含下限 0，不包含上限 serverCount
}
public Server choose(Object key) {
 return choose(getLoadBalancer(), key); // 调用内部函数 choose(ILoadBalancer lb,
 Object key)
}
```

可以看出真正“干活”的是 choose(ILoadBalancer lb, Object key) 方法。算法的原理也很简单，其主要思想就是从服务列表中随机选出一个服务，如果服务为 null 或服务不可用，就再循环。

5.6 自定义负载均衡规则

在看过源码之后再自定义负载均衡规则就容易多了，可以参考下 RandomRule 类的主体方法，整个类的主体方法如下。

```
public class CustomRule extends AbstractLoadBalancerRule {
    @Override
    public Server choose(Object key) { // 选择某个服务
        return choose(getLoadBalancer(), key);
    }
    private Server choose(ILoadBalancer loadBalancer, Object key) {// 选择某
个服务，真正“干活”的方法
        return null;
    }
    @Override
    public void initWithNiwsConfig(IClientConfig clientConfig) { // 初始化的
操作
    }
}
```

把 RibbonConfiguration 初始化 IRule bean 的实现改为 CustomRule，代码如下所示。

```
@Bean  // 交给 Spring 容器初始化的标识
public IRule ribbonRule() {
 return new CustomRule();  // 负载均衡规则，改为随机
}
```

然后负载均衡的算法设定为：接口被调用次数 % 服务个数 = 实际调用服务位置下标。接口被调用次数使用 AtomicInteger 计数，服务个数可以用 loadBalancer.getAllServers().size() 拿到，完整的代码如下所示。

```
public class CustomRule extends AbstractLoadBalancerRule {
    private AtomicInteger count = new AtomicInteger(0);
    @Override
    public Server choose(Object key) { // 选择某个服务
        return choose(getLoadBalancer(), key);
    }
    private Server choose(ILoadBalancer loadBalancer, Object key) {// 选择某
个服务，真正“干活”的方法
        List < Server > allServers = loadBalancer.getAllServers(); // 获取全部
服务列表
        int requestNumber = count.incrementAndGet(); // 累加并得到值，请求次数
        if (requestNumber >= Integer.MAX_VALUE) { // 如果调用次数大于等于 int
```

```
的最大值，则重置，否则会变成负值
                count = new AtomicInteger(0); // 重置为0
            }
            if (null != allServers) {
                int size = allServers.size();
                if (size > 0) {
                    int index = requestNumber % size; // 请求次数 % 服务列表个数得
到要选择的服务下标
                    Server server = allServers.get(index);
                    if (null == server || !server.isAlive()) { // 如果服务为null
或服务不可用返回null
                        return null;
                    }
                    return server;
                }
            }
            return null;
        }
        @Override
        public void initWithNiwsConfig(IClientConfig clientConfig) { // 初始化的操作
        }
}
```

代码写好后，测试 4 次结果如下，表示已经达到了基本的负载均衡效果。

```
D:\software\curl-7.71.1-win64-mingw\bin > curl http://localhost:8080/test
hello world test 8081
D:\software\curl-7.71.1-win64-mingw\bin > curl http://localhost:8080/test
hello world test 8082
D:\software\curl-7.71.1-win64-mingw\bin > curl http://localhost:8080/test
hello world test 8081
D:\software\curl-7.71.1-win64-mingw\bin > curl http://localhost:8080/test
hello world test 8082
```

5.7 小结

本章深入探讨了 RestTemplate + Ribbon 这种远程调用方式，使读者更清楚负载均衡规则，并可以根据自己的业务自定义实现一个负载均衡规则。在实际开发过程中，RestTemplate+Ribbon 这种远程调用方式算是比较老的，而且在调用的时候都要填写地址，感觉很不优雅，作者后续会使用 OpenFeign、Dubbo Spring Cloud 替换它，使调用接口更简洁。

本章代码可在 https://github.com/1030907690/spring-cloud-alibaba-resttemplate-ribbon-sample 下载。

第6章 流量控制框架——Sentinel

随着微服务的普及和业务的发展，保证服务的稳定性越来越被人们所重视，逐渐涌现出了 Hystrix、Sentinel 这样的组件来保护服务稳定运行。

本章主要涉及的知识点有：

- Sentinel 简介；
- Sentinel 下载和运行；
- 项目集成 Sentinel；
- 使用 @SentinelResource 注解保护服务；
- Sentinel 配置数据持久化；
- 集群流控的配置。

6.1 Sentinel 简介

Sentinel 被称为分布式系统的流量防卫兵，是阿里开源流控框架，从服务限流、降级、熔断等多个维度保护服务。历经阿里巴巴近 10 年大流量的考验，值得信赖。Sentinel 同时提供了简洁易用的控制台，可以看到接入应用的秒级数据，并且可以在控制台设置一些规则保护应用。它比 Hystrix 支持的范围广，如 Spring Cloud、Dubbo、gRPC 都可以整合。其集成简单，只需少量的配置和代码就可以完成，也很容易完成自己定制化的逻辑。

资源是 Sentinel 最关键的概念，遵循 Sentinel API 的开发规范定义资源，就能将应用保护起来。

而规则可以通过控制面板配置，也可以和资源联合起来，规则可以在控制台修改并且即时生效。

名词解释

• 限流：不能让流量一窝蜂地进来，否则可能会冲垮系统，需要限载流量，一般采用排队的方式有序进行。

对应生活中的小例子，比如在一个景区，一般是不会让所有人在同一时间都进去的，会限制人数，排队进入，让景区内人数在一个可控范围内，因为景区的基础设施服务不了那么多人。

• 降级：即使在系统出故障的情况下，也要尽可能地提供服务，在可用和完全不可用之间找一个平衡点，比如返回友好提示等。

例如，现在稍有规模的电商系统，为了给用户提供个性化服务，一般都有推荐系统，假设现在推荐系统宕机了，难道在推荐商品一栏就不给用户展示商品了吗？这不太合理，可以降低一点要求，保证给用户看到的是友好界面，给用户返回一些准备好的静态数据。

• 熔断：直接拒绝访问，然后返回友好提示。一般是根据请求失败率或请求响应时间做熔断。

熔断好比是家里的保险盒，当线路过热时，就会跳闸，以免烧坏线路。

6.2 Sentinel 同类产品对比

下面列出一个表格，简单地描述 Sentinel、Hystrix、Resilience4j 的异同，如表 6.1 所示。

表 6.1 Sentinel、Hystrix、Resilience4j 的对比

基础特性	Sentinel	Hystrix	Resilience4j
限流	QPS、线程数、调用关系	有限的支持	Rate Limiter
注解的支持	支持	支持	支持
动态规则配置	支持多种数据源	支持多种数据源	有限支持

续表

基础特性	Sentinel	Hystrix	Resilience4j
实时统计信息	滑动窗口（LeapArray）	滑动窗口（RxJava）	Ring Bit Buffer
熔断降级策略	平均响应时间、异常比例、异常数	异常比例	平均响应时间、异常比例
控制台	可配置各种规则，接口调用的秒级信息，机器发现等	简单监控	不提供控制台，可对接其他监控平台
流量整形	支持预热、排队模式	不支持	简单的 Rate Limiter 模式
系统自适应限流	支持	不支持	不支持
扩展性	多个扩展点	插件的形式	接口的形式
常用适配框架	Servlet、Spring Cloud、Dubbo、gRPC 等	Servlet、Spring Cloud Netflix	Spring Boot、Spring Cloud

Resilience4j 在国外用得比较多，而 Hystrix 框架已经停止更新，进入维护阶段了。从表 6.1 可以看出，Sentinel 吸收了不少 Hystrix 的优点，并形成自己的特色。所以目前来看使用 Sentinel 是大势所趋。

6.3 下载和运行

首先到 https://github.com/alibaba/Sentinel/releases 页面下载 dashboard（仪表盘）的 jar 包，依据图 4.1 中的组件版本关系，笔者选择下载了 sentinel-dashboard-1.7.1.jar。下载源码自己再编译也行。

下载 sentinel-dashboard-1.7.1.jar 包之后不必做其他的操作，因为它是 Spring Boot 项目，可以直接运行，使用如下命令。

```
java -jar sentinel-dashboard-1.7.1.jar
```

注意

Sentinel 控制面板程序默认使用 8080 端口，如果要修改，可以增加 -Dserver.port 参数，启动命令修改为 java -jar -Dserver.port=9090 sentinel-dashboard-1.7.1.jar，程序端口修改为 9090。

打开 http://localhost:8080 页面，输入账号 sentinel，密码也是 sentinel，登录进去后的初始界面如图 6.1 所示。

发现整个界面大部分都是空白的，这是正常的，因为 Sentinel 采用了一种懒加载的方式，只有真正去使用它，功能才会展示出来。

图 6.1 Sentinel 的初始界面

6.4 项目集成 Sentinel

本节在 Nacos 的基础上再集成 Sentinel 组件，编写一个消费端和一个服务提供者，对 Sentinel 功能的演示大部分会放在服务消费者身上，使用一些规则。其实笔者感觉服务提供者和消费者都可以使用 Sentinel 保护应用，主要是看自己的实际需要。远程调用的方式暂且使用 RestTemplate+Ribbon。

6.4.1 创建提供者服务

在集成 Sentinel 组件时，不用再新建项目了，可以复制一份模板项目来改。笔者不再演示改名的过程，主要修改项目名称和 pom.xml 文件，修改后的工程如图 6.2 所示。

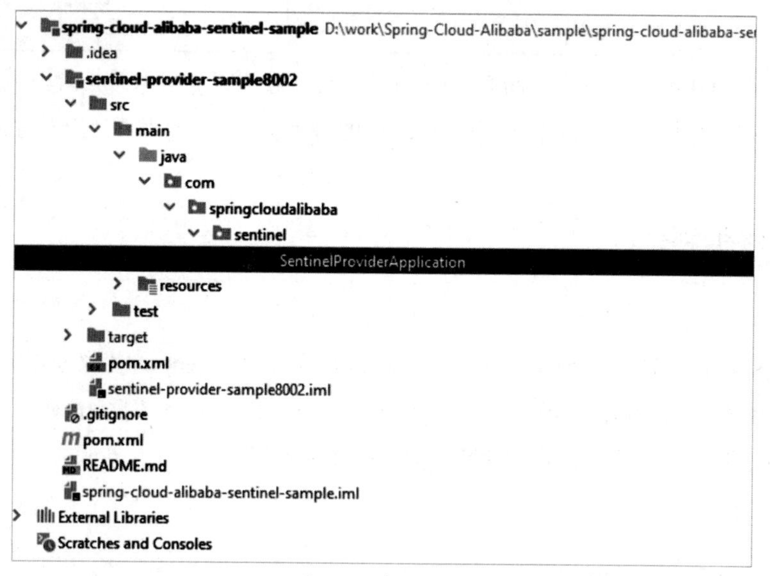

图 6.2　基础工程

有了基础工程之后，先增加 Nacos 和 Sentinel 的依赖，笔者在 sentinel-provider-sample8002 工程的 pom.xml 文件 dependencies 标签下增加如下代码。

```
<!-- 服务注册　　服务发现需要引入的 -->
<dependency>
 <groupId>com.alibaba.cloud</groupId>
 <artifactId>spring-cloud-starter-alibaba-nacos-discovery</artifactId>
</dependency>
<!-- 健康监控 -->
<dependency>
 <groupId>org.springframework.boot</groupId>
 <artifactId>spring-boot-starter-actuator</artifactId>
```

```
</dependency>
<!--Nacos 配置中心依赖 -->
<dependency>
 <groupId>com.alibaba.cloud</groupId>
 <artifactId>spring-cloud-starter-alibaba-nacos-config</artifactId>
</dependency>
<!--Sentinel 组件依赖 -->
<dependency>
    <groupId>com.alibaba.cloud</groupId>
    <artifactId>spring-cloud-starter-alibaba-sentinel</artifactId>
</dependency>
```

增加bootstrap.yml配置文件，主要是新增关于Nacos、Sentinel的配置，完整的配置内容如下所示。

```
server:
  port: 8082 # 程序端口号
spring:
  application:
    name: sentinel-provider-sample8002 # 应用名称
  cloud:
    sentinel:
      transport:
        port: 8719 # 启动 HTTP Server，并且该服务将与 Sentinel 仪表板进行交互，使
Sentinel 仪表板可以控制应用，如果被占用，则从 8719 依次 +1 扫描
        dashboard: 127.0.0.1:8080   # 指定仪表盘地址
    nacos:
      discovery:
        server-addr: 127.0.0.1:8848 #nacos 服务注册、发现地址
      config:
        server-addr: 127.0.0.1:8848 #nacos 配置中心地址
        file-extension: yml # 指定配置内容的数据格式
management:
  endpoints:
    web:
      exposure:
        include: '*' # 公开所有端点
```

增加一个简单的controller给消费者调用，代码如下所示。

```
@RestController // @RestController 注解是 @Controller+@ResponseBody
public class TestController {
    @RequestMapping("/test")   // 标记该方法是接口请求
public String test() {
return "sentinel-provider-sample8002 test() " + RandomUtils.nextInt(0,1000);
      }
}
```

6.4.2 创建消费端服务

笔者也是将模板项目 sample 复制下来进行修改。主要是修改项目名称和 pom.xml 文件，改名称的过程就不再演示了，修改后的消费端工程如图 6.3 所示。

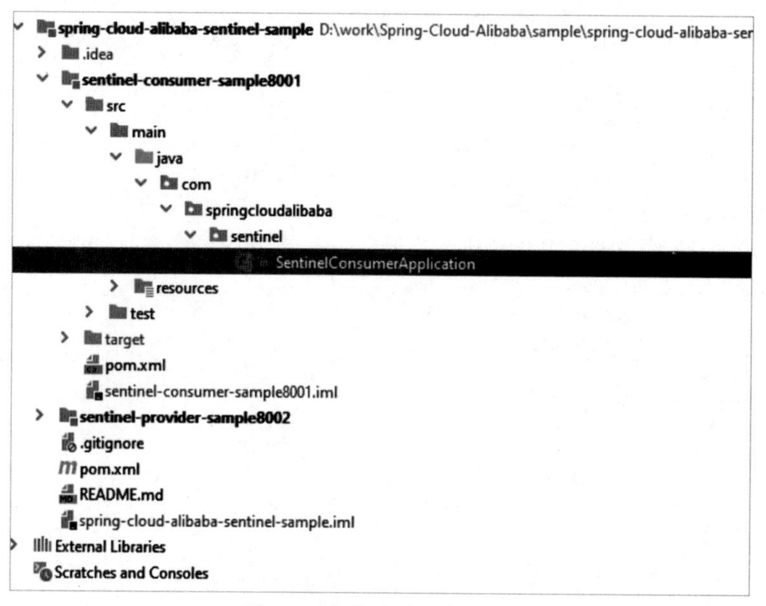

图 6.3 完整基础工程结构

sentinel-consumer-sample8001 工程的 pom.xml 文件 dependencies 标签下只增加如下代码。

```
<!-- 服务注册    服务发现需要引入的 -->
<dependency>
 <groupId>com.alibaba.cloud</groupId>
 <artifactId>spring-cloud-starter-alibaba-nacos-discovery</artifactId>
</dependency>
<!-- 健康监控 -->
<dependency>
 <groupId>org.springframework.boot</groupId>
 <artifactId>spring-boot-starter-actuator</artifactId>
</dependency>
<!--Nacos 配置中心依赖 -->
<dependency>
 <groupId>com.alibaba.cloud</groupId>
 <artifactId>spring-cloud-starter-alibaba-nacos-config</artifactId>
</dependency>
<!--Sentinel 组件依赖 -->
<dependency>
 <groupId>com.alibaba.cloud</groupId>
 <artifactId>spring-cloud-starter-alibaba-sentinel</artifactId>
</dependency>
```

对应的 bootstrap.yml 文件配置几乎和提供者内容一样，代码如下所示。

```
server:
  port: 8081 # 程序端口号
spring:
  application:
    name: sentinel-consumer-sample8001 # 应用名称
  cloud:
    sentinel:
      transport:
        port: 8719 # 启动 HTTP Server，并且该服务将与 Sentinel 仪表板进行交互，使
Sentinel 仪表板可以控制应用，如果被占用，则从 8719 依次 +1 扫描
        dashboard: 127.0.0.1:8080   # 指定仪表盘地址
    nacos:
      discovery:
        server-addr: 127.0.0.1:8848 #nacos 服务注册、发现地址
      config:
        server-addr: 127.0.0.1:8848 #nacos 配置中心地址
        file-extension: yml # 指定配置内容的数据格式
management:
  endpoints:
    web:
      exposure:
        include: '*' # 公开所有端点
```

新建一个 controller 去调用服务提供者，代码如下所示。

```
@RestController // @RestController 注解是 @Controller+@ResponseBody
public class TestController {
    private final String SERVER_URL = "http://sentinel-provider-sample8002";
// 这里的服务地址填写注册到 Nacos 的应用名称
    @Resource
    private RestTemplate restTemplate;
    @RequestMapping("/test")   // 标记该方法是接口请求
    public String test() {
        return restTemplate.getForObject(SERVER_URL + "/test", String.class);
// 调用提供者 /test 接口
}

@RequestMapping("/sentinelTest")
public String sentinelTest(){  // sentinel 组件测试方法
 return "TestController#sentinelTest " + RandomUtils.nextInt(0,10000);
}
}
```

6.4.3 使用 RestTemplate+Ribbon 远程调用

增加 Java Config 配置，实例化 RestTemplate 对象，代码如下所示。

```
@Configuration // 标记是配置类
public class GenericConfiguration { // 常规配置类
    @LoadBalanced // 标注此注解后，RestTemplate 就具有了客户端负载均衡能力
    @Bean
    public RestTemplate restTemplate(){ // 创建 RestTemplate，并交给 Spring 容器管理
        return new RestTemplate();
    }
}
```

最后测试一下，在没有加任何 Sentinel 规则的情况下能否调通，结果如下所示，表示成功。

```
D:\software\curl-7.71.1-win64-mingw\bin > curl http://localhost:8081/test
sentinel-provider-sample8002 test() 711
D:\software\curl-7.71.1-win64-mingw\bin > curl http://localhost:8081/sentinelTest
TestController#sentinelTest 9990
```

6.5 使用 Sentinel 常用规则

调用过接口后，会发现 Sentinel 控制台出现了很多功能。下面开始选择一些常用的功能来演示一下效果。

不过在演示效果之前，要先准备一个模拟发起请求的工具，测试限流这些规则效果用 curl 手动发起请求不太现实。笔者选用 JMeter 模拟发起大规模请求。

JMeter 的下载地址为 https://jmeter.apache.org/download_jmeter.cgi，笔者下载的是 apache-jmeter-5.3.zip，下载完成后解压，点击 bin 目录下的 jmeter.bat 就可以运行。

注意

JMeter 运行也是需要 JDK 环境的。

6.5.1 流控规则

流控规则主要是设置 QPS 或线程数等参数保护应用，针对某个资源的设置，下面开始操作 Sentinel 控制台来设置一些规则，查看各自带来的效果。

注意

要先调用接口，才能添加规则。

（1）QPS—直接—快速失败：QPS（Query Per Second）是指每秒可处理的请求数。

点击簇点链路，选择列表视图，到资源名为 /sentinelTest 这一行再点击流控，阈值类型选择 QPS，单机阈值填 1，具体内容如图 6.4 所示，填好后点击新增即可。

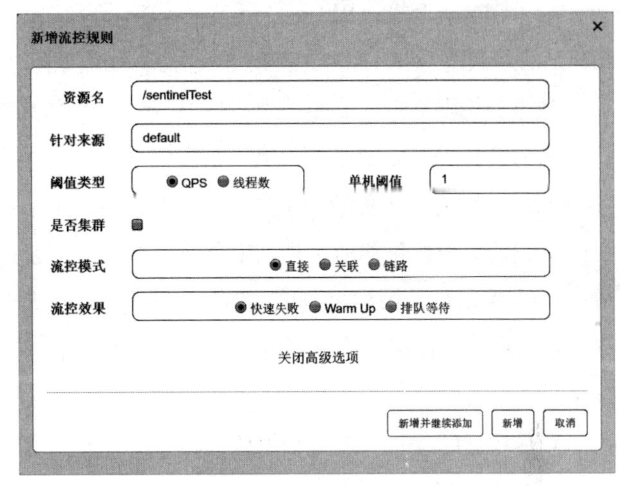

图 6.4　流控规则 QPS—直接—快速失败配置

现在开始打开 JMeter，打开后左侧有一个测试计划，单击鼠标右键→添加→线程（用户）→线程组。

选中线程组单击鼠标右键→取样器→ HTTP 请求；然后同样选中线程组单击鼠标右键→监听器→察看结果树。这样发起请求和查看请求结果就都有了，按“Ctrl+S”组合键保存测试计划。最后界面如图 6.5 所示。

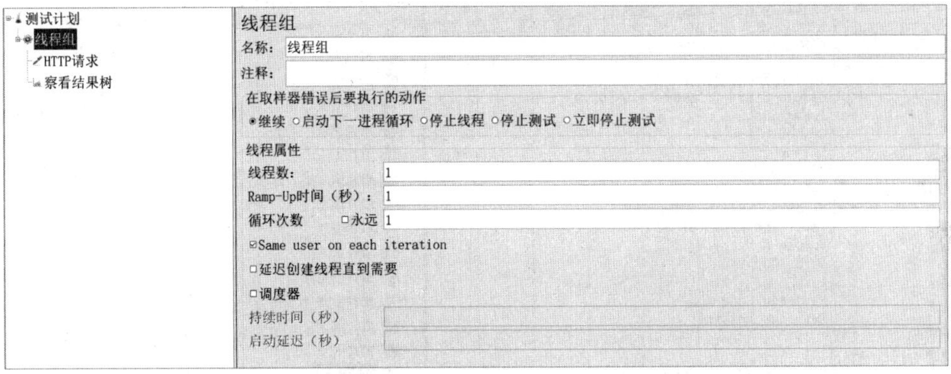

测试计划
线程组
HTTP请求
察看结果树
线程组
名称：线程组
注释：
在取样器错误后要执行的动作
继续 启动下一进程循环 停止线程 停止测试 立即停止测试
线程属性
线程数：1
Ramp-Up时间（秒）：1
循环次数 永远 1
Same user on each iteration
延迟创建线程直到需要
调度器
持续时间（秒）
启动延迟（秒）

图 6.5　初始界面

然后笔者把线程数改为 10，HTTP 请求的地址填写为 /sentinelTest 接口地址，点击上方的启动按钮，察看结果树，请求结果如图 6.6 所示。

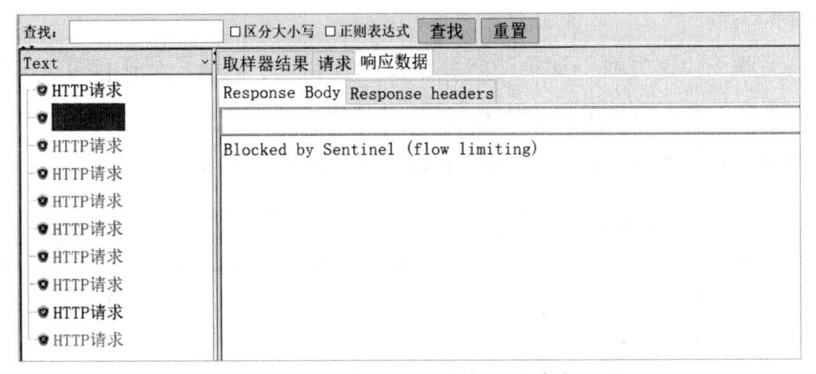

图 6.6　QPS—直接—快速失败的请求结果

可以看到限制 QPS 超过阈值就被接管了，直接返回失败结果 Blocked by Sentinel (flow limiting)。

（2）QPS—直接—Warm Up：Warm Up 是预热，即初始请求 QPS 等于阈值 /coldFactor，coldFactor 的默认值为 3，经过预热时长 1 秒后单机阈值为 100。

到流控规则编辑，流控效果选择 Warm Up，预热时长填入 1（单位：秒），单机阈值改为 100。

因为选择 JMeter 线程数 10，只循环执行一次，可能执行完还不到 1 秒，所以把循环次数改为 10 来对比 1 秒前和 1 秒后的结果。请求结果如图 6.7 所示。

可以看出虽然预热前 1 秒几乎都是失败的，但是过了 1 秒后大部分都是请求成功的。流量缓慢增加，给冷系统一个缓冲时间，避免一下子把系统给压垮。

（3）QPS—直接—排队等待：让请求以均匀的速度通过，如果请求超过了阈值就等待，如果等待超时则返回失败。

到流控规则编辑，单机阈值依旧填 1，超时时间填 15000（单位：毫秒），JMeter 循环执行次数填 1，调用结果如图 6.8 所示。

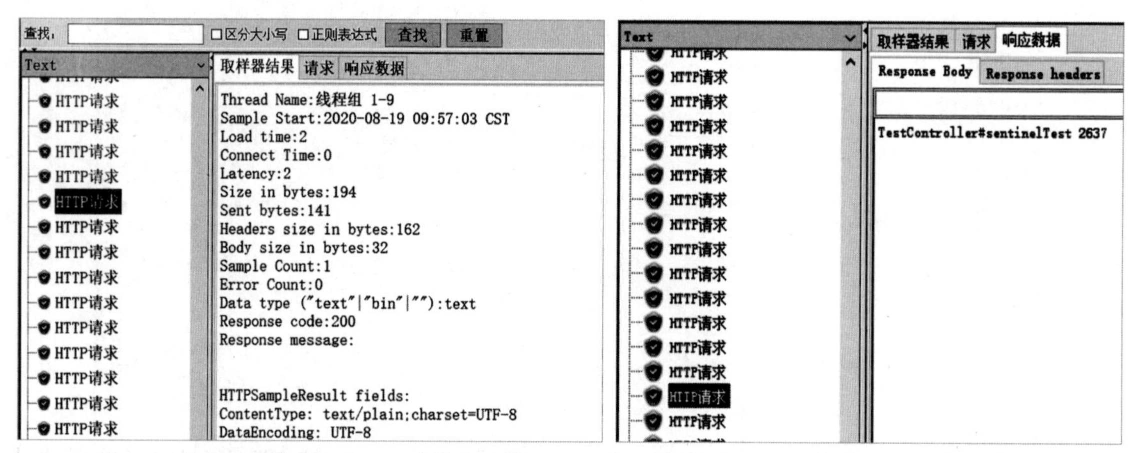

图 6.7　QPS—直接—Warm Up 的请求结果　　图 6.8　QPS—直接—排队等待规则结果

QPS 设置为 1，在调用过程中几乎是 1 秒才发一个请求，好在容忍的超时时间设置的是 15 秒，否则肯定有很多的失败。

（4）QPS—关联—快速失败：如果访问关联接口 B 到达了阈值，就让接口 A 返回失败。这种规则适用于资源之间，具有资源争抢或依赖关系。

为了方便测试，此时笔者再加入一个接口 sentinelTestB，代码如下所示。

```
@RequestMapping("/sentinelTestB")
public String sentinelTestB() {   // sentinel 组件测试方法
 return "TestController#sentinelTestB " + RandomUtils.nextInt(0, 10000);
}
```

下面开始修改流控规则，主要就是改为关联，修改内容如图 6.9 所示。

编辑流控规则

资源名 /sentinelTest

针对来源 default

阈值类型 ◉ QPS ○ 线程数 单机阈值 1

是否集群 □

流控模式 ○ 直接 ◉ 关联 ○ 链路

关联资源 /sentinelTestB

流控效果 ◉ 快速失败 ○ Warm Up ○ 排队等待

关闭高级选项

保存 取消

图 6.9 QPS—关联—快速失败规则设置

笔者把 JMeter 循环次数设置成永远，JMeter 请求 /sentinelTestB 接口，模拟一直超过阈值，然后 curl 命令请求 /sentinelTest 接口，结果如下所示。

```
D:\software\curl-7.71.1-win64-mingw\bin > curl http://localhost:8081/
sentinelTest
Blocked by Sentinel (flow limiting)
```

结果是关联资源 /sentinelTestB 请求达到阈值，而请求 /sentinelTest 接口直接被限流。

（5）线程数—直接：限制处理请求的业务线程数，达到阈值就会限流。

阈值类型选择线程数，单机阈值填 1，流控模式选择直接。JMeter 线程数改为 10，Ramp-Up 时间修改为 0.5，循环次数为 10。可以看到有很多请求被限流了，如图 6.10 所示。

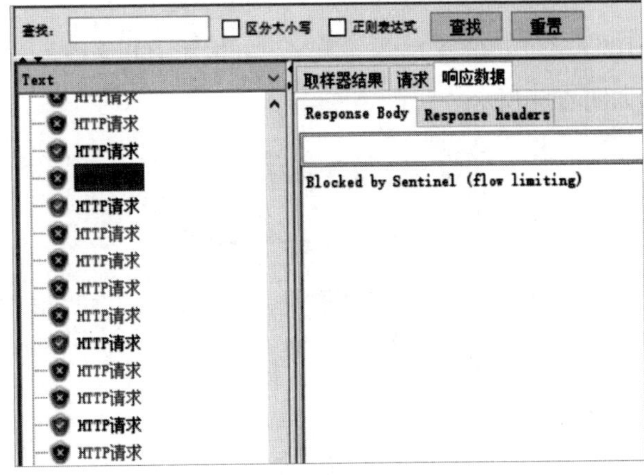

图 6.10 线程数—直接的效果

因为笔者设置的阈值很小，所以明显业务线程已经处理不过来了，业务线程正在处理任务的时候再来的请求就被限流了。

最后总结一下几个流控关键词的意思。

①资源名：资源名称，名称唯一即可。

②针对来源：对调用者进行限流，填写应用名称（一般是spring.application.name的值），指定对哪个服务限流（默认default是全部限制）。

③阈值类型。

- QPS：每秒能接受的请求数。
- 线程数：能使用的业务线程数。

④流控模式。

- 直接：达到条件后，直接执行某个流控效果。
- 关联：如果关联资源达到条件，就限流自身。
- 链路：记录从入口资源的流量，达到条件也只限流入口资源。

⑤流控效果。

- 快速失败：达到条件后，直接返回失败结果。
- Warm Up：预热，给一个缓冲时间，初始值是阈值 /codeFactor（默认为 3），慢慢达到设置的阈值。
- 排队等待：让系统匀速处理请求，而不是一次处理很多，过一会儿则处于空闲状态。

6.5.2 降级规则

Sentinel 降级主要有三个策略：RT、异常比例、异常数，也是针对某个资源的设置，下面看看它们各自的效果。

（1）RT：表示该资源 1 秒内处理请求的平均响应时间。

注意

> RT 值上限是 4900ms，即使超过也是 4900ms，如需自定义，请在启动 Sentinel 时加入参数 -Dcsp.sentinel.statistic.max.rt=x。

依旧是在簇点链路的列表视图选择 /sentinelTest 这一行，然后点击降级，平均响应时间填 100（单位：毫秒），平均响应时间大于 100 毫秒，则在接下来的时间窗口进入降级状态，新增的内容如图 6.11 所示。

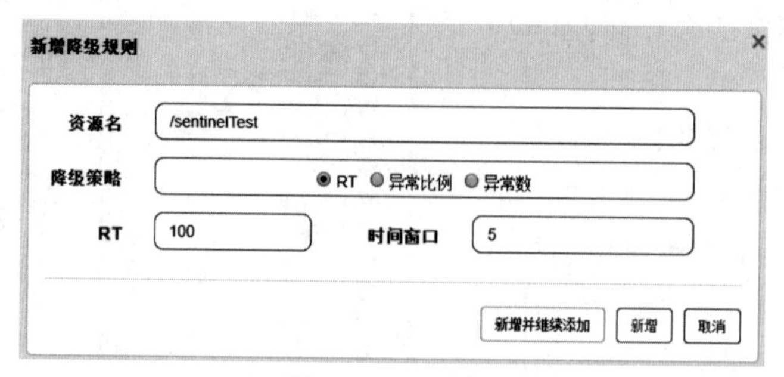

图 6.11　RT 降级

为了测试出效果，笔者将代码设置为睡眠 1 秒，模拟成一个耗时操作，代码如下所示。

```
@RequestMapping("/sentinelTest")
public String sentinelTest() {   // sentinel 组件测试方法
```

```
    try {
        Thread.sleep(1000); // 睡眠1 秒
    } catch (InterruptedException e) {
        e.printStackTrace();
    }
    return "TestController#sentinelTest" + RandomUtils.nextInt(0, 10000);
}
```

JMeter 请求 /sentinelTest 接口，使用 1 个线程执行 10 次结果，如图 6.12 所示。

如果处理请求的平均响应时间大于 100 毫秒，则会被降级，过了时间窗口后会再恢复。

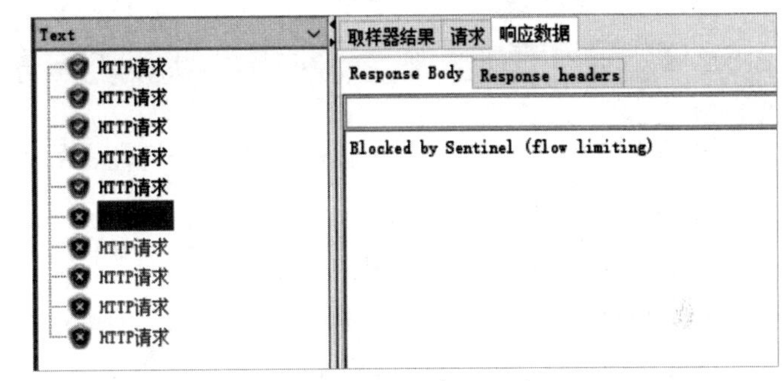

图 6.12 RT 降级效果

（2）异常比例：表示请求该资源的异常总数占比。

点击降级规则然后编辑，降级策略就选择异常比例，异常比例填写 0.8（值在 0.0 ~ 1.0 之间），时间窗口依旧填 5。表示每秒异常总数占比超过 0.8（80%），该资源就会在接下来的 5 秒进入降级状态。

为了测试出效果，笔者又将接口改了一下，故意使程序报错，修改后的代码如下所示。

```
@RequestMapping("/sentinelTest")
public String sentinelTest() {  // sentinel 组件测试方法
  int i = 1 / 0; // 除数不能为 0，此处必报错
  return "TestController#sentinelTest" + RandomUtils.nextInt(0, 10000);
}
```

依旧使用 JMeter 调用 /sentinelTest 接口，使用 1 个线程并执行 10 次，结果如图 6.13 所示。

可以看出当异常总数比例超过设定的比例时，则进入了降级状态。要等到过了时间窗口期才能恢复。

（3）异常数：该资源近 1 分钟的异常数。

再编辑降级规则，笔者将降级策略改为异常数，异常数的值为 9，时间窗口填写 5。表示如果近 1 分钟的异常数达到 9 个，则该资源在接下来的 5 秒进入降级状态。

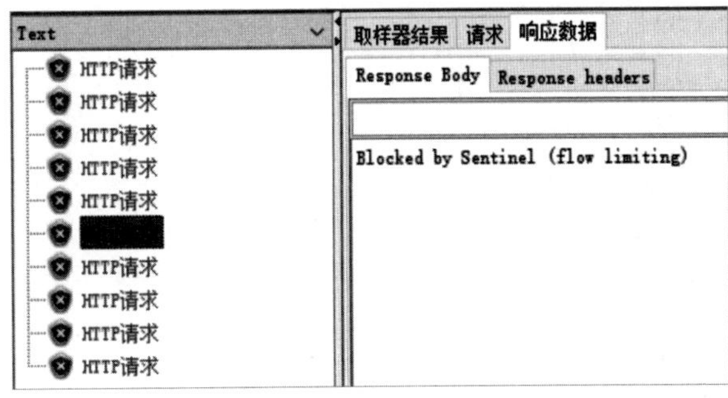

图 6.13 异常比例降级效果

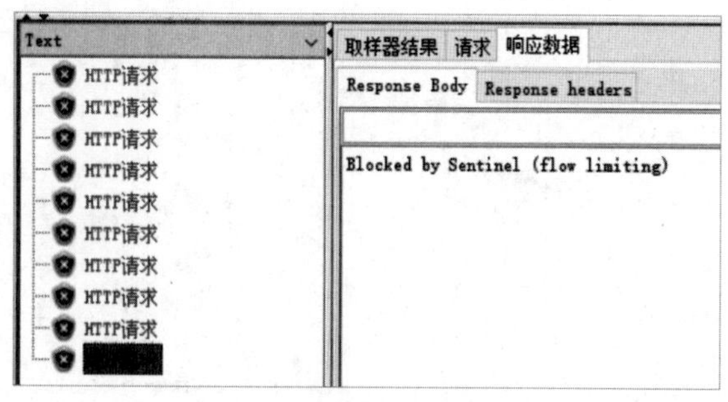

图 6.14　异常数降级效果

使用 JMeter 调用 /sentinelTest 接口，还是使用 1 个线程并执行 10 次，结果如图 6.14 所示。

可以看出异常数已经达到 9 个，在发出第 10 个请求时，已经进入降级状态了。要等到过了时间窗口期才能恢复。

6.5.3 系统规则

前面的流控规则和降级规则是针对某个资源而言的，而本小节的系统规则是针对整个应用的，当前服务都会应用这个系统规则，相对来说就更加粗粒度了，属于应用级别的入口流量控制。

下面来看看这几个阈值类型配置之后各自的效果。

（1）LOAD：负载，当系统负载超过设定值，且并发线程数超过预估系统容量就会触发保护机制。

比较麻烦的是该规则仅对 Linux/Unix-like 机器生效，因此笔者将 sentinel-consumer-sample8001 应用打包成 Jar，放到虚拟机上运行。

在系统规则界面，新增系统保护规则，阈值类型选择 LOAD，阈值为 1，配置如图 6.15 所示。

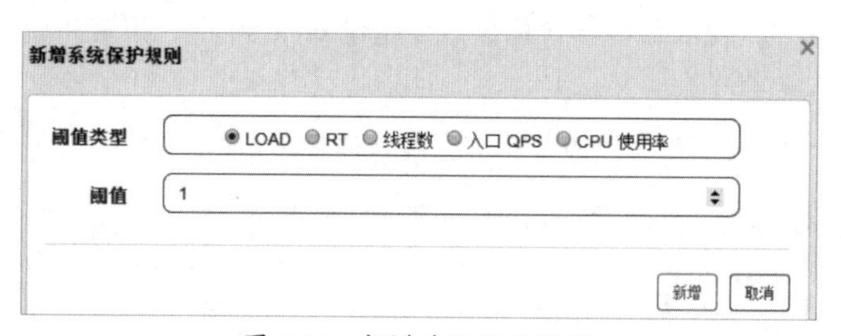

图 6.15　新增系统保护规则

图 6.16　LOAD 阈值类型的效果

使用 JMeter 调用 http://192.168.42.128:8081/sentinelTestB（虚拟机内的接口地址），使用 100 个线程，循环次数设置成永远，运行结果如图 6.16 所示。

看来 100 个线程还是比较少，笔者找了好久才找到被限流的请求，但是也有被阻断的效果。

（2）RT：整个应用上所有资源平均的响应时间，而不是指固定某个资源。

新增系统保护规则，阈值类型选择 RT，阈值为 1。为避免影响测试效果，把之前的老规则删除。

新增一个接口来测试，代码如下所示。

```
@RequestMapping("/sentinelTestC")
public String sentinelTestC() {  // sentinel 组件测试方法
 return "TestController#sentinelTestC" + RandomUtils.nextInt(0, 10000);
}
```

使用 JMeter 10 个线程一直循环调用 /sentinelTestC 接口，然后使用 curl 调用 /sentinelTestB 接口，效果如下所示。

```
D:\software\curl-7.71.1-win64-mingw\bin > curl http://localhost:8081/
sentinelTestB
Blocked by Sentinel (flow limiting)
```

一直不断调用 /sentinelTestC 已经达到条件，因此再调用 /sentinelTestB 时请求被阻断。

（3）线程数：设定整个应用所能使用的业务线程数阈值，而不是指固定某个资源。

新增系统保护规则，阈值类型选择线程数，阈值为 1。为避免影响测试效果，把之前的老规则删除。

还是使用 JMeter 10 个线程一直循环调用 /sentinelTestC 接口，然后使用 curl 调用 /sentinelTestB 接口，效果如下所示。

```
D:\software\curl-7.71.1-win64-mingw\bin > curl http://localhost:8081/
sentinelTestB
Blocked by Sentinel (flow limiting)
```

一直不断调用 /sentinelTestC 线程数，肯定会超过 1 达到条件。因此再调用 /sentinelTestB 时请求被阻断。

（4）入口 QPS：整个应用所使用的是每秒处理的请求数，而不是指固定某个资源。

新增系统保护规则，阈值类型选择入口 QPS，阈值为 1。为避免影响测试效果，把之前的老规则删除。

依旧使用 JMeter 10 个线程一直循环调用 /sentinelTestC 接口，然后使用 curl 调用 /sentinelTestB 接口，效果如下所示。

```
D:\software\curl-7.71.1-win64-mingw\bin > curl http://localhost:8081/
sentinelTestB
Blocked by Sentinel (flow limiting)
```

10 个线程循环调用 /sentinelTestC 接口肯定会满足条件，不只 /sentinelTestB 接口被阻断了，其实 /sentinelTestC 请求也发生了大量被阻断。

（5）CPU 使用率：这个应用占用 CPU 的百分比。

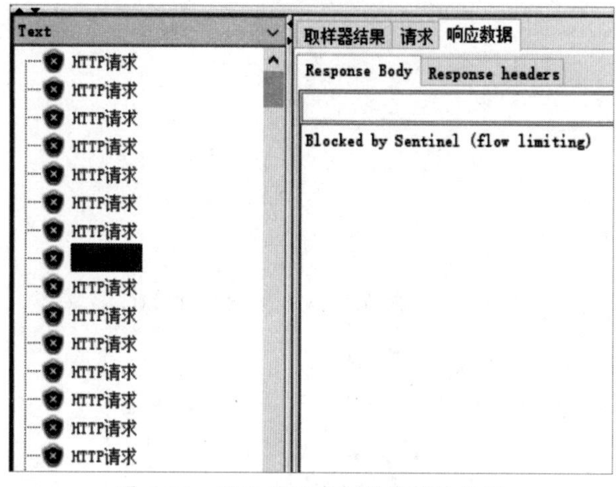

图 6.17　CPU 使用率阈值类型的效果

新增系统保护规则，阈值类型选择 CPU 使用率，阈值为 0.1（只能填 0 ~ 1 的小数）。为避免影响测试效果，把之前的老规则删除。

已经可以使用 JMeter 调用 http://192.168.42.128:8081/sentinelTestB（虚拟机内的接口地址），使用 100 个线程，循环次数设置成永远，运行结果如图 6.17 所示。

虚拟的 CPU 使用率大概为 20%，这个测试下来效果就很明显了，一大片的请求都被阻断了。

6.5.4 授权规则

授权规则是根据调用方判断调用资源的请求是否应该被允许。Sentinel 控制台提供了黑白名单的授权类型，如果配置了白名单，表示只允许白名单的应用调用该资源时通过；如果配置了黑名单，表示黑名单的应用调用该资源不通过，其余的均能通过。

本次规则配置就需要用服务提供者，配置服务提供者的授权规则，然后让消费端去调用服务提供方的接口，其实这块代码在本章开篇已经写好了，现在就来配置吧！

注意

要先调用一次服务的接口，才会出现对服务配置的菜单。

首先创建 CustomRequestOriginParser 类实现 RequestOriginParser 接口，用于获取参数，其后将返回结果值交给 Sentinel 流控匹配处理，具体代码如下所示。

```
@Component // 交给 Spring 容器初始化
public class CustomRequestOriginParser implements RequestOriginParser {
    @Override
    public String parseOrigin(HttpServletRequest httpServletRequest) {
        String origin = httpServletRequest.getParameter("origin"); // 区分来源：
本质通过 request 域获取来源标识
        if (StringUtils.isEmpty(origin)) {// 授权规则必须判断
            throw new RuntimeException("origin 不能为空 ");
        }
        return origin; // 最后返回结果值交给 sentinel 流控匹配处理
    }
}
```

然后新增授权规则，资源名为 /sentinelTestC，流控应用填写 app，授权类型选择黑名单。

配置完成后，笔者使用 curl 命令发起两次请求，结果分别如下所示。

```
D:\software\curl-7.71.1-win64-mingw\bin > curl http://localhost:8081/
sentinelTestC?origin=app
Blocked by Sentinel (flow limiting)
D:\software\curl-7.71.1-win64-mingw\bin > curl http://localhost:8081/
sentinelTestC?origin=pc
TestController#sentinelTestC 6262
```

可以看出因为 app 属于黑名单，所以返回了 Blocked by Sentinel (flow limiting)，而 pc 没有限制，请求是成功的。

6.6 使用 @SentinelResource 注解

前面主要是利用 Sentinel 控制面板配置一些参数、调参这些操作去保护应用。下面主要使用 @SentinelResource 注解根据实际情况实现定制化功能，对应用的保护更加细粒度。@SentinelResource 和 Hystrix 的 @HystrixCommand 注解功能类似。

现在达到阈值后，直接给提示 Blocked by Sentinel (flow limiting)，如果是给普通用户看，网站体验是极差的，那就需要自定义错误页面，又或者只针对某个参数限流等，实现更精细化的控制。这些可以使用 @SentinelResource 注解解决。当然，有的时候还是要和 Sentinel 控制台结合使用。

6.6.1 blockHandler 属性——负责响应控制面板配置

在前面的测试中可以看到，只要一达到 Sentinel 的限制条件，就会报 Blocked by Sentinel (flow limiting)。提示这样的文字，对用户来说并不友好，那么就需要根据 Sentinel API 去自定义限制之后的返回结果。

此时需要用到 @SentinelResource 注解并且配置 blockHandler 参数。blockHandler 主要就是针对达到控制面板配置的限制条件做一个自定义的“兜底”操作，而不是返回默认的 Blocked by Sentinel (flow limiting)。

下面来添加流控规则代码，使用 @SentinelResource 并定义 blockHandler，属于来替换默认的返回。

首先添加一个接口 /blockHandlerTest，资源名称为 blockHandlerTest，如果违反 Sentinel 控制台规则，则会自动进入 blockHandlerTestHandler，详细代码如下所示。

```
@RequestMapping("/blockHandlerTest")
@SentinelResource(value = "blockHandlerTest", blockHandler =
"blockHandlerTestHandler") // 资源名称为blockHandlerTest，违反规则后的兜底方法是
blockHandlerTest
public String blockHandlerTest(String params) { // 测试blockHandler接口的方法
 return "TestController#blockHandlerTest" + RandomUtils.nextInt(0, 1000);
}
public String blockHandlerTestHandler(String params, BlockException
blockException) { // 接口/blockHandlerTest 兜底方法
 return "TestController#blockHandlerTestHandler" + RandomUtils.nextInt(0,
1000) + " " + blockException.getMessage();
}
```

注意

blockHandler 方法的返回值类型要与原方法一致，并且该方法除了原有的参数（方法签名），还要新增 BlockException 参数。

然后新增 blockHandlerTest 资源的流控规则，配置如图 6.18 所示。

新增流控规则

资源名 blockHandlerTest

针对来源 default

阈值类型 QPS 线程数 单机阈值 1

是否集群

高级选项

新增 取消

图 6.18 新增 blockHandlerTest 资源的流控规则

JMeter 使用 10 个线程循环 10 次，测试结果如图 6.19 所示。

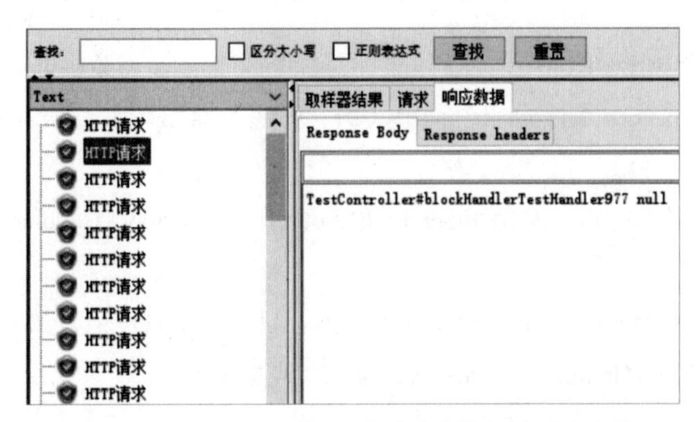

图 6.19 blockHandlerTest 资源的流控规则测试结果

可以看出在发起第二个请求时，QPS 已经达到 1 个了，然后直接进入自定义的 blockHandler 方法。

6.6.2 热点规则

什么是热点呢？热点就是在一定时期内访问特别频繁。如果访问某个资源很频繁，有可能只是某些参数访问量很大。

Sentinel 不仅支持以资源为粒度的限制，还可以更细化些，可以针对资源下的参数进行限制，其实就是对这个接口的请求参数设定限制。

为了测试热点参数的效果，笔者新增了以下代码，前面探讨的 blockHandler，也刚好能用上。

```
@RequestMapping("/testHotKeyA")
@SentinelResource(value = "testHotKeyA", blockHandler = "blockTestHotKeyA")
//@SentinelResource 标记一个 sentinel 资源
public String testHotKeyA(@RequestParam(value = "orderId", required = false)
String orderId, @RequestParam(value = "userId", required = false) String
userId) { // 热点参数测试接口
 return "TestController#testHotKeyA" + RandomUtils.nextInt(0, 1000);
}
public String blockTestHotKeyA(String orderId, String userId, BlockException
blockException) { // 热点参数测试接口 /testHotKeyA 兜底方法
 return "TestController#blockTestHotKeyA" + RandomUtils.nextInt(0, 1000) + "
" + blockException.getMessage();
}
```

注意

blockHandler 方法的参数个数及类型用原方法的，再加上 BlockException 参数。

然后在热点规则界面为 testHotKeyA 资源新增热点规则，填写的参数如图 6.20 所示。

图 6.20　testHotKeyA 基础热点规则

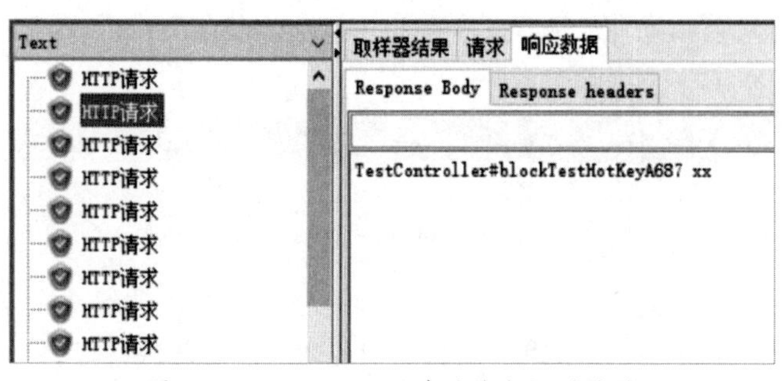

图 6.21　testHotKeyA 基础热点规则效果

限流模式只能是 QPS，参数索引为 0，代表是 orderId 参数，单机阈值为 1，统计窗口时长 5 秒。也就是在 5 秒内统计到 QPS 大于 1，接口就会被阻断，进入自定义的 blockHandler 方法。

使用 JMeter 测试 /testHotKeyA 接口，10 个线程循环 10 次，测试结果如图 6.21 所示。

注意

调用 /testHotKeyA 时要加上 orderId 参数，否则不生效。

在 JMeter 发出第二个请求时，5 秒内统计到的 QPS 已经大于 1 了，所以进入自定义的 blockHandler 方法。

前面讲了热点规则的基础用法，其实从图 6.18 可以看出来，还有更高级的用法——配置参数例外项，就是可以给这个参数传递的某个值单独设置阈值（可以添加多个值）。

下面来试用参数例外项的功能。

编辑热点规则，之前的参数配置保持不变，点击高级选项，因为 orderId 参数是 String 类型的，所以参数类型选择 java.lang.String，参数值填 111（测试时 orderId 的值就传 111），限流阈值填 500，最后点击添加，完整配置如图 6.22 所示。

JMeter 其余的配置可以不变，orderId 参数填 111 就可以了，测试结果如图 6.23 所示。

图 6.22　热点规则参数例外项配置

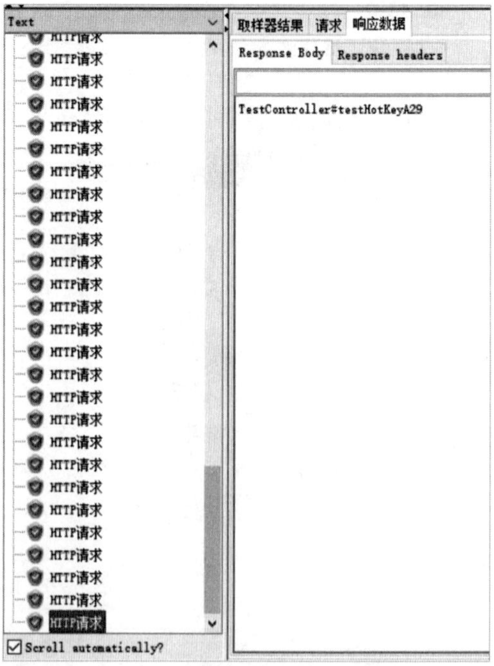

图 6.23　热点规则加入参数例外项的测试结果

orderId 的参数值传的是 111，按照 JMeter 的测试强度来看，统计时间 5 秒内并不会达到限流阈值 500，也就不会进入 blockHandler 的方法。

6.6.3 fallback 属性——负责业务异常

前面使用的 blockHandler 属性配置的方法，是主管违反 Sentinel 控制台规则的，如果达到条件，则会调用 blockHandler 属性定义的方法。

而 fallback 属性配置的方法则是对业务异常的“兜底”，换句话说，如果业务代码报了异常（除了 exceptionsToIgnore 属性排除掉的异常类型），就会进入 fallback 属性配置的方法。

注意

在 1.6.0 之前的版本不能针对业务异常进行处理。

下面来添加流控规则，代码使用 @SentinelResource 并定义 fallback，属于来替换默认异常的返回。

增加 /fallbackTest 接口代码，定义 fallback 的方法 fallbackHandler，具体代码如下所示。

```
@RequestMapping("/fallbackTest")
@SentinelResource(value = "fallbackTest", fallback = "fallbackHandler") // 资源名称为 fallbackTest，异常后的兜底方法是 blockHandlerTest
public String fallbackTest(String params) { // 测试 blockHandler 接口的方法
 int res = 1 / 0; // 除数不能为 0，此处必报错
 return "TestController#fallbackTest" + RandomUtils.nextInt(0, 1000);
}
public String fallbackHandler(String params) { // 接口 /fallbackTest 兜底方法
 return "TestController#fallbackHandler" + RandomUtils.nextInt(0, 1000);
}
```

使用 JMeter 测试 /fallbackTest 接口，10 个线程循环 10 次，除数为 0 接口是必报错的，测试结果如图 6.24 所示。

毋庸置疑，每一次调用 /fallbackTest 接口，其内部都会报算术异常，不过使用了 fallback 属性增加兜底方法，一报错直接进入 fallbackHandler 方法了。

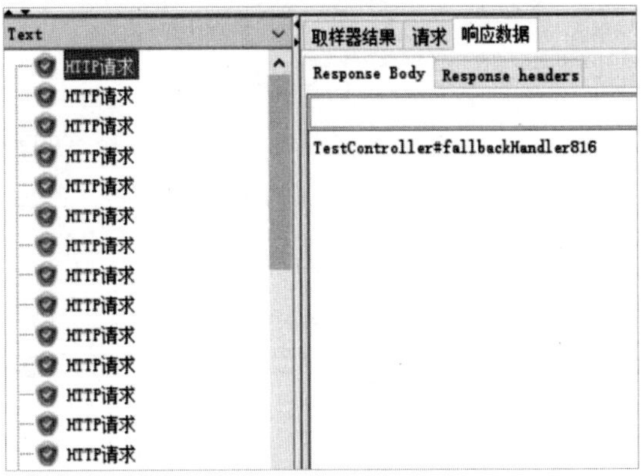

Text	取样器结果 请求 响应数据
HTTP请求	Response Body / Response headers
HTTP请求	TestController#fallbackHandler816
HTTP请求	
HTTP请求	
HTTP请求	
HTTP请求	
HTTP请求	
HTTP请求	
HTTP请求	
HTTP请求	
HTTP请求	
HTTP请求	
HTTP请求	
HTTP请求	

图 6.24 fallback 属性测试结果

6.6.4 fallback+blockHandler

前面已经单独使用过 @SentinelResource 的 fallback 和 blockHandler 属性了，那么这两个属性联合起来用又是怎样的效果呢？

下面新增 /sentinelUnionTest 接口代码，资源名为 sentinelUnionTest，调用该接口是必报错的。

```
@RequestMapping("/sentinelUnionTest")
@SentinelResource(value = "sentinelUnionTest", fallback =
"sentinelUnionTestFallback", blockHandler = "sentinelUnionTestBlockHandler")
public String sentinelUnionTest() {   // sentinel 组件测试方法 fallback 和
blockHandler 联合起来
 int res = 1 / 0; // 除数不能为 0，此处必报错
 return "TestController#sentinelUnionTest" + RandomUtils.nextInt(0, 10000);
}
public String sentinelUnionTestFallback( ) { // 接口 /sentinelUnionTest 兜底方法
 return "TestController#sentinelUnionTestFallback" + RandomUtils.nextInt(0,
1000);
}
public String sentinelUnionTestBlockHandler(BlockException blockException) {
// 接口 /sentinelUnionTest 兜底方法
 return "TestController#sentinelUnionTestBlockHandler" + RandomUtils.
nextInt(0, 1000);
}
```

然后在控制台新增 sentinelUnionTest 资源的流控规则，配置如图 6.25 所示。

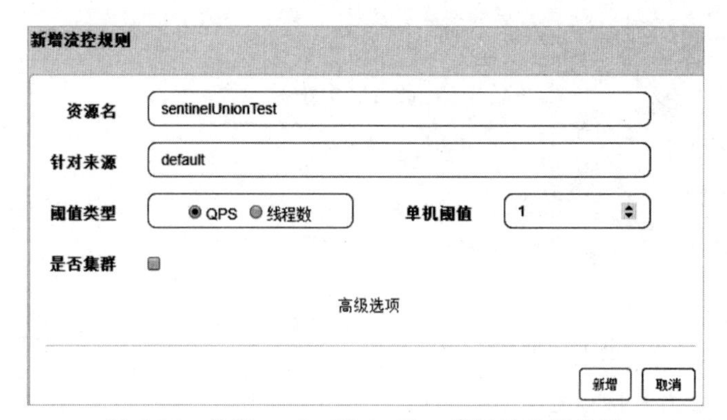

图 6.25　新增 sentinelUnionTest 资源的流控规则

最后一步就是使用 JMeter 来调用 /sentinelUnionTest 接口，依旧是 10 个线程，循环 10 次，调用结果如图 6.26 和图 6.27 所示。

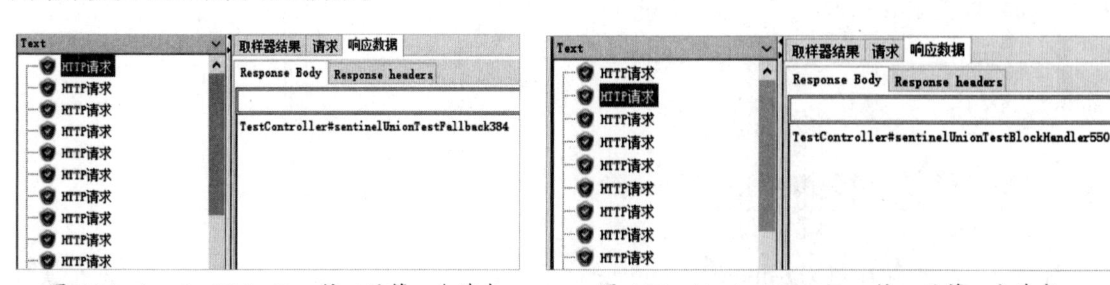

图 6.26　/sentinelUnionTest 接口的第一个请求　　图 6.27　/sentinelUnionTest 接口的第二个请求

从上面可以看出，在发出第一个请求时没有达到 QPS 阈值的条件，方法内报错后，则进入了 fallback 属性定义的方法，发出第二个请求时已经达到 QPS 阈值条件，直接进入 blockHandler 属性定义的方法。

6.6.5 忽略异常——exceptionsToIgnore

fallback 定义的方法可以针对所有类型的异常，那么有没有办法可以让有些异常不受 fallback 管辖呢？答案是有的。

@SentinelResource 注解的 exceptionsToIgnore 属性表示忽略异常，不会纳入异常统计，自然也不会进入 fallback 属性配置的逻辑中。

下面编写 /exceptionsToIgnoreTest 来测试 exceptionsToIgnore 属性的使用效果，忽略 Arithmetic-Exception 异常，让它原样抛出不进入 fallback 定义的方法中，具体代码如下所示。

```
@RequestMapping("/exceptionsToIgnoreTest")
@SentinelResource(value = "exceptionsToIgnoreTest", fallback = "exceptionsToIgnoreTestFallback", exceptionsToIgnore = {ArithmeticException.class}) // 忽略 ArithmeticException 异常，可以配置多个
public String exceptionsToIgnoreTest(){
 int res = 1 / 0; // 除数不能为 0，此处必报错
 return "TestController#exceptionsToIgnoreTest" + RandomUtils.nextInt(0, 10000);
}
public String exceptionsToIgnoreTestFallback( ) { // 接口 /exceptionsToIgnoreTest 兜底方法
 return "TestController#exceptionsToIgnoreTestFallback" + RandomUtils.nextInt(0, 1000);
}
```

下一步开始用 JMeter 调用 /exceptionsToIgnoreTest 接口，使用了 10 个线程循环 10 次，调用结果如图 6.28 所示。

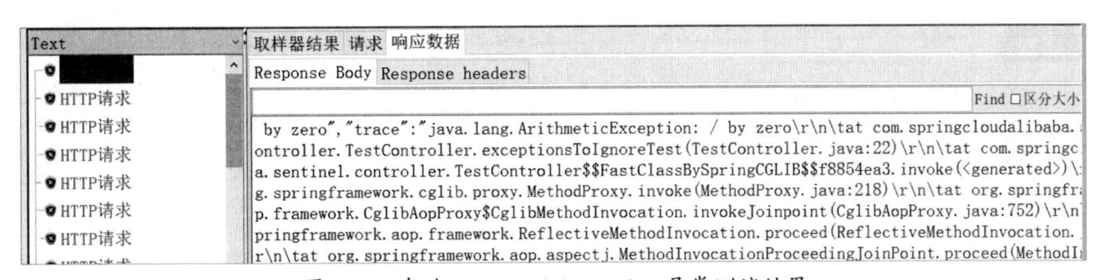

图 6.28　忽略 ArithmeticException 异常测试结果

1/0 必定会抛出 ArithmeticException（算数异常），方法内异常本该进入 fallback 定义的方法，不过设置了 exceptionsToIgnore 属性，忽略 ArithmeticException 异常，所以异常又原样返回了。

6.6.6 优化代码

在前面的代码中，fallback 和 blockHandler 的处理方法都写在同一个类中。一来这样不符合程序单一的原则，毕竟 controller 层有很多之外的逻辑；二来别的类也不好复用其方法。

这样就产生了一个新的需求，那就是有没有办法把具体的处理函数单独放在一个位置或单独一个类。

Sentinel 充分地为开发者考虑到了这些，@SentinelResource 有 blockHandlerClass 和 fallbackClass。顾名思义，blockHandlerClass 这个类里写 blockHandler 函数，fallbackClass 这个类里就写 fallback 函数。

下面开始来优化一下代码，笔者以之前的 /sentinelUnionTest 接口代码为例，注释以前的 fallback 和 blockHandler 的函数。

首先为 fallback 建立单独的类 ExceptionHandler，具体代码如下所示。

```
public class ExceptionHandler {
    public static String sentinelUnionTestFallback() { // 接口 /
sentinelUnionTest 兜底方法，放到单独类后必须是 static
        return "TestController#sentinelUnionTestFallback" + RandomUtils.
nextInt(0, 1000);
    }
}
```

然后为 blockHandler 建立单独的类 BlockHandler，具体代码如下所示。

```
public class BlockHandler {
    public static String sentinelUnionTestBlockHandler(BlockException
blockException) { // 接口 /sentinelUnionTest 兜底方法，放到单独类后必须是 static
        return "TestController#sentinelUnionTestBlockHandler" + RandomUtils.
nextInt(0, 1000);
    }
}
```

注意

无论是 fallback 还是 blockHandler 的函数，放到单独的类中必须是 static，否则无法解析。

最后则是修改 /sentinelUnionTest 接口代码，指定 fallback 和 blockHandler 的类，具体代码如下所示。

```
@RequestMapping("/sentinelUnionTest")
@SentinelResource(value = "sentinelUnionTest", fallbackClass =
ExceptionHandler.class, fallback = "sentinelUnionTestFallback",
blockHandlerClass = BlockHandler.class, blockHandler = "sentinelUnionTestBl
```

```
ockHandler") //fallbackClass 和 blockHandlerClass 指定类
public String sentinelUnionTest() {   // sentinel 组件测试方法 fallback 和
blockHandler 联合起来
 int res = 1 / 0; // 除数不能为 0，此处必报错
 return "TestController#sentinelUnionTest" + RandomUtils.nextInt(0, 10000);
}
```

代码写完之后，依旧和之前一样，设置 sentinelUnionTest 资源流控规则 QPS 为 1，使用 JMeter 调用该接口的结果如图 6.29 和图 6.30 所示。

结果与之前一致，在发出第一个请求时没有达到 QPS 阈值的条件，方法内报错后，则进入了 fallback 定义的方法，发出第二个请求时已经达到 QPS 阈值条件，直接进入 blockHandler 定义的方法，证明把 fallback 和 blockHandler 的函数移到单独类中是可行的。

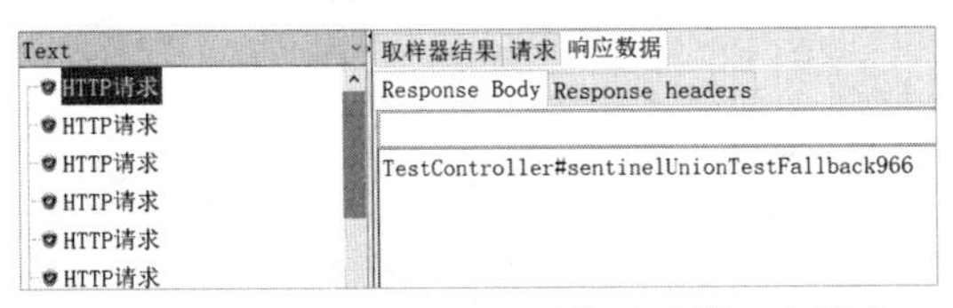

图 6.29 /sentinelUnionTest 接口的第一次请求

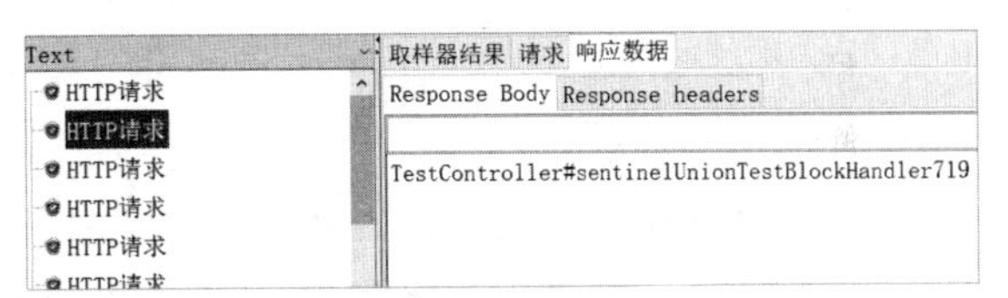

图 6.30 /sentinelUnionTest 接口的第二次请求

6.7 Sentinel 数据持久化

到目前为止，Sentinel 应用面临着一个重要的问题：我们在 Sentinel 后台管理界面中配置了一大堆流控、降级等规则，但只要 Sentinel 服务一重启就全没了，想要保护具体服务，又要重新配置一遍，完全是重复劳动。

这就迫切地需要将一系列规则配置持久化存储，实现重启服务 Sentinel 应用配置依然存在。

Sentinel 为开发者提供了以下几种持久化方案。

- 存储到文件。
- 使用 Redis 存储。
- 使用 Nacos 存储。
- 使用 Zookeeper 存储。
- 使用 Apollo 存储。

以上几种方案都可行，不过本节要使用的自然是同为 Spring Cloud Alibaba 开发套件中的 Nacos。

笔者依旧使用服务消费端服务来演示，完成规则持久化的配置，具体有以下几个步骤。

（1）在 pom.xml 文件 dependencies 标签中加入访问 Nacos 数据源的依赖，代码如下所示。

```
<!--sentinel 持久化 访问 nacos 数据源的依赖 -->
<dependency>
 <groupId>com.alibaba.csp</groupId>
 <artifactId>sentinel-datasource-nacos</artifactId>
</dependency>
```

（2）修改 bootstrap.yml 文件，增加关于 datasource 的配置，代码如下所示。

```
server:
  port: 8081 #程序端口号
spring:
  application:
    name: sentinel-consumer-sample8001 #应用名称
  cloud:
    sentinel:
      datasource:
        ds1: # ds1 是自己取的名字 -- 本次新增代码
          nacos: # 表示使用 nacos -- 本次新增代码
            server-addr: 127.0.0.1:8848 # nacos 服务地址  -- 本次新增代码
            dataId: sentinel-consumer-ds1  #nacos dataId   -- 本次新增代码
            groupId: DEFAULT_GROUP  # 分组 默认分组 -- 本次新增代码
            data-type: json  # 数据类型 json -- 本次新增代码
            rule-type: flow  #flow 表示流控规则  -- 本次新增代码
      transport:
        port: 8719 #启动 HTTP Server，并且该服务将与 Sentinel 仪表板进行交互，使
Sentinel 仪表板可以控制应用，如果被占用，则从 8719 依次 +1 扫描
        dashboard: 127.0.0.1:8080  # 指定仪表盘地址
    nacos:
      discovery:
        server-addr: 127.0.0.1:8848 #nacos 服务注册、发现地址
      config:
        server-addr: 127.0.0.1:8848 #nacos 配置中心地址
        file-extension: yml # 指定配置内容的数据格式
management:
  endpoints:
    web:
      exposure:
        include: '*' # 公开所有端点
```

（3）在 Nacos 控制面板新建 sentinel-consumer-ds1 DataId 的配置，具体配置内容如图 6.31 所示。

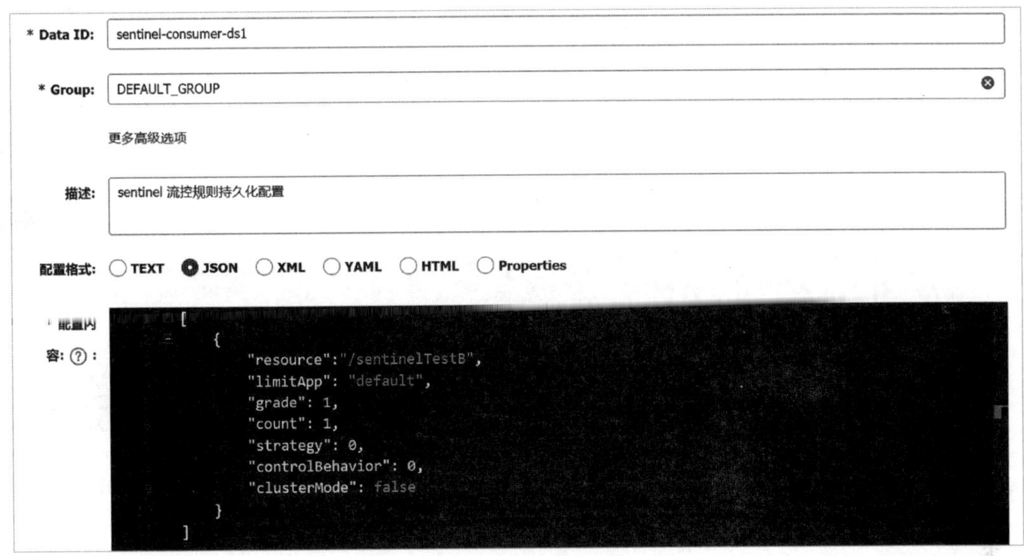

图 6.31 流控规则持久化的配置

首先在 Nacos 后台管理界面上配置的 DataId 和 GroupId 一定是和配置文件中一一对应的，看到 json 数据的 [] 数组符号，就应该想到这是可以配置多个规则的，再来看看内容字段的含义。

- resource：表示资源名称。
- limitApp：表示要限制哪些来源的调用，default 是全部都限制。
- grade：表示阈值类型，取值参考 RuleConstant 类（0-线程数限流、1-QPS 限流）。
- count：表示限流阈值。
- strategy：表示流控模式（直接、关联、链路）。
- controlBehavior：表示流控效果（快速失败、Warm Up、排队等待）。

到这里可能有些读者就会有疑问了，这些 json 字段是从哪里“冒出来”的呢？

首先要明白这些规则除了可以在 Sentinel 控制面板配置之外，还可以使用 Java 代码的方式（一般生产环境不用这种方式，不够灵活），比如这里的流控规则对应的类是 FlowRule，json 数据的字段就是它的属性字段。

把这些配置完成后，使用 JMeter 请求 /sentinelTestB 接口，测试是否达到流控的效果，10 个线程循环 10 次，测试结果如图 6.32 所示。

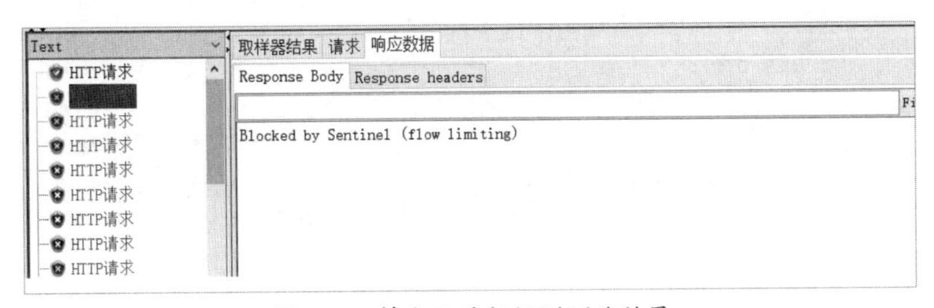

图 6.32 持久化流控规则测试效果

QPS 不能大于 1，在发起第二个请求时，就被阻断了，在此之前笔者并没有动过 Sentinel，可以肯定的是持久化配置已经生效了。来到 Sentinel 控制台就会发现自动地增加了一个流控规则，如图 6.33 所示。

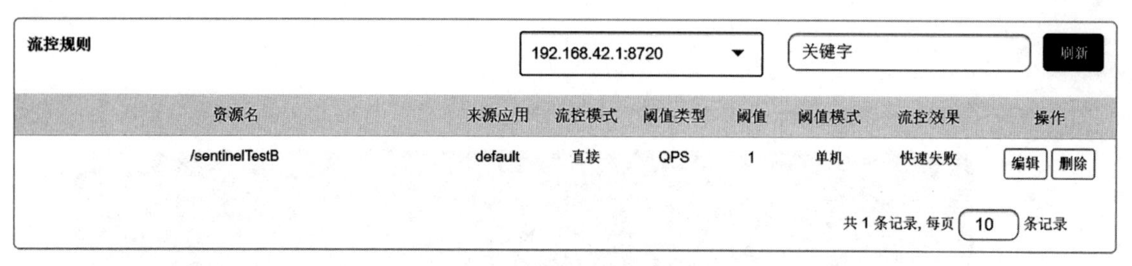

图 6.33　自动新增的流控规则

而这条规则正是在 Nacos 控制台新增的那条 DataId。

上面是关于流控规则的持久化配置，那么降级规则的持久化如何配置呢？

下面开始来配置一下持久化的降级规则。

（1）因为前面已经导入了相关依赖，现在直接进入增加配置的步骤，增加后的 bootstrap.yml 文件内容如下。

```
server:
  port: 8081 #程序端口号
spring:
  application:
    name: sentinel-consumer-sample8001 #应用名称
  cloud:
    sentinel:
      datasource:
        ds1:  # ds1 是自己取的名字
          nacos:
            server-addr: 127.0.0.1:8848 # nacos 服务地址
            dataId: sentinel-consumer-ds1  #nacos dataId
            groupId: DEFAULT_GROUP  # 分组 默认分组
            data-type: json  # 数据类型 json
            rule-type: flow  #flow 表示流控规则
        ds2:  # ds2 是自己取的名字  -- 本次新增代码
          nacos: # 表示使用 nacos -- 本次新增代码
            server-addr: 127.0.0.1:8848 # nacos 服务地址  -- 本次新增代码
            dataId: sentinel-consumer-ds2  #nacos dataId -- 本次新增代码
            groupId: DEFAULT_GROUP  # 分组 默认分组 -- 本次新增代码
            data-type: json  # 数据类型 json -- 本次新增代码
            rule-type: degrade  #degrade 表示降级规则  -- 本次新增代码
      transport:
        port: 8719 #启动 HTTP Server，并且该服务将与 Sentinel 仪表板进行交互，使
Sentinel 仪表板可以控制应用，如果被占用，则从 8719 依次 +1 扫描
```

```
        dashboard: 127.0.0.1:8080  # 指定仪表盘地址
      nacos:
        discovery:
          server-addr: 127.0.0.1:8848 #nacos 服务注册、发现地址
        config:
          server-addr: 127.0.0.1:8848 #nacos 配置中心地址
          file-extension: yml # 指定配置内容的数据格式
management:
  endpoints:
    web:
      exposure:
        include: '*' # 公开所有端点
```

（2）在 Nacos 控制面板增加 DataId sentinel-consumer-ds2，配置内容如图 6.34 所示。

图 6.34　降级规则持久化配置

配置的 json 数据与能对应上配置文件的 DataId 和 GroupId，同样可以配置多个规则，再来看看内容字段含义（降级规则字段对应的类是 DegradeRule）。

- resource：表示资源名称。
- count：表示阈值。
- grade：表示降级策略，取值参考 RuleConstant 类（0-RT、1-异常比例、2-异常数）。
- timeWindow：表示时间窗口。

使用 JMeter 调用 /sentinelTest 接口，结果如图 6.35 所示。

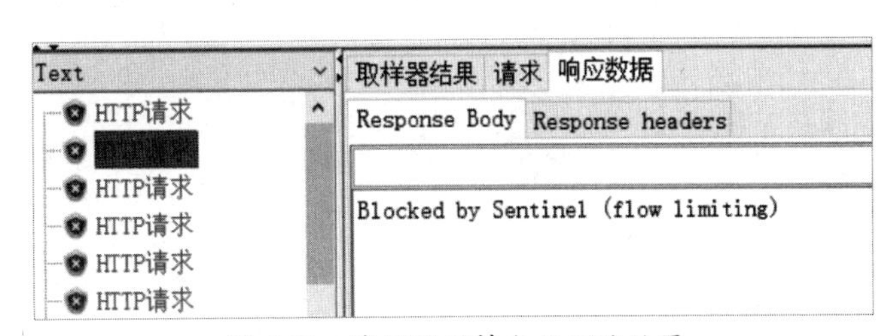

图 6.35　降级规则持久化测试结果

第一次请求已经抛出 Arithmetic-Exception（算数异常），第二次请求

就被阻断了，这就表明设置的降级规则已经生效了。

并且在 Sentinel 控制台中已经有了 /sentinelTest 资源的降级规则，验证成功，如图 6.36 所示。

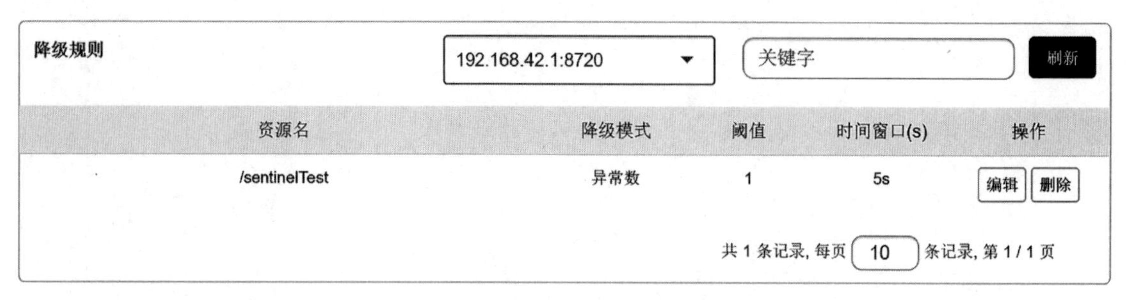

图 6.36　自动新增的降级规则

最后来配置一下持久化的系统规则。

（1）在 bootstrap.yml 文件中增加配置，修改后的文件内容如下所示。

```
server:
  port: 8081 # 程序端口号
spring:
  application:
    name: sentinel-consumer-sample8001 # 应用名称
  cloud:
    sentinel:
      datasource:
        ds1:  # ds1 是自己取的名字
          nacos: # 表示使用 nacos
            server-addr: 127.0.0.1:8848 # nacos 服务地址
            dataId: sentinel-consumer-ds1  #nacos dataId
            groupId: DEFAULT_GROUP  #  分组 默认分组
            data-type: json  # 数据类型 json
            rule-type: flow  #flow 表示流控规则
        ds2:  # ds2 是自己取的名字
          nacos: # 表示使用 nacos
            server-addr: 127.0.0.1:8848 # nacos 服务地址
            dataId: sentinel-consumer-ds2  #nacos dataId
            groupId: DEFAULT_GROUP  # 分组 默认分组
            data-type: json  # 数据类型 json
            rule-type: degrade  #degrade 表示流控规则
        ds3:  # ds3 是自己取的名字 -- 本次新增代码
          nacos: # 表示使用 nacos -- 本次新增代码
            server-addr: 127.0.0.1:8848 # nacos 服务地址 -- 本次新增代码
            dataId: sentinel-consumer-ds3  #nacos dataId  -- 本次新增代码
            groupId: DEFAULT_GROUP  # 分组 默认分组 -- 本次新增代码
            data-type: json  # 数据类型 json  -- 本次新增代码
            rule-type: system  #system 表示系统规则  -- 本次新增代码
      transport:
```

```
        port: 8719 # 启动 HTTP Server，并且该服务将与 Sentinel 仪表板进行交互，使
Sentinel 仪表板可以控制应用，如果被占用，则从 8719 依次 +1 扫描
        dashboard: 127.0.0.1:8080   # 指定仪表盘地址
    nacos:
      discovery:
        server-addr: 127.0.0.1:8848 #nacos 服务注册、发现地址
      config:
        server-addr: 127.0.0.1:8848 #nacos 配置中心地址
        file-extension: yml # 指定配置内容的数据格式
management:
  endpoints:
    web:
      exposure:
        include: '*' # 公开所有端点
```

（2）在 Nacos 控制面板新增 DataId sentinel-consumer-ds3 的配置，具体配置内容如图 6.37 所示。

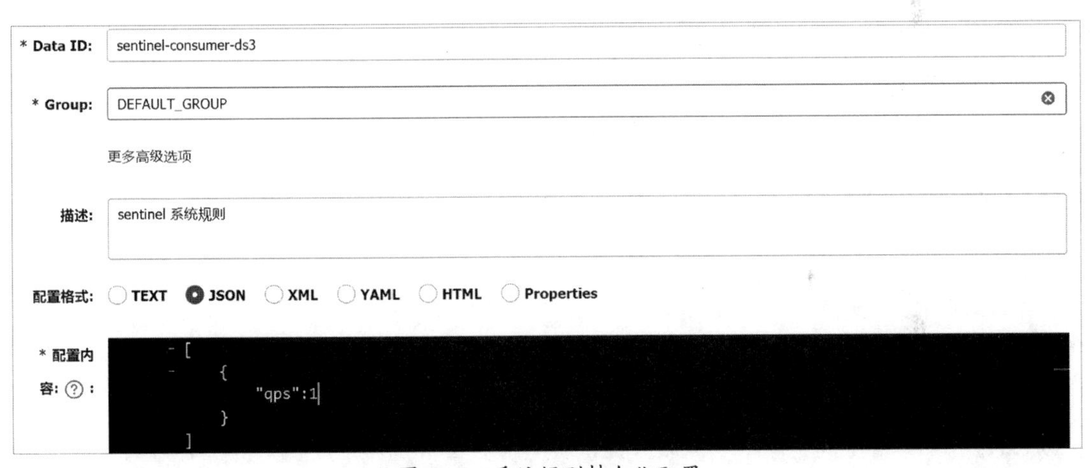

图 6.37 系统规则持久化配置

依旧是新增对应的DataId，配置系统规则的 json 数据，规则可以有多个，系统规则对应的是 SystemRule 类，有以下几个属性。

- avgRt：系统平均响应时间。
- highestCpuUsage：CPU 使用率。
- highestSystemLoad：负载。
- maxThread：最大业务线程数。
- qps：每秒处理的请求数。

笔者这里只配置了 QPS，使用 JMeter 测试 /sentinelTestC 接口，结果如图 6.38 所示。

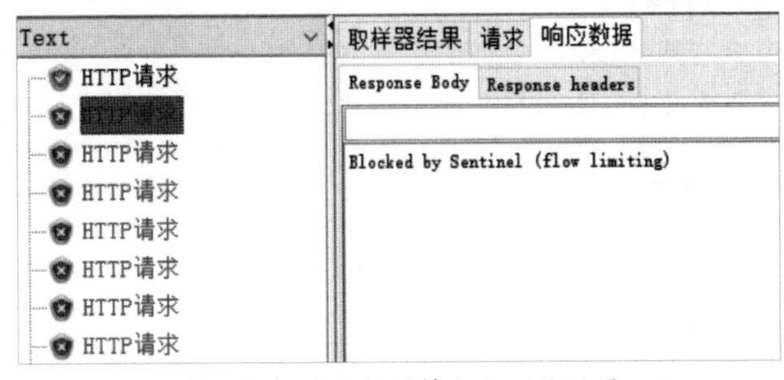

图 6.38 系统规则持久化测试结果

很快就达到了条件，后面的请求全

部被阻断了。Sentinel 控制台系统规则一栏也有了持久化规则，如图 6.39 所示。

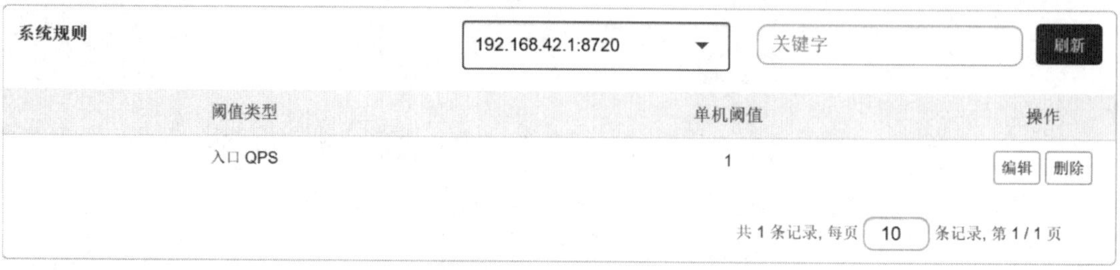

系统规则　192.168.42.1:8720　关键字　刷新

阈值类型	单机阈值	操作
入口 QPS	1	编辑　删除

共 1 条记录，每页 10 条记录，第 1 / 1 页

图 6.39　自动新增的系统规则

同样的其他规则，只有找到它的 Java 配置方法，找到那个类，举一反三，将对应的地方修改一下就可以了。

还有两个地方需要注意一下。

①在 Nacos 控制台修改规则，Sentinel 这边规则也会即时生效，重启服务后依旧有效。

②在 Sentinel 控制台修改规则，不会修改到 Nacos 里的数据，自然数据不是持久的，重启后又会恢复原来的值。

6.8　集群流控

集群流控是为了解决在服务集群下流量不均匀导致总体限流效果不佳的问题，前面已经做了单机的流控。假设随着网站访问的增加，1 个服务提供者已经不够用了，为了提升承载量，再增加 1 个服务提供者。

那么在一个集群中问题就来了。服务提供者集群有 2 台机器，设置单机阈值为 10QPS，理想状态下整个集群的限流阈值为 20QPS，不过实际的流量到具体服务分配不均，导致总量没有到的情况下某些机器就开始限流，还有可能会超过阈值，可能实际限流 QPS = 阈值 * 节点数。

这时候就需要集群流控了，集群流控的基本原理就是用 server 端来专门统计总量，其他 client 实例都与 server 端通信来判断是否可以调用，并结合单机限流兜底，发挥更好的流量控制效果。

注意

Token Client（集群流控客户端）与 Token Server（集群流控服务端）连接失败或通信失败时，如果勾选了失败退化，会退化到本地的限流模式。

集群流控有以下两种角色。

- Token Server：集群流控服务端，处理来自 Token Client 的请求，根据配置的集群规则判断运行是否通过。
- Token Client：集群流控客户端，向 Token Server 发起请求，根据返回结果判断是否需要限流。

实现集群流控服务端（Token Server）有以下两种方式。

- 独立模式（Alone）：服务独立运行，独立部署，隔离性好。
- 嵌入模式（Embedded）：可以是集群流控服务端，也可以是集群流控客户端，无须单独部署，灵活性比较好。不过为了不影响服务本身，需要限制 QPS。

不过本书只使用嵌入模式。下面就开始集群流控的具体操作。

（1）向服务消费者的 pom.xml 文件 dependencies 标签内导入集群流控服务端、集群流控客户端和访问 Nacos 数据源的相关依赖。

```
<!--sentinel 持久化访问 nacos 数据源的依赖 -->
<dependency>
 <groupId>com.alibaba.csp</groupId>
 <artifactId>sentinel-datasource-nacos</artifactId>
</dependency>
<!-- 集群流控客户端依赖 -->
<dependency>
 <groupId>com.alibaba.csp</groupId>
 <artifactId>sentinel-cluster-client-default</artifactId>
</dependency>
<!-- 集群流控服务端依赖 -->
<dependency>
 <groupId>com.alibaba.csp</groupId>
 <artifactId>sentinel-cluster-server-default</artifactId>
</dependency>
```

（2）通过 SPI 完成配置源注册，定义 com.alibaba.csp.sentinel.init.InitFunc 的实现。

注意

SPI（Service Provider Interface）是一种服务发现机制，查找 META-INF/services 下的文件，加载文件里所定义的类。其实就是一个接口，然后开发者自己去定义这个接口的实现类。

编写 ApplicationInitializer 类实现 InitFunc 接口，步骤就是注册客户端动态规则数据源、注册客户端相关数据源、注册动态规则数据源、初始化服务器传输配置属性及初始化群集状态属性，具体 ApplicationInitializer 代码和相关类如下所示（代码较多）。

```
public class ApplicationInitializer implements InitFunc {
    private static final String APP_NAME = AppNameUtil.getAppName(); // 应用名称
    private final String remoteAddress = "127.0.0.1:8848"; // nacos 服务地址
    private final String groupId = "DEFAULT_GROUP"; // 分组
    private final String flowDataId = APP_NAME + Constants.FLOW_POSTFIX; // 限
流配置 dataId
    private final String clusterMapDataId = APP_NAME + Constants.CLUSTER_MAP_
POSTFIX;
```

```
    private static final String SEPARATOR = "@";
    @Override
    public void init() throws Exception {
        initDynamicRuleProperty();// 注册客户端动态规则数据源
        initClientServerAssignProperty(); // 注册客户端相关数据源
        registerClusterRuleSupplier(); // 注册动态规则数据源
        initServerTransportConfigProperty();  //初始化服务器传输配置属性
        initStateProperty(); //初始化群集状态属性
    }
    private void initDynamicRuleProperty() {
        ReadableDataSource<String, List<FlowRule>> ruleSource = new
NacosDataSource<>(remoteAddress, groupId,
                flowDataId, source -> JSON.parseObject(source, new TypeReference
<List<FlowRule>>() {
        }));
        FlowRuleManager.register2Property(ruleSource.getProperty());// 注册
动态规则数据源
    }
    private void initServerTransportConfigProperty() {
        ReadableDataSource<String, ServerTransportConfig> serverTransportDs
= new NacosDataSource<>(remoteAddress, groupId, clusterMapDataId, source -> {
            List<ClusterGroupEntity> groupList = JSON.parseObject(source,
new TypeReference<List<ClusterGroupEntity>>() {
            });
            return Optional.ofNullable(groupList).flatMap(this::extractServer
TransportConfig).orElse(null);
        });
        ClusterServerConfigManager.registerServerTransportProperty(server
TransportDs.getProperty());
    }
    private void registerClusterRuleSupplier() {
        ClusterFlowRuleManager.setPropertySupplier(namespace -> {
            ReadableDataSource<String, List<FlowRule>> ds = new
NacosDataSource<>(remoteAddress, groupId,
                    namespace + Constants.FLOW_POSTFIX, source -> JSON.
parseObject(source, new TypeReference<List<FlowRule>>() {
            }));
            return ds.getProperty();
        });
        ClusterParamFlowRuleManager.setPropertySupplier(namespace -> {
            ReadableDataSource<String, List<ParamFlowRule>> ds = new
NacosDataSource<>(remoteAddress, groupId,
                    namespace + Constants.PARAM_FLOW_POSTFIX, source ->
JSON.parseObject(source, new TypeReference<List<ParamFlowRule>>() {
            }));
            return ds.getProperty();
```

```
        });
    }
    private void initClientServerAssignProperty() {
        ReadableDataSource<String, ClusterClientAssignConfig>
clientAssignDs = new NacosDataSource<>(remoteAddress, groupId,
                clusterMapDataId, source -> {
            List<ClusterGroupEntity> groupList = JSON.parseObject(source,
new TypeReference<List<ClusterGroupEntity>>() {
            });
            return Optional.ofNullable(groupList).flatMap(this::extractClient
Assignment).orElse(null);
        });
        ClusterClientConfigManager.registerServerAssignProperty(clientAssign
Ds.getProperty());
    }
    private void initStateProperty() {
        ReadableDataSource<String, Integer> clusterModeDs = new
NacosDataSource<>(remoteAddress, groupId,
                clusterMapDataId, source -> {
            List<ClusterGroupEntity> groupList = JSON.parseObject(source,
new TypeReference<List<ClusterGroupEntity>>() {
            });
            return Optional.ofNullable(groupList).map(this::extractMode).
orElse(ClusterStateManager.CLUSTER_NOT_STARTED);
        });
        ClusterStateManager.registerProperty(clusterModeDs.getProperty());
    }
    private int extractMode(List<ClusterGroupEntity> groupList) {
        if (groupList.stream().anyMatch(this::machineEqual)) {
            return ClusterStateManager.CLUSTER_SERVER;
        }
        boolean canBeClient = groupList.stream().flatMap(e ->
e.getClientSet().stream()).filter(Objects::nonNull).anyMatch(e -> e.equals
(getCurrentMachineId()));
        return canBeClient ? ClusterStateManager.CLUSTER_CLIENT :
ClusterStateManager.CLUSTER_NOT_STARTED;
    }
    private Optional<ServerTransportConfig> extractServerTransportConfig
(List<ClusterGroupEntity> groupList) {
        return groupList.stream().filter(this::machineEqual).findAny().map
(e -> new ServerTransportConfig().setPort(e.getPort()).setIdleSeconds(600));
    }
    private Optional<ClusterClientAssignConfig>
extractClientAssignment(List<ClusterGroupEntity> groupList) {
        if (groupList.stream().anyMatch(this::machineEqual)) {
            return Optional.empty();
```

```
        }
        for (ClusterGroupEntity group : groupList) {
            if (group.getClientSet().contains(getCurrentMachineId())) {
                String ip = group.getIp();
                Integer port = group.getPort();
                return Optional.of(new ClusterClientAssignConfig(ip, port));
            }
        }
        return Optional.empty();
    }
    private boolean machineEqual(/*@Valid*/ ClusterGroupEntity group) {
        return getCurrentMachineId().equals(group.getMachineId());
    }
    private String getCurrentMachineId() {
        return HostNameUtil.getIp() + SEPARATOR + TransportConfig.
getRuntimePort();
    }
}
public class ClusterGroupEntity {
    private String machineId; //机器 id
    private String ip; // ip 地址
    private Integer port; // 端口
    private Set<String> clientSet;
    public String getMachineId() {
        return machineId;
    }
    public ClusterGroupEntity setMachineId(String machineId) {
        this.machineId = machineId;
        return this;
    }
    public String getIp() {
        return ip;
    }
    public ClusterGroupEntity setIp(String ip) {
        this.ip = ip;
        return this;
    }
    public Integer getPort() {
        return port;
    }
    public ClusterGroupEntity setPort(Integer port) {
        this.port = port;
        return this;
    }
    public Set<String> getClientSet() {
        return clientSet;
```

```
    }
    public ClusterGroupEntity setClientSet(Set < String > clientSet) {
        this.clientSet = clientSet;
        return this;
    }
    @Override
    public String toString() {
        return "ClusterGroupEntity{" +
                "machineId='" + machineId + '\'' +
                ", ip='" + ip + '\'' +
                ", port=" + port +
                ", clientSet=" + clientSet +
                '}';
    }
}
public class Constants {
    public static final String FLOW_POSTFIX = "-flow-rules";
    public static final String PARAM_FLOW_POSTFIX = "-param-rules";
    public static final String CLUSTER_MAP_POSTFIX = "-cluster-map";
}
```

下面就该指定 ApplicationInitializer 为 com.alibaba.csp.sentinel.init.InitFunc 的实现类了。在项目 resources 目录下创建 META-INF/services/com.alibaba.csp.sentinel.init.InitFunc 文件，填写如下内容。

```
com.springcloudalibaba.sentinel.init.ApplicationInitializer
```

（3）服务提供者再增加一个节点。

既然要做一个服务提供者集群，那么至少也要两个节点，笔者将服务提供者复制了一份，修改一下端口，并把应用名称统一为 sentinel-provider-sample，服务消费者修改下调用的应用名称。

（4）在 Nacos 控制台创建一条新的 DataId 数据，具体内容如图 6.40 所示。

sentinel-provider-sample-flow-rules 对应的就是 ApplicationInitializer 类中 flowDataId 变量的值。

配置内容中 json 字段解释如下。

- resource：资源名称。
- grade：阈值类型（0-线程数限制、1-QPS）。
- count：限流阈值（本次设置的 QPS 是 100）。
- clusterMode：是否为集群模式。
- clusterConfig：集群配置。
- flowId：全局唯一 id。
- thresholdType：集群阈值模式（0-单机均摊、1-总体阈值）。
- fallbackToLocalWhenFail：如果 Token Server 不可用，是否退化到单机限流。

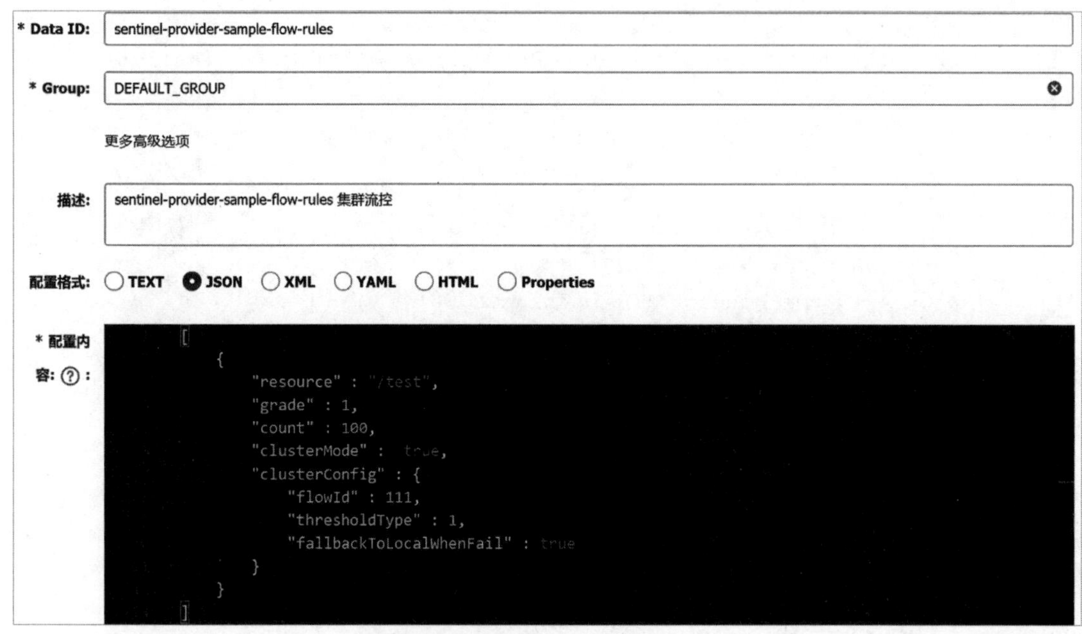

图 6.40 集群流控持久化规则

（5）启动 2 个提供者服务和 1 个消费者服务，并请求一次它们各自的接口，再次刷新 Sentinel 后台管理界面，就会出现可以针对接口操作的选项。

（6）如果 Nacos 持久化规则配置成功，则会出现如图 6.41 所示的 /test 资源的流控规则。

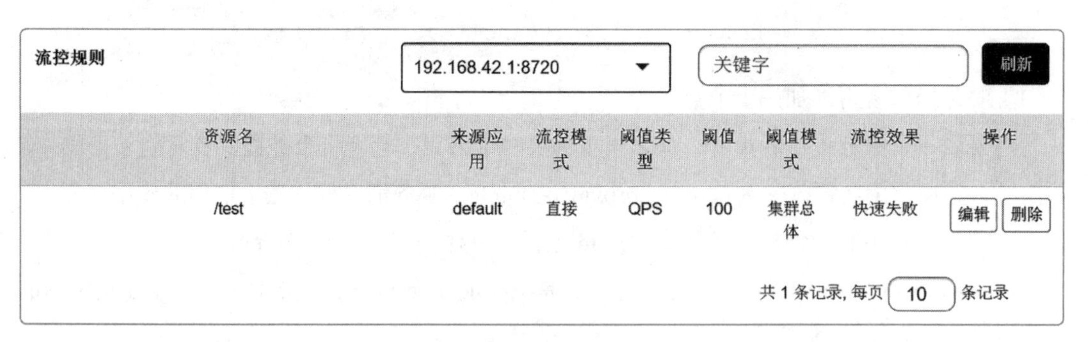

资源名	来源应用	流控模式	阈值类型	阈值	阈值模式	流控效果	操作
/test	default	直接	QPS	100	集群总体	快速失败	编辑 删除

图 6.41 Sentinel 控制台集群流控持久化规则

只看正向的效果可能不好判断集群限流是否生效，先不配置集群流控，先来看看“反向操作”的效果。

笔者使用 JMeter 工具 2 个线程一直循环调用服务消费者的 /test 接口，服务消费者的 /test 又会去调用服务提供者的 /test 接口。发起调用后在 Sentinel 控制台实时监控的结果如图 6.42 所示。

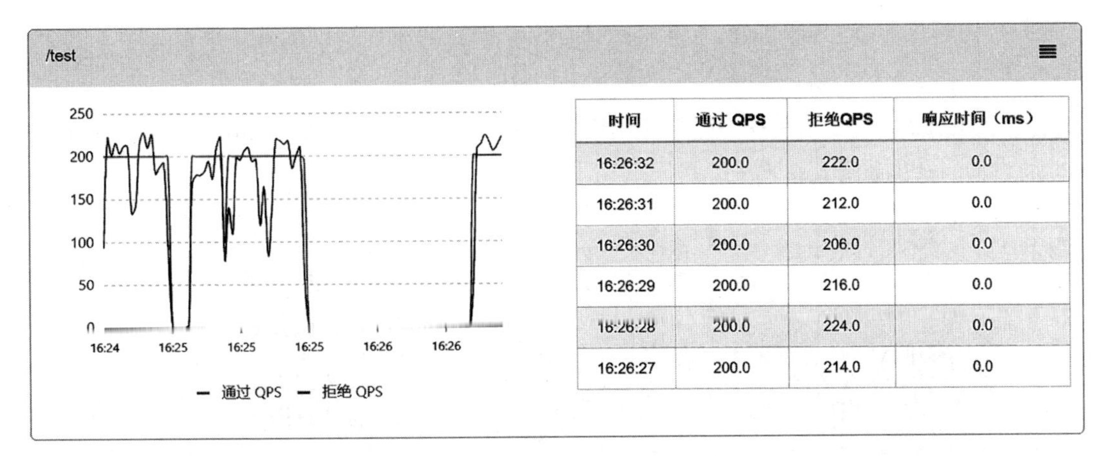

时间	通过 QPS	拒绝QPS	响应时间（ms）
16:26:32	200.0	222.0	0.0
16:26:31	200.0	212.0	0.0
16:26:30	200.0	206.0	0.0
16:26:29	200.0	216.0	0.0
16:26:28	200.0	224.0	0.0
16:26:27	200.0	214.0	0.0

图 6.42　未配置集群流控的效果

从图 6.42 可以看出，集群总体阈值是 100，而通过的 QPS 是 200QPS，通过的 QPS = 阈值 * 集群节点数，这明显是不正确的结果。

（7）看完错误的结果后，来到最为重要的一步，设置 Token Server（集群流控服务端）和 Token Client（集群流控客户端）。

来到集群流控页面，点击新增 Token Server，集群类型选择应用内机器，选择集群下拉框，随便选择一个就可以，Server 端口可以使用默认的，最大允许 QPS 也可以使用默认的，最后就是选取 Token Client（集群流控客户端），配置如图 6.43 所示。

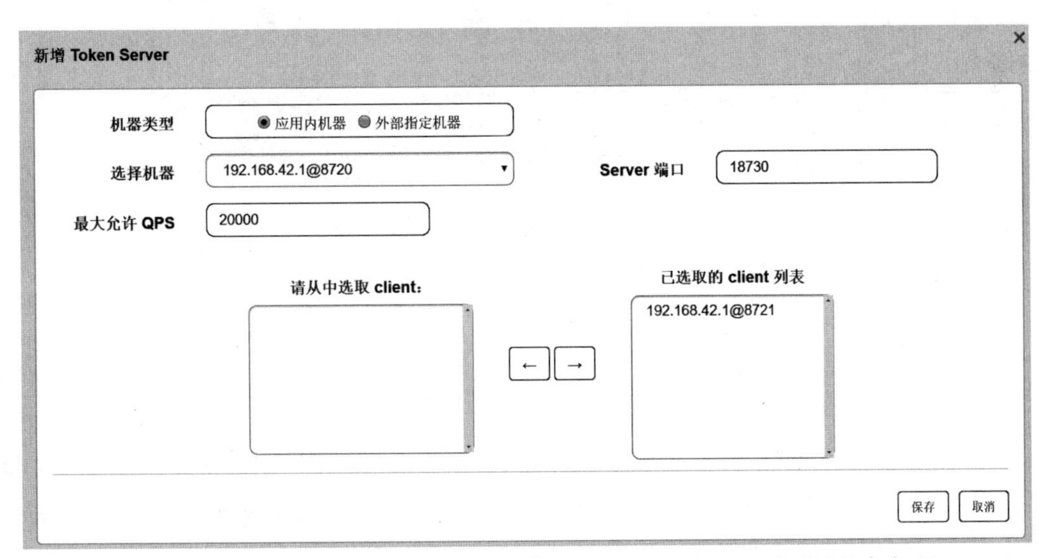

图 6.43　配置 Token Server（集群流控服务端）和 Token Client（集群流控客户端）

注意

目前 Sentinel 并未提供 Token Server 高可用的解决方案，即使 Token Server 挂了降级为本地流控，也不会有太大问题。

这些代码和配置都完成后，就来简单验证一下。现在的流控规则配置是集群 QPS 总体阈值 100。

再使用 JMeter 工具 2 个线程一直循环调用服务消费者的 /test 接口，发起调用后在 Sentinel 控制台实时监控的结果如图 6.44 所示。

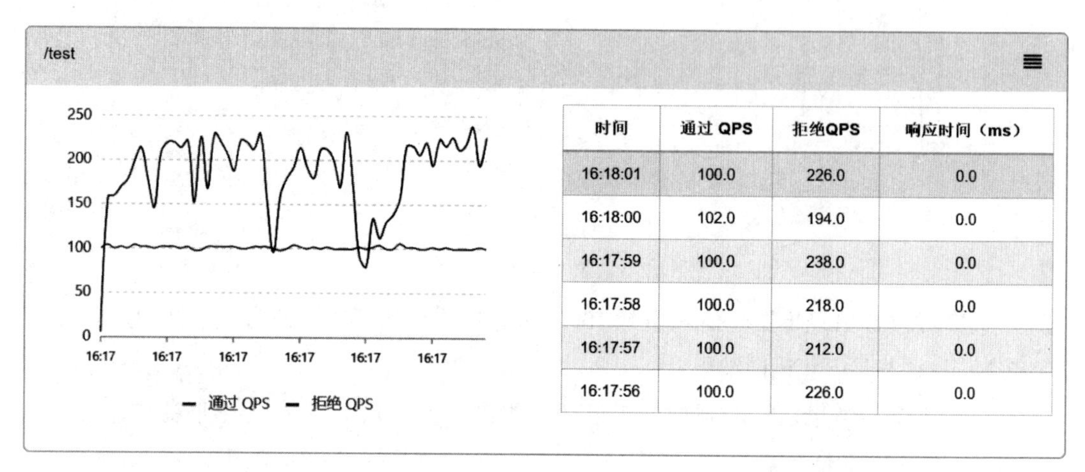

时间	通过 QPS	拒绝QPS	响应时间（ms）
16:18:01	100.0	226.0	0.0
16:18:00	102.0	194.0	0.0
16:17:59	100.0	238.0	0.0
16:17:58	100.0	218.0	0.0
16:17:57	100.0	212.0	0.0
16:17:56	100.0	226.0	0.0

图 6.44　集群流控效果

从图 6.44 看出，服务提供者通过 QPS 基本稳定在 100 左右，可以断定集群流控还是有效果的。上面是简单的流控规则，像热点参数限流也是类似的，使用如下代码。

```
ReadableDataSource<String, List<ParamFlowRule>> paramRuleSource = new
NacosDataSource<>
(remoteAddress, groupId, paramDataId, source -> JSON.parseObject(source,
new TypeReference<List<ParamFlowRule>>(){}));
ParamFlowRuleManager.register2Property(paramRuleSource.getProperty());
```

paramDataId 变量值就是要在 Nacos 新增 DataId，热点参数的规则。

6.9 小结

本章主要探讨了 Sentinel 控制台的使用完成限流、降级、熔断等操作，以及结合 @Sentinel-Resource 注解，完成更多定制化的功能。为了避免生产环境下服务重启后规则丢失，将规则持久化到 Nacos，并使用集群流控解决在服务集群下流量不均匀导致总体限流效果不佳的问题。

Sentinel 作为后起之秀，更为年轻有活力，其中让人影响最深刻的就是能在控制面板动态配置规则，这无疑是为用户大大减少工作量，让开发者有更多精力关注业务代码。相较于 Hystrix 绝对是一大特色功能。

第7章 远程调用——OpenFeign

在第 4 章，我们使用了 Nacos 服务注册发现后，服务远程调用可以使用 RestTemplate + Ribbon 或 OpenFeign。RestTemplate + Ribbon 这种远程调用方式前面已经使用过了。

而目前在实际开发过程中很少使用这种方式去远程调用服务，这种方式每次调用都要填写远程地址，还要配置各种参数，既麻烦又不优雅。那么有没有更简洁的远程调用方式呢?

使用 OpenFeign 去替代 RestTemplate + Ribbon 这种远程调用方式就不失为一种明智的选择。

本章主要涉及的知识点有：

- OpenFeign 的介绍；
- 项目集成 OpenFeign；
- 结合 Sentinel 使用；
- 项目集成后负载均衡测试；
- OpenFeign 超时配置；
- OpenFeign 详细日志；
- 对请求、响应压缩；
- @QueryMap 支持。

7.1 OpenFeign 简介

说起 OpenFeign，就不得不提一下 Feign，因为 OpenFeign 可以说是 Feign 的增强版。Feign 是一个轻量级 Restful HTTP 服务客户端，内置了 Ribbon 用作客户端负载均衡，使用 Feign 时只需要定义一个接口并加上注解，这样更符合面向接口的编程习惯，使得远程调用服务更加容易了。

而 OpenFeign 是对 Feign 的进一步封装，使其支持了 Spring MVC 的标准注解和 HttpMessage-Converters，如 @RequestMapping 等。

7.2 集成 OpenFeign

本节是在 Sentinel 的基础上做代码开发，暂时先创建一个服务提供者和一个服务消费者，主要把 RestTemplate + Ribbon 这种远程调用方式换成 OpenFeign，符合面向接口编程的习惯，使得调用代码更为简洁。

7.2.1 创建消费端代码

因为是在 Sentinel 章节的代码上开发，所以这里直接复制一份代码，完成改名步骤，其实就是把 Sentinel 的关键字换成了 OpenFeign，删改代码的具体过程就不再赘述了。

下面开始切入正题，将服务消费端（这里改名为 openfeign-consumer-sample8001，配置文件服务名称改为 openfeign-consumer-sample）整合上 OpenFeign 组件，具体步骤如下所示。

（1）首先还是找到依赖包坐标，在 pom.xml 文件 dependencies 标签下引入 OpenFeign 的依赖，新增代码如下所示。

```
<!--openfeign 的依赖 -->
<dependency>
 <groupId>org.springframework.cloud</groupId>
 <artifactId>spring-cloud-starter-openfeign</artifactId>
</dependency>
```

（2）bootstrap.yml 配置文件中 OpenFeign 增加对 Sentinel 的支持，增加 feign.sentinel.enabled 的配置项，修改后完整代码如下所示。

```
server:
  port: 8081 # 程序端口号
spring:
  application:
```

```
    name: openfeign-consumer-sample # 应用名称
  cloud:
    sentinel:
      transport:
        port: 8719 # 启动 HTTP Server，并且该服务将与 Sentinel 仪表板进行交互，使
Sentinel 仪表板可以控制应用，如果被占用，则从 8719 依次 +1 扫描
        dashboard: 127.0.0.1:8080  # 指定仪表盘地址
    nacos:
      discovery:
        server-addr: 127.0.0.1:8848 #nacos 服务注册、发现地址
      config:
        server-addr: 127.0.0.1:8848 #nacos 配置中心地址
        file-extension: yml # 指定配置内容的数据格式
management:
  endpoints:
    web:
      exposure:
        include: '*' # 公开所有端点
feign:  #-- 本次新增代码
  sentinel:  # -- 本次新增代码
    enabled: true  # 增加对 sentinel 的支持，否则自定义的异常、限流等兜底方法不生效 -- 本次
新增代码
```

注意

如果没有 feign.sentinel.enabled=true 的配置，增加对 Sentinel 的支持，那么 @FeignClient 注解 fallback 属性定义的异常、限流等自定义处理逻辑是不会生效的。

（3）在主启动类中加入 @EnableFeignClients 注解，标记为启用 OpenFeign，具体代码如下所示。

```
@SpringBootApplication
@EnableDiscoveryClient
@EnableFeignClients // 启用 openfeign
public class OpenFeignConsumerApplication {
    public static void main(String[] args) {
        SpringApplication.run(OpenFeignConsumerApplication.class, args);
    }
}
```

（4）新增一个接口，并使用 @FeignClient 注解，声明调用的服务接口 /openFeignProviderTest 和 fallback，把 fallback 的处理逻辑单独放到 OpenFeignTestServiceFallback 类中，具体代码如下所示。

```
@FeignClient(value = "openfeign-provider-sample", fallback =
OpenFeignTestServiceFallback.class) // 表示调用服务名为 openfeign-provider-
sample fallback 异常、限流等的自定义处理逻辑在 OpenFeignTestServiceFallback 类中
public interface OpenFeignTestService {
```

```
    @RequestMapping(value = "/openFeignProviderTest", method =
RequestMethod.GET) // 调用服务提供者的 /openFeignProviderTest 接口
    public String openFeignProviderTest();
}
```

fallback 的自定义处理逻辑要实现 OpenFeignTestService 接口，代码如下所示。

```
@Component // 标记该 bean 交给 Spring 创建，管理
public class OpenFeignTestServiceFallback implements OpenFeignTestService {
    @Override
    public String openFeignProviderTest() { // /openFeignProviderTest 接口兜
底方法
        return "我是兜底方法！";
    }
}
```

（5）创建 controller 层，并调用声明的接口，代码如下所示。

```
@RestController
public class OpenFeignTestController {
    @Resource
    private OpenFeignTestService openFeignTestService;
    @RequestMapping("/openFeignTest")
    public String openFeignTest() {
        return openFeignTestService.openFeignProviderTest(); // 调用接口
    }
}
```

7.2.2 创建服务提供者代码

服务消费者已经写好了，下一步就该写服务提供者的代码，配置文件服务名称修改为 openfeign-provider-sample，并提供 /openFeignTest 接口的具体实现。

创建一个 controller 层，声明 /openFeignProviderTest 接口，这是提供给消费端调用的，代码如下所示。

```
@RestController // @RestController 注解是 @Controller+@ResponseBody
public class OpenFeignController {
    @RequestMapping("/openFeignProviderTest") // 提供给服务消费者调用的接口
    public String openFeignProviderTest() {
        return "OpenFeignTestController#openFeignProviderTest" +
RandomUtils.nextInt(0, 1000);
    }
}
```

7.2.3 测试调用接口

代码写完后，来测试一下调用是否正常，使用curl调用服务消费者的/openFeignTest接口，结果如下所示。

```
D:\software\curl-7.71.1-win64-mingw\bin > curl http://localhost:8081/
openFeignTest
OpenFeignTestController#openFeignProviderTest 489
```

结果表明成功调用到服务提供者的/openFeignProviderTest接口，使用OpenFeign替换RestTemplate + Ribbon成功。

7.3 代码小优化

@FeignClient注解中value属性填写的是提供者名称值，如果是直接写服务提供者的应用名称，那么有一天修改了服务提供者名称之后（虽然修改服务名的可能性很小），到处都要修改，有没有办法解决这个问题呢？

大致有两个方案。

- 把服务名单独用一个类，定义静态常量，使用时格式为类名、属性。
- 可以使用配置文件，然后用表达式获取即可。

一般来说用配置文件的方式更为优雅，下面只看使用配置文件的方式。

首先在配置文件中增加如下配置（变量名任意取，不能是关键字，且不重复）。

```
provider:
  name: openfeign-provider-sample # 服务提供者的服务名称
```

然后把“写死”的服务名替换为表达式${provider.name}，代码如下所示。

```
@FeignClient(value = "${provider.name}", fallback =
OpenFeignTestServiceFallback.class) // 表示调用服务名为 openfeign-provider-
sample fallback 异常、限流等的自定义处理逻辑在 OpenFeignTestServiceFallback 类中
```

使用curl命令请求/openFeignTest接口，依然没有任何问题，结果如下所示。

```
D:\software\curl-7.71.1-win64-mingw\bin > curl http://localhost:8081/
openFeignTest
OpenFeignTestController#openFeignProviderTest 8082
```

7.4 结合 Sentinel 规则使用

不管是 RestTemplate + Ribbon 还是 OpenFeign 的远程调用，都是支持 Sentinel 的，先来到 Sentinel 控制面板配置 /openFeignTest 资源流控规则。

> **注意**
>
> 在配置资源规则前，要先去调用服务的任意接口，才能在控制台添加规则。

在 Sentinel 控制台点击流控规则一栏，新增 /openFeignProviderTest 的流控规则，针对来源填写 default，阈值类型选择 QPS，单机阈值填写 1，具体的配置内容如图 7.1 所示。

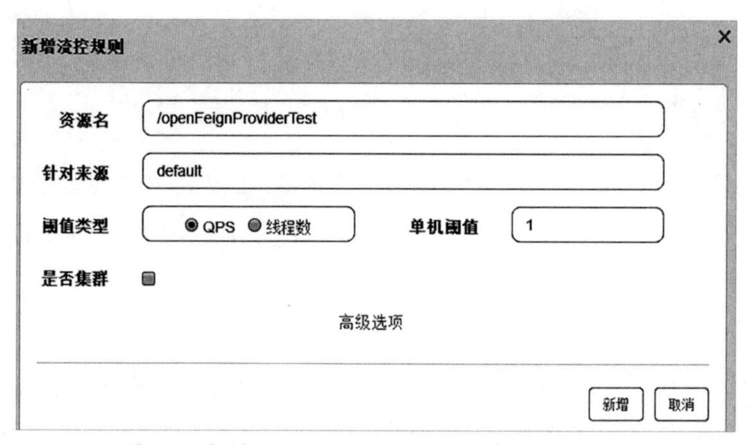

图 7.1　新增 /openFeignProviderTest 资源流控规则

> **注意**
>
> /openFeignProviderTest 这个资源是服务提供者的接口，要限制的就是服务提供者的接口。

然后使用 curl 命令快速地调用两次服务消费者 /openFeignTest 接口，结果如下所示。

```
D:\software\curl-7.71.1-win64-mingw\bin > curl http://localhost:8081/openFeignTest
OpenFeignTestController#openFeignProviderTest 795
D:\software\curl-7.71.1-win64-mingw\bin > curl http://localhost:8081/openFeignTest
我是兜底方法！
```

第一次请求通过，因为设置的单机阈值是 1，所以快速发起第二次请求，到达 QPS 阈值被阻断了，并且进入 fallback 自定义的处理逻辑。

7.5 对于异常情况的处理

前面结合 Sentinel 规则使用时，达到阈值就进入 fallback 自定义处理逻辑中，也就是那个“兜底”方法。

那么在提供者接口发生接口报错或服务宕机又会是怎样一种情况呢?

为此笔者特意修改了 /openFeignProviderTest 接口，让其必报错（ArithmeticException，算数异常），来看看这种场景下，OpenFeign 会怎么处理?修改后的接口代码如下所示。

```
@RequestMapping("/openFeignProviderTest") // 提供给服务消费者调用的接口
public String openFeignProviderTest() {
 int a = 1 / 0; // 除数不能为 0，此处必报错
 return "OpenFeignTestController#openFeignProviderTest" + RandomUtils.
nextInt(0, 1000);
}
```

同样使用 curl 命令调用服务消费者的 /openFeignTest，调用结果如下所示。

```
D:\software\curl-7.71.1-win64-mingw\bin > curl http://localhost:8081/openFeignTest
我是兜底方法！
```

如果有报错，进入了 fallback 自定义的处理逻辑，结果表明即使有报错也能给用户返回友好提示。

还有另外一种情况，如果突然服务提供者宕机了，这样的场景又会返回什么呢?

现在将服务提供者关闭，模拟宕机，再使用 curl 命令调用服务消费者的 /openFeignTest，调用结果如下所示。

```
D:\software\curl-7.71.1-win64-mingw\bin > curl http://localhost:8081/openFeignTest
我是兜底方法！
```

同样地进入了 fallback 自定义的处理逻辑，结果表明即使服务宕机，也能给用户返回友好提示。

7.6 实现负载均衡

在前面使用 Nacos 配合 RestTemplate + Ribbon 实现服务调用的负载均衡，本次将远程调用的方式替换成 OpenFeign 来实现服务调用的负载均衡。

为了快速指定服务消费者到达调用的那个服务提供者，笔者要修改 /openFeignProviderTest 接口，把程序端口打印出来，修改后的代码如下所示。

```
@Value("${server.port}")
private String serverPort;
@RequestMapping("/openFeignProviderTest") // 提供给服务消费者调用的接口
public String openFeignProviderTest() {
 return "OpenFeignTestController#openFeignProviderTest" + serverPort;
}
```

既然是要实现负载均衡，那肯定至少需要两个服务提供者，所以笔者又使出“复制粘贴，一把梭”的技能，把服务提供者复制一份。程序端口改为 8083，并且修改项目名称引入到父工程。

然后使用 curl 命令请求服务消费者 /openFeignTest 接口 4 次，结果如下所示。

```
D:\software\curl-7.71.1-win64-mingw\bin > curl http://localhost:8081/openFeignTest
OpenFeignTestController#openFeignProviderTest 8083
D:\software\curl-7.71.1-win64-mingw\bin > curl http://localhost:8081/openFeignTest
OpenFeignTestController#openFeignProviderTest 8082
D:\software\curl-7.71.1-win64-mingw\bin > curl http://localhost:8081/openFeignTest
OpenFeignTestController#openFeignProviderTest 8083
D:\software\curl-7.71.1-win64-mingw\bin > curl http://localhost:8081/openFeignTest
OpenFeignTestController#openFeignProviderTest 8082
```

请求几乎是均匀分摊到两个服务提供者的，负载均衡成功。

7.7 OpenFeign 超时配置

OpenFeign 默认等待接口返回数据的时间是 1 秒，超过 1 秒就会报错，如果有定义 fallback，就执行 fallback 自定义的逻辑。

普通接口没有问题，不过有的接口属于耗时业务，肯定在执行过程中超过 1 秒，超过 1 秒后返回报错或执行 fallback 自定义的逻辑，感觉都不合理。

幸而 OpenFeign 提供了超时的配置。服务消费者 bootstrap.yml 文件增加超时配置，新增配置项 feign.client.config.default.connectTimeout（建立连接时的超时配置）和 feign.client.config.default.readTimeout（建立连接后从服务器读取到资源所用时间的超时配置），完整代码如下所示。

```
server:
  port: 8081 #程序端口号
spring:
  application:
    name: openfeign-consumer-sample #应用名称
  cloud:
    sentinel:
      transport:
        port: 8719 #启动 HTTP Server，并且该服务将与 Sentinel 仪表板进行交互，使
Sentinel 仪表板可以控制应用，如果被占用，则从 8719 依次 +1 扫描
        dashboard: 127.0.0.1:8080  # 指定仪表盘地址
    nacos:
      discovery:
        server-addr: 127.0.0.1:8848 #nacos 服务注册、发现地址
      config:
```

```
          server-addr: 127.0.0.1:8848 #nacos 配置中心地址
          file-extension: yml # 指定配置内容的数据格式
management:
  endpoints:
    web:
      exposure:
        include: '*' # 公开所有端点
feign:
  sentinel:
    enabled: true   # 增加对 sentinel 的支持，否则自定义的异常、限流等兜底方法不生效
  client: # -- 本次新增代码
    config:  # -- 本次新增代码
      default: # -- 本次新增代码
        connectTimeout: 5000 # 建立连接所用的时间 单位：毫秒  -- 本次新增代码
        readTimeout: 5000  # 建立连接后从服务器读取到资源所用的时间 单位：毫秒 -- 本次
新增代码
```

为了模拟耗时业务，在服务提供者的 /openFeignProviderTest 接口中睡眠 4 秒，代码如下所示。

```
@RequestMapping("/openFeignProviderTest") // 提供给服务消费者调用的接口
public String openFeignProviderTest() {
 try {
     Thread.sleep(4000); // 等待 4 秒，模拟耗时业务
 } catch (InterruptedException e) {
     e.printStackTrace();
 }
 return "OpenFeignTestController#openFeignProviderTest" + serverPort;
}
```

使用 curl 命令调用 /openFeignTest 接口，结果如下所示。

```
D:\software\curl-7.71.1-win64-mingw\bin > curl http://localhost:8081/openFeignTest
OpenFeignTestController#openFeignProviderTest 8082
```

虽然比较慢，但是返回了服务提供者 /openFeignProviderTest 接口的真实结果，并没有报错或进入 fallback 自定义的逻辑。

其实还有一个方法可以做超时配置。说到底 OpenFeign 也是基于 Ribbon 的，所以使用 Ribbon 的超时配置也能达到效果。

依旧是在 bootstrap.yml 配置文件上增加配置，新增配置项 ribbon.ConnectTimeout（建立连接所用的时间）和 ribbon.ReadTimeout（建立连接后从服务器读取到可用资源所用的时间），完整代码如下所示。

```
server:
  port: 8081 # 程序端口号
```

```
spring:
  application:
    name: openfeign-consumer-sample #应用名称
  cloud:
    sentinel:
      transport:
        port: 8719 #启动HTTP Server，并且该服务将与Sentinel仪表板进行交互，使Sentinel仪表板可以控制应用，如果被占用，则从8719依次+1扫描
        dashboard: 127.0.0.1:8080  # 指定仪表盘地址
    nacos:
      discovery:
        server-addr: 127.0.0.1:8848 #nacos服务注册、发现地址
      config:
        server-addr: 127.0.0.1:8848 #nacos配置中心地址
        file-extension: yml #指定配置内容的数据格式
management:
  endpoints:
    web:
      exposure:
        include: '*' #公开所有端点
feign:
  sentinel:
    enabled: true  #增加对sentinel的支持，否则自定义的异常、限流等兜底方法不生效
ribbon: # -- 本次新增代码
  ConnectTimeout: 5000 # 建立连接所用的时间 单位：毫秒 -- 本次新增代码
  ReadTimeout: 5000  #建立连接后从服务器读取到可用资源所用的时间 单位：毫秒 -- 本次新增代码
```

再次使用curl命令调用/openFeignTest接口，结果如下所示。

```
D:\software\curl-7.71.1-win64-mingw\bin>curl http://localhost:8081/openFeignTest
OpenFeignTestController#openFeignProviderTest 8082
```

接口依旧能调用成功，没有返回报错或进入fallback自定义的逻辑。

注意：OpenFeign和Ribbon的超时配置如果同时存在，会取时间小的配置生效。

7.8 OpenFeign详细日志

为了更方便排除异常，一般在本地开发环境时，把OpenFeign远程调用接口的日志详情打印出来，会容易找到程序问题。

首先在服务消费者bootstrap.yml文件新增日志级别的配置，新增配置项logging.level.声明接口的包名，完整配置内容如下所示。

```
server:
  port: 8081 #程序端口号
spring:
  application:
    name: openfeign-consumer-sample #应用名称
  cloud:
    sentinel:
      transport:
        port: 8719 #启动 HTTP Server，并且该服务将与 Sentinel 仪表板进行交互，使
Sentinel 仪表板可以控制应用，如果被占用，则从 8719 依次 +1 扫描
        dashboard: 127.0.0.1:8080   # 指定仪表盘地址
    nacos:
      discovery:
        server-addr: 127.0.0.1:8848 #nacos 服务注册、发现地址
      config:
        server-addr: 127.0.0.1:8848 #nacos 配置中心地址
        file-extension: yml # 指定配置内容的数据格式
management:
  endpoints:
    web:
      exposure:
        include: '*' # 公开所有端点
feign:
  sentinel:
    enabled: true   # 增加对 sentinel 的支持，否则自定义的异常、限流等兜底方法不生效
  client:
    config:
      default:
        connectTimeout: 5000 # 建立连接所用的时间 单位：毫秒
        readTimeout: 5000   # 建立连接后从服务器读取到资源所用的时间 单位：毫秒
logging: # -- 本次新增代码
  level: # -- 本次新增代码
    com.springcloudalibaba.openfeign.service: debug  # 打印 com.
springcloudalibaba.openfeign.service 包的日志 debug 级别  -- 本次新增代码
```

然后新增 OpenFeign 日志级别的配置（Java Config 配置），这里使用的是 Logger.Level.FULL（日志最全的级别），新增的 OpenFeignLoggerConfiguration 类代码如下所示。

```
@Configuration // 标记这是个配置类
public class OpenFeignLoggerConfiguration {
    @Bean  // 交给 Spring 容器初始化的标识
    public Logger.Level openFeignLoggerLevel() {
        return Logger.Level.FULL; //  FULL 日志级别
    }
}
```

OpenFeign 日志有以下四种级别（这里使用的日志是最全的 FULL 级别）。

- NONE：无记录，默认的。
- BASIC：只记录请求方法和 url 及响应状态代码和执行时间。
- HEADERS：只记录基本信息及请求和响应头。
- FULL：记录请求和响应的头文件，正文和元数据，信息最全。

一切配置就绪后，调用服务消费者的 /openFeignTest 接口，IDEA 打印的日志情况如图 7.2 所示。

```
[OpenFeignTestService#openFeignProviderTest] ---> GET http://openfeign-provider-sample/openFeignProviderTest HTTP/1.1
[OpenFeignTestService#openFeignProviderTest] ---> END HTTP (0-byte body)
get changedGroupKeys:[]
[OpenFeignTestService#openFeignProviderTest] <--- HTTP/1.1 200 (4004ms)
[OpenFeignTestService#openFeignProviderTest] connection: keep-alive
[OpenFeignTestService#openFeignProviderTest] content-length: 50
[OpenFeignTestService#openFeignProviderTest] content-type: text/plain;charset=UTF-8
[OpenFeignTestService#openFeignProviderTest] date: Wed, 12 Aug 2020 01:40:53 GMT
[OpenFeignTestService#openFeignProviderTest] keep-alive: timeout=60
[OpenFeignTestService#openFeignProviderTest]
[OpenFeignTestService#openFeignProviderTest] OpenFeignTestController#openFeignProviderTest 8082
[OpenFeignTestService#openFeignProviderTest] <--- END HTTP (50-byte body)
```

图 7.2　配置 OpenFeign 日志并调用接口后打印的日志

日志中调用了哪个接口，请求头，响应内容等信息，这么详细的日志就方便在开发过程中排查问题了。

7.9 请求和响应压缩

OpenFeign 支持通过简单配置实现请求和响应进行 gzip 压缩，来提高数据传输中的效率。

注意

开启压缩可以有效节约网络资源，但在压缩和解压过程中也会增加 CPU 压力，最好把最小请求长度参数调大一点。

下面就来配置 OpenFeign 的请求和响应压缩，向 bootstrap.yml 文件增加配置即可。

新增配置项 feign.compression.request.enabled（请求压缩启用）、feign.compression.request.mime-types（要压缩的类型）、feign.compression.request.min-request-size（最小请求长度）、feign.compression.response.enabled（响应压缩启用），修改后的完整内容如下所示。

```
server:
  port: 8081 #程序端口号
spring:
  application:
    name: openfeign-consumer-sample #应用名称
  cloud:
    sentinel:
      transport:
```

```
        port: 8719 # 启动 HTTP Server，并且该服务将与 Sentinel 仪表板进行交互，使 Sentinel 仪表板可以控制应用，如果被占用，则从 8719 依次 +1 扫描
        dashboard: 127.0.0.1:8080   # 指定仪表盘地址
    nacos:
      discovery:
        server-addr: 127.0.0.1:8848 #nacos 服务注册、发现地址
      config:
        server-addr: 127.0.0.1:8848 #nacos 配置中心地址
        file-extension: yml # 指定配置内容的数据格式
management:
  endpoints:
    web:
      exposure:
        include: '*' # 公开所有端点
feign:
  compression: # -- 本次新增代码
    request: # -- 本次新增代码
      enabled: true # 请求压缩启用 -- 本次新增代码
      mime-types: text/xml, application/xml, application/json # 要压缩的类型 -- 本次新增代码
      min-request-size: 2048 # 最小请求长度 单位：字节 -- 本次新增代码
    response: # -- 本次新增代码
      enabled: true  # 响应压缩启用 -- 本次新增代码
  sentinel:
    enabled: true  # 增加对 sentinel 的支持，否则自定义的异常、限流等兜底方法不生效
  client:
    config:
      default:
        connectTimeout: 5000 # 建立连接所用的时间 单位：毫秒
        readTimeout: 5000  # 建立连接后从服务器读取到资源所用的时间 单位：毫秒
logging:
  level:
    com.springcloudalibaba.openfeign.service: debug  # 打印 com.springcloudalibaba.openfeign.service 包的日志 debug 级别
```

请求 /openFeignTest 接口，IDEA 控制台打印的日志结果如图 7.3 所示。

```
[OpenFeignTestService#openFeignProviderTest] ---> GET http://openfeign-provider-sample/openFeignProviderTest HTTP/1.1
[OpenFeignTestService#openFeignProviderTest] Accept-Encoding: gzip
[OpenFeignTestService#openFeignProviderTest] Accept-Encoding: deflate
[OpenFeignTestService#openFeignProviderTest] ---> END HTTP (0-byte body)
[OpenFeignTestService#openFeignProviderTest] <--- HTTP/1.1 200 (4011ms)
[OpenFeignTestService#openFeignProviderTest] connection: keep-alive
[OpenFeignTestService#openFeignProviderTest] content-length: 50
[OpenFeignTestService#openFeignProviderTest] content-type: text/plain;charset=UTF-8
[OpenFeignTestService#openFeignProviderTest] date: Wed, 12 Aug 2020 02:28:42 GMT
[OpenFeignTestService#openFeignProviderTest] keep-alive: timeout=60
[OpenFeignTestService#openFeignProviderTest]
[OpenFeignTestService#openFeignProviderTest] OpenFeignTestController#openFeignProviderTest 8082
[OpenFeignTestService#openFeignProviderTest] <--- END HTTP (50-byte body)
```

图 7.3 加入请求和响应压缩后的日志

本次日志和图 7.2 的日志明显不同的是有了 gzip。

7.10 传递参数

前面已经能调通服务了，并做了一些小小的优化，本节就单独来看看如何传递参数，又有哪些注意事项。

7.10.1 传递简单参数

传递简单参数就使用一个 String 类型和 Integer 的参数来演示。

首先在服务提供方编写一个接口，方法签名是一个 String 类型和 Integer 类型，代码如下所示。

```
@PostMapping("/sampleParamsProviderTest") // 提供给服务消费者调用的接口
public String sampleParamsProviderTest(@RequestParam("name")String name,@
RequestParam("id")Integer id) {
 return "OpenFeignTestController#sampleParamsProviderTest" + serverPort +
"id=" + id + "name=" + id;
}
```

在服务消费端声明调用服务提供方的接口和调用失败后的 fallback 函数，代码如下所示。

```
@PostMapping("/sampleParamsProviderTest") // 调用服务提供者的 /
sampleParamsProviderTest 接口 public String sampleParamsProviderTest
(@RequestParam("name")String name,@RequestParam("id")Integer id);
@Override
public String sampleParamsProviderTest(String name, Integer id) {//
sampleParamsProviderTest 的 fallback 函数
 return null;
}
```

注意

这里要用 @RequestParam 注解。

然后服务消费者编写暴露给用户调用的接口，内部就调用服务提供者的接口，代码如下所示。

```
@PostMapping("/sampleParamsProviderTest")
public String sampleParamsProviderTest() {//  传递简单参数的方法
 return openFeignTestService.sampleParamsProviderTest("ZhangSan",1);
}
```

最后使用 curl 命令调用 /sampleParamsTest 接口，结果如下所示，表示成功。

```
D:\software\curl-7.71.1-win64-mingw\bin > curl http://localhost:8081/
sampleParamsTest
OpenFeignTestController#sampleParamsProviderTest 8082 id=1 name=ZhangSan
```

7.10.2 @SpringQueryMap 支持传递对象

OpenFeign 的 @QueryMap 注解支持 GET 请求方式将对象传递过去，遗憾的是，因为 @QueryMap 注释缺少了 value 属性，所以与 Spring 并不兼容。

后来又专门提供了 @SpringQueryMap 注解，等效于 @QueryMap 注解。

下面就以 GET 请求方式使用 @SpringQueryMap 注解传递对象。

（1）因为要传递对象，并且服务提供者和服务消费者都要用到，所以建立一个公共模块，在这个模块建立要传递的对象，新增 Params 类内容如下所示。

```
public class Params { // 要传递的对象
    private Integer id; // id
    private String name; // 名称
    public void setId(Integer id) {
        this.id = id;
    }
    public void setName(String name) {
        this.name = name;
    }
    public Integer getId() {
        return id;
    }
    public String getName() {
        return name;
    }
}
```

（2）服务提供者和服务消费者都引入公共依赖，在各自 pom.xml 文件 dependencies 标签中新增如下内容。

```
<!-- 引入公共包 -->
<dependency>
 <groupId>com.springcloudalibaba.openfeign</groupId>
 <artifactId>spring-cloud-alibaba-common-sample</artifactId>
 <version>0.0.1-SNAPSHOT</version>
</dependency>
```

（3）服务提供者增加 /springQueryMapProviderTest 接口给服务消费者调用，接口代码如下所示。

```
@GetMapping("/springQueryMapProviderTest") // 提供给服务消费者调用的接口
```

```
public String springQueryMapProviderTest(Params params) {
 return "OpenFeignTestController#springQueryMapProviderTest" + serverPort +
"id="+params.getId() + "name="+params.getName();
}
```

（4）服务消费者声明调用服务提供者的接口和实现 fallback 兜底方法，代码如下所示。

```
@GetMapping("/springQueryMapProviderTest")  // OpenFeignTestService 类增加的代
码 // 调用服务提供者的 /springQueryMapProviderTest 接口
public String springQueryMapProviderTest(@SpringQueryMap Params params);
@Override  // OpenFeignTestServiceFallback 类增加的代码
public String springQueryMapProviderTest(Params params) { //
springQueryMapProviderTest 接口兜底方法
 return null;
}
```

（5）服务消费者新增接口，内部调用提供者的接口，具体代码如下所示。

```
@RequestMapping("/springQueryMapTest")
public String springQueryMapTest() {
 Params params = new Params(); // 参数
 params.setId(1);
 params.setName("ZhangSan");
 return openFeignTestService.springQueryMapProviderTest(params); // 调用接口
}
```

下面使用 curl 命令调用服务消费者的 /springQueryMapTest 接口，结果如下所示。

```
D:\software\curl-7.71.1-win64-mingw\bin > curl http://localhost:8081/
springQueryMapTest
OpenFeignTestController#springQueryMapProviderTest 8082 id=1 name=ZhangSan
```

从结果可以看出以 GET 请求方式参数传递成功，验证完成。

7.10.3 传递复杂对象

前面已经使用过简单的参数、GET 方式进行简单对象的传递，下面来看复杂对象（对象里面包含对象）如何传递。

（1）创建参数对象和返回值对象（参数 ComplexObject 对象和返回值 Result 对象），类依旧放在公共模块，编写如下代码。

```
public class ComplexObject {// 一个复杂对象
    private Params params;// 引用类对象
    public void setParams(Params params) {
        this.params = params;
    }
```

```
    public Params getParams() {
        return params;
    }
}
public class Result { // 返回
    private Integer code;
    private String describe;
    public void setCode(Integer code) {
        this.code = code;
    }
    public void setDescribe(String describe) {
        this.describe = describe;
    }
    public Integer getCode() {
        return code;
    }
    public String getDescribe() {
        return describe;
    }
}
```

（2）在服务提供方编写接口，以便接受服务消费者的调用，调用后返回 Result 对象，代码如下所示。

```
@PostMapping("/complexObjectProviderTest") // 提供给服务消费者调用的接口
public Result complexObjectProviderTest(@RequestBody ComplexObject complexObject) {
 Result result = new Result();
 result.setCode(200);
 result.setDescribe("OpenFeignTestController#complexObjectProviderTest"
+ serverPort + "id=" + complexObject.getParams().getId() + "name=" +
complexObject.getParams().getName());
 return result;
}
```

（3）在服务消费者声明调用服务提供方 /complexObjectProviderTest 接口和 fallback 的函数，代码如下所示。

```
@PostMapping("/complexObjectProviderTest") // 调用服务提供者的 /
complexObjectProviderTest 接口
public String complexObjectProviderTest(@RequestBody  ComplexObject
complexObject);
@Override
public Result complexObjectProviderTest(ComplexObject complexObject) {//
complexObjectProviderTest 的 fallback 函数
 return null;
}
```

注意

请求方式需要使用 POST，并且参数假设 @RequestBody 注解。如果是简单的基本数据类型，则可以使用 @RequestParam 注解。

（4）在 controller 层，服务消费者编写暴露给用户调用的接口，代码如下所示。

```
@RequestMapping("/complexObjectTest")
public Result complexObjectTest(){// 传递复杂对象的方法
 ComplexObject object = new ComplexObject();
 Params params = new Params();
 params.setName("ZhangSan");
 params.setId(1);
 object.setParams(params);
 return openFeignTestService.complexObjectProviderTest(object); // 调用服务提供者接口
}
```

最后使用 curl 命令测试 /complexObjectTest 接口，结果如下所示。

```
D:\software\curl-7.71.1-win64-mingw\bin > curl http://localhost:8081/complexObjectTest
{"code":200,"describe":"OpenFeignTestController#complexObjectProviderTest 8082 id=1 name=ZhangSan"}
```

复杂对象传递成功，结果正常。

既然方法中 1 个对象参数可以传递，那么 2 个对象参数可以吗？代码如下所示。

```
@PostMapping("/complexObjectProviderTest") // 调用服务提供者的 /complexObjectProviderTest 接口
public Result complexObjectProviderTest(@RequestBody  ComplexObject complexObject,@RequestBody Params params);
```

答案：不可以。

如果有 2 个对象参数，服务启动时就会抛异常：Method has too many Body parameters。如果非要传递很复杂的内容，建议使用几乎万能的字符串，如转成 json 字符串，自己串行化反串行化一次。

7.11 小结

本章使用 OpenFeign 去替换 RestTemplate + Ribbon 这种远程调用方式，隐藏了实现细节，旨在简化开发，更符合面向接口编程的习惯；探讨了与 Sentinel 结合使用，对 OpenFeign 的小优化及服务调用的参数传递。

第8章 远程调用——Dubbo Spring Cloud

前面已经说了 RestTemplate + Ribbon 和 OpenFeign 这两种远程调用方式，它们都是基于 HTTP 协议来调用接口。而本章要探讨的 Dubbo Spring Cloud 可以使用 TCP 协议来调用接口，各位读者想必都知道使用 HTTP 肯定有一大堆的请求头，相对于 HTTP 来说，TCP 更轻量，传输速度也更快。

本章主要涉及的知识点有：

- 什么是 Dubbo Spring Cloud；
- 代码集成 Dubbo Spring Cloud；
- 结合 Sentinel 功能；
- 实现负载均衡。

8.1 Dubbo Spring Cloud 简介

想必 Java 开发者对 Dubbo 框架并不陌生，或多或少使用过或听说过。而 Dubbo Spring Cloud 是为了与 Spring Cloud 技术栈整合在一起而衍生出来的。

Dubbo 在国内的用户群体很大，随着微服务的流行，开发者在使用 Spring Cloud 技术栈时，也想整合 Dubbo 使用，只是面临的改造成本很大。

庆幸的是，在 Spring Cloud Alibaba 出现后，将 Dubbo 列为其核心组件，命名为 Dubbo Spring Cloud，与 Spring Cloud 技术栈整合在一起。

Dubbo Spring Cloud 是基于 Dubbo Spring Boot 2.7.1 和 Spring Cloud 2.x 开发的，无缝集成 Spring Cloud 各种注册中心，如 Nacos、Eureka、Zookeeper、Consul。无论是 Dubbo 用户还是 Spring Cloud 用户，都能轻松完成整合和接口开发。

8.2 Dubbo Spring Cloud 主要特性

下面来看看 Dubbo Spring Cloud 的主要特性。

- 容易扩展，遵循微内核 + 插件的设计原则，其核心 Protocol、Transport、Serialization 都是扩展点。
- 支持多种注册中心产品，服务自动注册与发现。
- 内置多种负载均衡策略，实现更智能负载均衡。
- 面向接口的高性能 RPC 调用，可以使用 TCP 等轻量级协议。
- 丰富的服务治理、运维工具，方便服务治理和运维。

8.3 代码集成 Dubbo Spring Cloud

本节代码整合 Dubbo Spring Cloud 组件，与第 6 章 Sentinel 的代码比较契合，可以复制一份代码在此基础上进行删改（删改具体过程不再赘述）。增加 api 模块并把 RestTemplate + Ribbon 这种远程调用方式换成 Dubbo Spring Cloud。

8.3.1 创建 api 模块

使用过 Dubbo 框架的读者朋友应该清楚，要对外暴露接口，自然免不了创建一个公共的 api 模块。

创建好公共 api 模块后，创建一个接口，如 TestService，具体代码如下所示。

```
public interface TestService { // 暴露出来的接口
    String dubboTest(String message); // 测试方法
}
```

然后将公共 api 模块引入父工程就可以了。

8.3.2 创建服务提供者代码

有了 api 模块，需要服务提供者去实现具体的方法，下面来看实现服务提供者的步骤。

（1）导入相关依赖，在服务提供者 pom.xml 文件 dependencies 标签中加入如下代码。

```
<!-- Dubbo Spring Cloud 依赖 -->
<dependency>
 <groupId>com.alibaba.cloud</groupId>
 <artifactId>spring-cloud-starter-dubbo</artifactId>
</dependency>
<!--api 公共依赖 -->
<dependency>
 <groupId>com.springcloudalibaba.dubbo</groupId>
 <artifactId>dubbo-api-sample</artifactId>
 <version>0.0.1-SNAPSHOT</version>
</dependency>
```

因为项目是从第 6 章复制过来的，所以除了 api 模块，只需增加 Dubbo Spring Cloud 的依赖就可以了。

注意

> 要把热部署的依赖删除，否则启动时会抛异常 Error creating bean with name 'feignTargeter' defined in class path resource。

（2）对 bootstrap.yml 配置文件增加 dubbo 的配置。主要新增的配置项有 dubbo.scan.base-packages（服务扫描基准包）、dubbo.protocol.name（声明协议）、dubbo.protocol.port(协议端口)、dubbo.registry.address（注册中心地址）、spring.main.allow-bean-definition-overriding（允许 bean 定义覆盖 Spring Boot 2.1 需要设定），修改后的内容如下所示。

```
dubbo:  # -- 本次增加代码
  scan: #-- 本次增加代码
    base-packages: com.springcloudalibaba.dubbo.service   # dubbo 服务扫描基准
包 -- 本次增加代码
  protocol: # -- 本次增加代码
    name: dubbo  # dubbo 协议 -- 本次增加代码
```

```
    port: -1  # dubbo 协议端口（-1 表示自增端口，从 20880 开始）-- 本次增加代码
  registry: # -- 本次增加代码
    address: spring-cloud://localhost  #spring-cloud://localhost 说明挂载到
Spring Cloud 注册中心 -- 本次增加代码
server:
  port: 8082 #程序端口号
spring:
  main:
    allow-bean-definition-overriding: true  # 允许 bean 定义覆盖 Spring Boot 2.1
需要设定 -- 本次增加代码
  application:
    name: dubbo-provider-sample #应用名称
  cloud:
    nacos:
      discovery:
        server-addr: 127.0.0.1:8848 #nacos 服务注册、发现地址
      config:
        server-addr: 127.0.0.1:8848 #nacos 配置中心地址
        file-extension: yml #指定配置内容的数据格式
management:
  endpoints:
    web:
      exposure:
        include: '*' #公开所有端点
```

（3）创建 TestServiceImpl 类，为公共 api 模块的接口提供条件，具体代码如下所示。

```
@Service
public class TestServiceImpl implements TestService {
    @Override
    public String dubboTest(String message) { // 服务提供者具体实现的方法
        return "我是服务提供者，已收到您的消息：" + message;
    }
}
```

注意

@Service 注解是使用 Dubbo Spring Cloud 的 org.apache.dubbo.config.annotation.Service，而不是 Spring 的 org.springframework.stereotype.Service。

8.3.3 创建消费端代码

有了服务提供方，就开始来创建消费端代码调用服务提供方。

（1）导入相关依赖包，消费端要使用接口和 Dubbo Spring Cloud 的依赖，在 pom.xml 文件中添加如下代码。

```
<!-- Dubbo Spring Cloud 依赖 -->
<dependency>
 <groupId>com.alibaba.cloud</groupId>
 <artifactId>spring-cloud-starter-dubbo</artifactId>
</dependency>
<!--api 公共依赖 -->
<dependency>
 <groupId>com.springcloudalibaba.dubbo</groupId>
 <artifactId>dubbo-api-sample</artifactId>
 <version>0.0.1-SNAPSHOT</version>
</dependency>
```

项目是从第 6 章复制过来的，这里除了 api 模块，只增加 Dubbo Spring Cloud 的依赖就可以了。

注意

> 依然要把热部署的依赖删除，否则启动时会抛异常 Error creating bean with name 'feignTargeter' defined in class path resource。

（2）修改 bootstrap.yml 配置文件，增加 Dubbo Spring Cloud 的配置，主要新增的配置项有 dubbo.registry.address（注册中心地址）、dubbo.cloud.subscribed-services（订阅的服务提供者应用名称）、spring.main.allow-bean-definition-overriding（允许 bean 定义覆盖 Spring Boot 2.1 需要设定），修改的完整配置如下所示。

```
dubbo: # -- 本次增加代码
  registry: # -- 本次增加代码
    address: spring-cloud://localhost #spring-cloud://localhost 说明挂载到
Spring Cloud 注册中心 -- 本次增加代码
  cloud: # -- 本次增加代码
    subscribed-services: dubbo-provider-sample # 订阅的服务提供者应用名称 -- 本次增
加代码
server:
  port: 8081 #程序端口号
spring:
  application:
    name: dubbo-consumer-sample #应用名称
  main:
    allow-bean-definition-overriding: true  # 允许 bean 定义覆盖 Spring Boot 2.1
需要设定  -- 本次增加代码
  cloud:
    sentinel:
      transport:
        port: 8719 #启动 HTTP Server，并且该服务将与 Sentinel 仪表板进行交互，使
Sentinel 仪表板可以控制应用，如果被占用，则从 8719 依次 +1 扫描
        dashboard: 127.0.0.1:8080  # 指定仪表盘地址
    nacos:
```

```
        discovery:
          server-addr: 127.0.0.1:8848 #nacos 服务注册、发现地址
        config:
          server-addr: 127.0.0.1:8848 #nacos 配置中心地址
          file-extension: yml # 指定配置内容的数据格式
management:
  endpoints:
    web:
      exposure:
        include: '*' # 公开所有端点
```

（3）编写 controller 层，创建 DubboTestController 类，声明一个接口内部调用服务提供者，代码如下所示。

```
@RestController // @RestController 注解是 @Controller+@ResponseBody
public class DubboTestController {
    @Reference
    private TestService testService;
    @RequestMapping("/dubboTest")
    public String dubboTest(){ // dubbo 方式服务消费者调用服务提供者的测试方法
        return testService.dubboTest(" 嘿嘿！我是服务消费者 ");
    }
}
```

8.3.4 验证接口调用

一切准备就绪后，不妨来验证服务消费者能否调用到服务提供者。

启动服务提供者和消费者，使用 curl 命令调用 /dubboTest 接口结果，如下所示则表示成功。

```
D:\software\curl-7.71.1-win64-mingw\bin > curl http://localhost:8081/dubboTest
我是服务提供者，已收到您的消息：嘿嘿！我是服务消费者
```

8.4 传递对象

前面只是小试牛刀，传递的是 JDK 内置的数据类型，但在开发过程中，大多数时候都是自定义数据类型。

下面就来看看如何传递自定义的对象。

（1）自定义对象（参数 Params 类和返回值 Result 类），定义参数和返回对象，代码如下所示。

```
public class Params implements Serializable { // 传递的参数
```

```
    private String name;
    public void setName(String name) {
        this.name = name;
    }
    public String getName() {
        return name;
    }
}
public class Result implements Serializable { // 返回
    private Integer code;
    private String describe;
    public void setCode(Integer code) {
        this.code = code;
    }
    public void setDescribe(String describe) {
        this.describe = describe;
    }
    public Integer getCode() {
        return code;
    }
    public String getDescribe() {
        return describe;
    }
}
```

注意

传递的对象必须实现 Serializable 接口，否则会抛出 must implement java.io.Serializable 异常。

（2）在公共 api 模块定义一个新的接口方法，代码如下所示。

```
Result dubboObjectTest(Params params); // 测试传递对象的方法
```

（3）服务提供者实现的具体方法，代码如下所示。

```
@Override
public Result dubboObjectTest(Params params) {
 Result result = new Result();
 result.setCode(200);
 result.setDescribe("哈哈！我收到了您的消息： name="+params.getName());
 return result;
}
```

（4）服务消费者新增接口并调用服务提供者接口，代码如下所示。

```
@RequestMapping("/dubboObjectTest")
public Result dubboObjectTest(){ // dubbo 方式服务消费者调用服务提供者的测试方法
```

```
    Params params = new Params();
    params.setName("ZhangSan");
    return testService.dubboObjectTest(params);
}
```

（5）启动服务提供者和消费者，使用curl命令调用/dubboObjectTest接口，结果如下所示则表示成功。

```
D:\software\curl-7.71.1-win64-mingw\bin > curl http://localhost:8081/
dubboObjectTest
{"code":200,"describe":"哈哈！我收到了您的消息：  name=ZhangSan"}
```

8.5 结合 Sentinel 功能

使用 Dubbo Spring Cloud 之后，只有服务消费端会暴露出接口，在 Sentinel 控制台限制服务消费端接口还是可以的。

比如现在对 /dubboObjectTest 进行流控，阈值类型选择 QPS，QPS 阈值设置为 1，具体配置如图 8.1 所示。

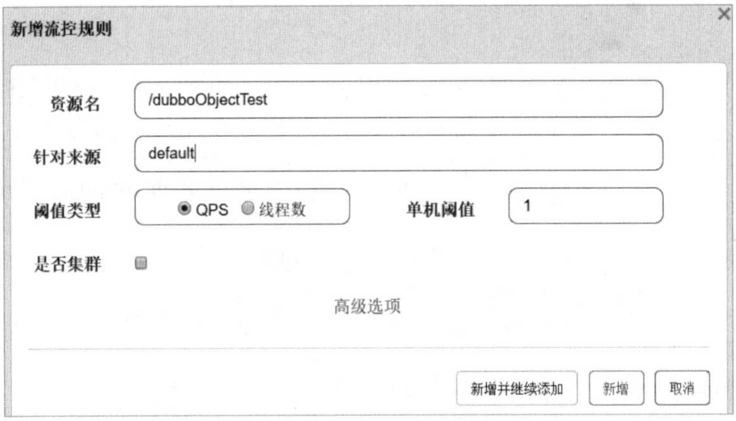

图 8.1　新增 /dubboObjectTest 接口流控规则

使用 curl 命令调用 /dubboObjectTest 接口的结果如下所示。

```
D:\software\curl-7.71.1-win64-mingw\bin > curl http://localhost:8081/
dubboObjectTest
{"code":200,"describe":"哈哈！我收到了您的消息：  name=ZhangSan"}
D:\software\curl-7.71.1-win64-mingw\bin > curl http://localhost:8081/
dubboObjectTest
Blocked by Sentinel (flow limiting)
```

QPS 阈值设置为 1，第一次请求返回后，第二次请求很快发出就被流控了，表明 Sentinel 功能没有问题。

8.6 实现负载均衡

要知道一个服务的承载量始终有限，用了 Dubbo Spring Cloud 之后可以很容易做横向扩展。

不管是扩展服务提供者还是消费者，都可以快速完成。值得注意的是，如果是扩展服务提供者，为了给用户（调用方）提供统一的调用地址，需要增加一个负载均衡器（网关）的角色。

笔者这里只扩展服务提供者，因为在同一台机器上模拟，所以把服务提供者代码复制一份，因为是同一台机器，要修改一下程序端口号，再修改 pom.xml 文件 artifactId、name 的值并将其引入父工程。

为了区分服务消费者具体调用了哪个服务提供者服务，接口返回值特意加上服务提供者的端口号，修改后的 dubboTest 方法代码如下所示。

```
@Value("${server.port}")
private String serverPort;
@Override
public String dubboTest(String message) { // 服务提供者具体实现的方法
 return "我是服务提供者" + serverPort + "已收到您的消息:" + message;
}
```

启动 2 个服务提供者和 1 个服务消费者，调用 /dubboTest 接口 4 次，结果如下所示。

```
D:\software\curl-7.71.1-win64-mingw\bin > curl http://localhost:8081/dubboTest
我是服务提供者 8083 已收到您的消息：嘿嘿！我是服务消费者
D:\software\curl-7.71.1-win64-mingw\bin > curl http://localhost:8081/dubboTest
我是服务提供者 8083 已收到您的消息：嘿嘿！我是服务消费者
D:\software\curl-7.71.1-win64-mingw\bin > curl http://localhost:8081/dubboTest
我是服务提供者 8082 已收到您的消息：嘿嘿！我是服务消费者
D:\software\curl-7.71.1-win64-mingw\bin > curl http://localhost:8081/dubboTest
我是服务提供者 8082 已收到您的消息：嘿嘿！我是服务消费者
```

发起 4 次调用，每个服务提供者都被调用了 2 次，还算均匀。

8.7 小结

本章介绍了整合 Dubbo Spring Cloud 组件，包括实现负载均衡，结合 Sentinel 实现流控等功能。一般来讲 Dubbo Spring Cloud（使用 TCP 协议时）会比 OpenFeign 的传输效率更高，在性能要求高的场景下推荐使用 Dubbo Spring Cloud。

第9章 服务网关——Spring Cloud Gateway

随着微服务模块的增加，一定会产生多个服务接口地址，那么客户端调用接口也只能使用多个地址，维护多个地址是很不方便的，这个时候就需要统一服务地址。同时可能也要统一认证鉴权的需求。而服务网关就充当着这样的角色。

本章主要涉及的知识点有：

- Spring Cloud Gateway 介绍；
- 使用 Predicate（断言）和自定义 Predicate（断言）；
- 使用 Filter(过滤器)和自定义 Filter(过滤器)；
- 整合 Sentinel 功能实现网关限流；
- 超时配置；
- CORS 配置；
- 网关的高可用。

9.1 Spring Cloud Gateway 简介

网关为众多微服务挡在前面，做路由转发、监控、限流、鉴权等功能。Spring Cloud Gateway 就是其优秀实现之一。

Spring Cloud Gateway 借鉴了 Spring Cloud Netfilix Zuul 的优秀思想，它的目标是替代 Spring Cloud Netfilix Zuul。Spring Cloud Gateway 是基于 WebFlux 框架实现的，而 WebFlux 底层则使用了高性能的通信框架 Netty，性能方面是 Spring Cloud Netfilix Zuul 的 1.6 倍，并且功能强大，设计优雅。

Spring Cloud Gateway 核心的概念是路由、Predicate（断言）、Filter（过滤器）。路由是转发规则，Predicate 是判断，Filter 可以认为是请求被路由前或之后加一点自定义的逻辑。

注意

> Spring Cloud Gateway 需要使用 Spring Boot 2.0 及以上版本，并且不能在 Tomcat、Jetty 等 Servlet 容器中运行，只能是 Jar 包运行。

9.2 集成 Spring Cloud Gateway

本节会先来个入门案例，构建一个 Spring Cloud Gateway 网关服务，为了更好地理解网关的功能，再创建两个服务：一个用户服务和一个商品服务，构建服务如图 9.1 所示。

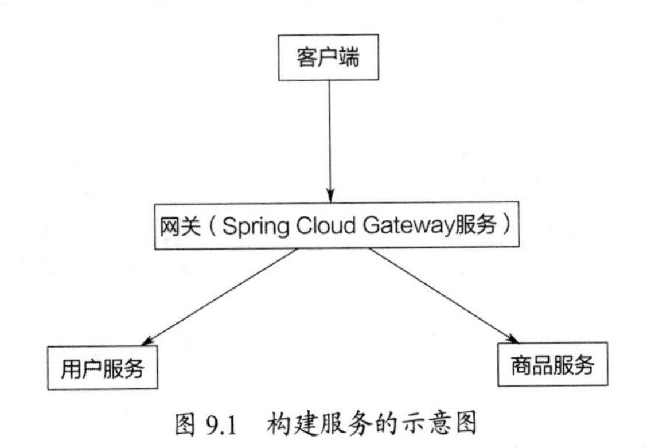

图 9.1　构建服务的示意图

9.2.1 创建用户服务和商品服务

前面创建的模板项目，正好可以利用一下。项目改名依旧是第一个步骤，然后导入父工程。修改端口等具体过程不再赘述。

用户服务创建 controller，UserController 的具体代码如下所示。

```
@RestController  // @RestController 注解是 @Controller+@ResponseBody
public class UserController {
    private final Map < Integer, String > userInfo = new HashMap < Integer,
String > (){{ // 模拟用户数据
        put(1,"ZhangSan");
put(1024,"LiSi");
    }};
    @RequestMapping("/user/findById")
    public String findById(@RequestParam("id") Integer id){ // 根据 id 查询用户
信息的方法
        return userInfo.getOrDefault(id, null);
    }
}
```

商品服务也创建一个 controller，定义的 ShopController 具体代码如下所示。

```
@RestController  // @RestController 注解是 @Controller+@ResponseBody
public class ShopController {
    private final Map < Integer, String > shopInfo = new HashMap < Integer,
String > (){{ // 模拟商品数据
        put(1," 这是苹果 ");
        put(1024," 这是芒果 ");
    }};
    @RequestMapping("/shop/findById")
    public String findById(@RequestParam("id") Integer id){ // 根据 id 查询商品
信息的方法
        return shopInfo.getOrDefault(id, null);
    }
}
```

商品数据和用户数据都是使用 Map 来模拟的。

9.2.2 创建 Spring Cloud Gateway 网关服务

终于来到重头戏 —— 构建 Spring Cloud Gateway 网关服务。创建项目过程自是不必说，下面来看之后的具体步骤。

（1）在项目 pom.xml 文件 dependencies 标签下增加依赖，代码如下所示。

```
< !--spring cloud gateway 依赖 -- >
< dependency >
 < groupId > org.springframework.cloud < /groupId >
 < artifactId > spring-cloud-starter-gateway < /artifactId >
< /dependency >
```

注意

加入 Spring Cloud Gateway 依赖包的项目不要 spring-boot-starter-web 依赖，否则会报 which is incompatible with Spring Cloud Gateway at this time。

（2）application.yml 文件增加对网关的配置，主要新增的配置 spring.cloud.gateway.routes（路由配置），修改后的配置文件内容如下所示。

```
server:
  port: 8083 # 程序端口号
spring:
  application:
    name: gateway-server-sample # 应用名称
  cloud:
    gateway:
      routes:  #路由，可配置多个
        - id: user_route   # 路由 id 唯一即可，默认是 UUID
          uri: http://localhost:8081 # 匹配成功后提供的服务的地址
          order: 1 # 路由优先级，数值越小优先级越高，默认 0
          predicates:
            - Path=/user/**   # 断言，路径匹配进行路由
        - id: shop_route # 路由 id 唯一即可，默认是 UUID
          uri: http://localhost:8082 #匹配成功后提供的服务的地址
          order: 1 # 路由优先级，数值越小优先级越高，默认 0
          predicates:
            - Path=/shop/**    # 断言，路径匹配进行路由
```

注意

网关配置也可以使用 Java Config 的方式，但是这里不推荐。

配置中表示，如果地址是以 /user 开头的就路由到用户服务，如果地址是以 /shop 开头的就转发到商品服务。

9.2.3 验证网关

下面就用统一网关的地址去请求用户服务和商品服务，使用 curl 命令调用结果如下所示。

```
D:\software\curl-7.71.1-win64-mingw\bin > curl http://localhost:8083/user/
findById?id=1
ZhangSan
D:\software\curl-7.71.1-win64-mingw\bin > curl http://localhost:8083/shop/
findById?id=1
这是苹果
```

/user/findById 前缀是 /user 路由到用户服务，返回用户信息成功，/shop/findById 前缀是 /shop 路由到商品，返回商品成功。

9.3 整合 Nacos

在前面 application.yml 配置文件中 uri 配置项是“写死”的接口地址。仔细思考就会发现存在问题。

如果对应的具体服务地址改了，那么就要去修改配置文件。

假如为了提高系统承载量，这里的用户服务做了负载均衡，有多个节点，肯定不能只配其中一个服务地址。

面临这样的问题，自然想到需要一个“中间者”来参与。

而这个中间者，此处使用 Nacos 再合适不过了。由 Nacos 统一管理服务注册、发现，网关路由转发的具体地址从 Nacos 获取就好了。

下面就来看看如何整合 Nacos。

（1）把用户服务和商品服务注册到 Nacos。

用户服务和商品服务增加 Nacos 服务注册、发现依赖，分别在其 pom.xml 文件中添加如下代码。

```
<!-- 服务注册  服务发现需要引入的 -->
<dependency>
 <groupId>com.alibaba.cloud</groupId>
 <artifactId>spring-cloud-starter-alibaba-nacos-discovery</artifactId>
</dependency>
<!-- 健康监控 -->
<dependency>
 <groupId>org.springframework.boot</groupId>
 <artifactId>spring-boot-starter-actuator</artifactId>
</dependency>
```

用户服务新增 bootstrap.yml 配置文件，完整内容如下所示。

```
spring:
  application:
    name: user-server-sample      # 应用名称
  cloud:
    nacos:
      discovery:
        server-addr: 127.0.0.1:8848 #nacos 地址
management:
  endpoints:
```

```
    web:
      exposure:
        include: '*'  # 公开所有端点
```

商品服务同样新增 bootstrap.yml 配置文件，内容如下所示。

```
spring:
  application:
    name: shop-server-sample      # 应用名称
  cloud:
    nacos:
      discovery:
        server-addr: 127.0.0.1:8848 #nacos 地址
management:
  endpoints:
    web:
      exposure:
        include: '*'  # 公开所有端点
```

（2）网关服务 pom.xml 文件引入 Nacos 服务注册、发现的依赖，增加如下代码。

```
<!-- 服务注册  服务发现需要引入的 -->
<dependency>
 <groupId>com.alibaba.cloud</groupId>
 <artifactId>spring-cloud-starter-alibaba-nacos-discovery</artifactId>
</dependency>
```

（3）修改网关服务 application.yml 配置文件，主要新增的配置项有 spring.cloud.nacos.discovery.server-addr（nacos 服务地址）、spring.cloud.gateway.discovery.locator.enabled（使 Spring Cloud Gateway 可以发现 nacos 中的服务），修改了 spring.cloud.gateway.routes.uri（真实服务地址）配置项内容，修改后的完整配置如下。

```
server:
  port: 8083 # 程序端口号
spring:
  application:
    name: gateway-server-sample # 应用名称
  cloud:
    nacos:  # -- 新增代码
      discovery: # -- 新增代码
        server-addr: 127.0.0.1:8848 # nacos 服务地址 -- 新增代码
    gateway: # -- 新增代码
      discovery: # -- 新增代码
        locator: # -- 新增代码
          enabled: true # 让spring cloud gateway 可以发现 nacos 中的服务 -- 新增代码
```

```
        routes:  # 路由，可配置多个
          - id: user_route   # 路由 id 唯一即可，默认是 UUID
            uri: lb://user-server-sample # 匹配成功后提供的服务的地址  -- 注意变成了 lb
            order: 1 # 路由优先级，数值越小优先级越高，默认 0
            predicates:
              - Path=/user/**   # 断言，路径匹配进行路由
          - id: shop_route # 路由 id 唯一即可，默认是 UUID
            uri: lb://shop-server-sample #匹配成功后提供的服务的地址  -- 注意变成了 lb
            order: 1 # 路由优先级，数值越小优先级越高，默认 0
            predicates:
              - Path=/shop/**    # 断言，路径匹配进行路由
```

现在的服务地址就不算“写死”的，而是从 Nacos 获取。然后再来测试一下，结果如下所示表示成功。

```
D:\software\curl-7.71.1-win64-mingw\bin > curl http://localhost:8083/user/
findById?id=1
ZhangSan
D:\software\curl-7.71.1-win64-mingw\bin > curl http://localhost:8083/shop/
findById?id=1
这是苹果
```

9.4 Predicate(断言)

Predicate（断言），用于进行判断，如果返回为真，才会路由到具体服务。Spring Cloud Gateway 由路由断言工厂实现，直接配置即可生效，当然也支持自定义路由断言工厂。下面就先从内置路由断言工厂一一展开。

9.4.1 内置路由断言工厂实现

Spring Cloud Gateway 路由断言工厂实现有很多，可以帮助开发者完成不同的功能。下面看一下 Spring Cloud Gateway 常用的内置路由断言工厂实现。

（1）AfterRoutePredicateFactory：设定日期参数，允许在指定日期时间之后的请求通过。缩略配置如下所示。

```
- After=2020-01-20T17:42:47.789+08:00[Asia/Shanghai]
```

（2）BeforeRoutePredicateFactory：设定日期参数，允许在指定日期时间之前的请求通过。缩略配置如下所示。

```
- Before=2020-01-20T17:42:47.789+08:00[Asia/Shanghai]
```

（3）BetweenRoutePredicateFactory：设定日期区间，用逗号分开，允许在此区间日期时间的请求通过。缩略配置如下所示。

```
- Between=2020-01-20T17:42:47.789+08:00[Asia/Shanghai], 2020-02-20T17:42:47.789+08:00[Asia/Shanghai]
```

（4）CookieRoutePredicateFactory：设定 cookie 名称和 cookie 值正则表达式，判断请求是否含有该 cookie 名称并且值与正则表达式相匹配。缩略配置如下所示。

```
- Cookie=chocolate, ch.p
```

（5）HeaderRoutePredicateFactory：设定请求头名称和请求头值正则表达式，判断请求是否含有该请求头并且值与正则表达式相匹配。缩略配置如下所示。

```
- Header=X-Request-Id, \d+
```

（6）HostRoutePredicateFactory：设定 host，判断请求的 host 是否满足条件。缩略配置如下所示。

```
- Host=**.test.com
```

（7）MethodRoutePredicateFactory：设定请求方式，判断请求方式是否与设定的相匹配。缩略配置如下所示。

```
- Method=GET
```

（8）PathRoutePredicateFactory：设定路径规则，判断请求地址是否满足设定的路径规则。缩略配置如下所示。

```
- Path=/shop/**
```

（9）QueryRoutePredicateFactory：设定参数名称和参数值的正则表达式，判断请求是否含有该参数并且值与正则表达式相匹配。缩略配置如下所示。

```
- Query=name, z.
```

（10）RemoteAddrRoutePredicateFactory：设定 IP 地址段，判断请求主机地址是否能匹配上。缩略配置如下所示。

```
- RemoteAddr=10.189.43.25/24
```

注意

这是一个 IP 地址段。

（11）WeightRoutePredicateFactory：设定权重分组名和权重值，同一个分组名的路由根据权重值转发，缩略配置如下所示。

```
routes:
  - id: user_route_group1
    uri: http://test1.com
    predicates:
      - Path=/user/**
      - Weight=user_group, 8 # 80% 的流量会进入 user_route_group1
  - id: user_route_group2
    uri: http://test2.com
    predicates:
      - Path=/user/**
      - Weight=user_group, 2  # 20% 的流量会进入 user_route_group2
```

Spring Cloud Gateway 内置路由断言工厂已经看完了，下面挑选两个内置路由断言工厂来看一下效果。

（1）使用 Method 路由断言工厂。将请求方式指定为 POST，修改后的配置文件如下所示。

```
server:
  port: 8083 # 程序端口号
spring:
  application:
    name: gateway-server-sample # 应用名称
  cloud:
    nacos:
      discovery:
        server-addr: 127.0.0.1:8848 # nacos 服务地址
    gateway:
      discovery:
        locator:
          enabled: true # 让 spring cloud gateway 可以发现 nacos 中的服务
      routes:  # 路由，可配置多个
        - id: user_route  # 路由 id 唯一即可，默认是 UUID
          uri: lb://user-server-sample # 匹配成功后提供的服务的地址
          order: 1 # 路由优先级，数值越小优先级越高，默认 0
          predicates:
            - Path=/user/**  # 断言，路径匹配进行路由
            - Method=POST # 表示需要 POST 方式请求  -- 新增代码
```

使用 curl 命令分别以 GET、POST 方式调用 /user/findById 接口，结果如下所示。

```
D:\software\curl-7.71.1-win64-mingw\bin > curl   http://localhost:8083/user/
findById?id=1
...省略..."path":"/user/findById","status":404,"error":"Not Found","message":
```

```
null,"trace":"org.springframework.web.server.ResponseStatusException:
404 NOT_FOUND\r\n\tat org.springframework.web.reactive.resource.
ResourceWebHandler.lambda$handle$0(ResourceWebHandler.java:325)... 省略 ...
D:\software\curl-7.71.1-win64-mingw\bin > curl  -X POST  http://
localhost:8083/user/findById?id=1
ZhangSan
```

注意

curl -X POST 表示 POST 方式请求。

表明只允许 POST 方式请求，不指定 POST 方式会报 404。

（2）使用 Query 路由断言工厂。设定参数名为 id，正则表达式为 \d+（一个或多个数字），修改后的配置文件如下所示。

```
server:
  port: 8083 # 程序端口号
spring:
  application:
    name: gateway-server-sample # 应用名称
  cloud:
    nacos:
      discovery:
        server-addr: 127.0.0.1:8848 # nacos 服务地址
    gateway:
      discovery:
        locator:
          enabled: true # 让 spring cloud gateway 可以发现 nacos 中的服务
      routes:  # 路由，可配置多个
        - id: user_route  # 路由 id 唯一即可，默认是 UUID
          uri: lb://user-server-sample # 匹配成功后提供的服务的地址
          order: 1 # 路由优先级，数值越小优先级越高，默认 0
          predicates:
            - Path=/user/**  # 断言，路径匹配进行路由
          #  - Method=POST # 表示需要 POST 方式请求
            - Query=id, \d+ # 参数名 id，正则表达式为 \d+（一个或多个数字）-- 新增代码
```

使用 curl 命令调用 /user/findById 接口，发起两次请求，分别使用纯数字和非数字参数值调用结果，代码如下所示。

```
D:\software\curl-7.71.1-win64-mingw\bin > curl http://localhost:8083/user/
findById?id=1
ZhangSan
D:\software\curl-7.71.1-win64-mingw\bin > curl http://localhost:8083/user/
findById?id=p
```

```
... 省略 ..."path":"/user/findById","status":404,"error":"Not Found","message":
null,"trace":"org.springframework.web.server.ResponseStatusException:
404 NOT_FOUND\r\n\tat org.springframework.web.reactive.resource.
ResourceWebHandler.lambda$handle$0(ResourceWebHandler.java:325)\r\n\tat
reactor.core.publisher.MonoDefer.subscribe(MonoDefer.java:44)\r\n\tat
reactor.core.publisher.MonoOnAssembly.subscribe(MonoOnAssembly.java:61)\r\
n\tat reactor.core.publisher.Mono.subscribe(Mono.java:3879)... 省略 ...
```

传递纯数字是成功的，如果是非纯数字，就会被网关拦截，抛出 404 异常。

9.4.2 自定义路由断言工厂实现

像 Spring Cloud Gateway 这样优秀的框架，提供了诸多内置路由断言工厂实现，必然会想到允许用户自定义实现路由断言工厂，让用户可以根据自己的业务扩展。

自定义路由断言工厂也十分简单，前面已经介绍了很多内置路由断言工厂，相信已经看出点规律了。

比如限定请求方式的，配置文件写 -Method，而实现的类 MethodRoutePredicateFactory，其实就是 Method + RoutePredicateFactory（配置 + RoutePredicateFactory），然后可以发现所有的路由断言工厂都是继承自 AbstractRoutePredicateFactory。

根据这几个小特点，再来实现一个小功能，比如只允许查询 id 为 0 ~ 1000 之间的用户，下面来看看具体的实现步骤。

（1）编写自定义路由断言工厂 UserRoutePredicateFactory 类，实现功能是只允许查询 id 为 minId-maxId 之间的用户，具体代码如下所示。

```
@Component // 交给 Spring 容器初始化
public class UserRoutePredicateFactory extends AbstractRoutePredicateFactory
<UserRoutePredicateFactory.Config> { // 自定义路由断言工厂 - 只允许查询 id 为
minId-maxId 之间的用户
    public static final String[] KEY_ARRAY = {"minId", "maxId"};// 对象属性
    public UserRoutePredicateFactory() { // 构造函数
        super(UserRoutePredicateFactory.Config.class);
    }
    @Override
    public List<String> shortcutFieldOrder() { // 读取配置文件中的值，赋值到
Config 对象属性值
        return Arrays.asList(KEY_ARRAY); // 顺序注意跟配置一致
    }
    @Override
    public Predicate<ServerWebExchange> apply(UserRoutePredicateFactory.
Config config) { // 断言逻辑
        return new GatewayPredicate() {
```

```
            @Override
            public boolean test(ServerWebExchange exchange) {
                String id = exchange.getRequest().getQueryParams().
getFirst("id"); // 得到id参数的值
                if (null != id) { // 判断不为null
                    int numberId = Integer.parseInt(id);
                    if (numberId > config.getMinId() && numberId < config.
getMaxId()) { // 判断id是否大于最小值，并且小于最大值
                        return true; // 返回真
                    }
                }
                return false;
            }
            @Override
            public String toString() { // 重写toString方法
                return String.format("minId: %d , maxId %d", config.
getMinId(), config.getMaxId());
            }
        };
    }
    @Validated
    public static class Config { //配置类，接收配置文件的值
        private Integer minId; // 最小支持查询的id
        private Integer maxId; // 最大支持查询的id
        public void setMinId(Integer minId) {
            this.minId = minId;
        }
        public void setMaxId(Integer maxId) {
            this.maxId = maxId;
        }
        public Integer getMinId() {
            return minId;
        }
        public Integer getMaxId() {
            return maxId;
        }
    }
}
```

（2）在application.yml配置文件中，使用这个自定义路由断言工厂，毫无疑问这里应该配置User，修改后的完整配置如下所示。

```
server:
  port: 8083 # 程序端口号
spring:
```

```
  application:
    name: gateway-server-sample # 应用名称
  cloud:
    nacos:
      discovery:
        server-addr: 127.0.0.1:8848 # nacos 服务地址
    gateway:
      discovery:
        locator:
          enabled: true # 让spring cloud gateway可以发现nacos中的服务
      routes:  #路由，可配置多个
        - id: user_route  # 路由id 唯一即可，默认是UUID
          uri: lb://user-server-sample # 匹配成功后提供的服务的地址
          order: 1 # 路由优先级，数值越小优先级越高，默认0
          predicates:
            - Path=/user/**  # 断言，路径匹配进行路由
            - User=0, 1000 # 自定义路由断言工厂，只允许查询id为0 ~ 1000之间的用户 - 新增
代码
```

使用 curl 命令调用 /user/findById 接口两次，结果如下所示。

```
D:\software\curl-7.71.1-win64-mingw\bin > curl http://localhost:8083/user/
findById?id=1
ZhangSan
D:\software\curl-7.71.1-win64-mingw\bin > curl http://localhost:8083/user/
findById?id=1024
...省略..."path":"/user/findById","status":404,"error":"Not Found","message":
null,"trace":"org.springframework.web.server.ResponseStatusException:
404 NOT_FOUND\r\n\tat org.springframework.web.reactive.resource.
ResourceWebHandler.lambda$handle$0(ResourceWebHandler.java:325)...省略...
```

第一次请求传入 1，在 0 ~ 1000 区间内，调用接口成功；第二次请求传入 1024，已经大于最大值了，抛出 404 异常。

9.5 Filter（过滤器）

Filter（过滤器），想必做过 J2EE 开发的读者朋友不会对这个名词感到陌生。的确，Spring Cloud Gateway 的过滤器也有类似的功能，都可以在请求和响应之间加入一些自定义的逻辑。

Spring Cloud Gateway 的过滤器又分为局部和全局，局部就是只能作用在某一个路由上，而全局是作用于所有路由。

除此以外，过滤器也和断言一样支持用户自定义。

9.5.1 内置局部过滤器

局部过滤器是只作用于当前路由的，下面列出一些 Spring Cloud Gateway 为开发者提供的内置局部过滤器。

（1）AddRequestHeader：设定 Header 及值，为原始请求添加 Header。缩略配置如下所示。

```
- AddRequestHeader=X-Request-token, 123456
```

（2）AddRequestParameter：设定参数名及值，为原始请求新增参数。缩略配置如下所示。

```
- AddRequestParameter=name, ZhangSan
```

（3）AddResponseHeader：设定 Header 及值，为响应添加 Header。缩略配置如下所示。

```
- AddResponseHeader=token, 123456
```

（4）DedupeResponseHeader：设定去重的 Header 名称和去重策略，删除响应头中的重复值。缩略配置如下所示。

```
- DedupeResponseHeader=Access-Control-Allow-Credentials Access-Control-Allow-Origin
```

注意

多个 Header 用空格分开，去重策略有 RETAIN_FIRST（默认值，保留第一个值），RETAIN_LAST（保留最后一个值），RETAIN_UNIQUE（保留所有唯一值，以它们第一次出现的顺序保留）。

（5）Hystrix：设定 HystrixCommand 名称，引入 Hystrix 的断路器保护。缩略配置如下所示。

```
- Hystrix=hystrixCommandName
```

（6）PrefixPath：设定前缀路径，为原始请求路径添加前缀。缩略配置如下所示。

```
- PrefixPath=/userPrefix
```

（7）PreserveHostHeader：无须设定值，路由根据该属性判断是否要保留原始主机头。缩略配置如下所示。

```
- PreserveHostHeader
```

（8）RedirectTo：设定 HTTP 状态码和 URL，将原始请求重定向到指定的 URL。缩略配置如下所示。

```
RedirectTo=302, https://www.test.com
```

（9）RemoveRequestHeader：设定 Header 名称，为原始请求删除设定的 Header。缩略配置如下所示。

```
- RemoveRequestHeader=X-Request-token
```

（10）RemoveResponseHeader：设定 Header 名称，为原始响应删除设定的 Header。缩略配置如下所示。

```
- RemoveResponseHeader=X-Response-token
```

（11）RewritePath：设定原始路径（正则表达式）和重写路径（正则表达式），重写原始路径。缩略配置如下所示。

```
- RewritePath=/user/findById, /user/test
```

（12）RewriteResponseHeader：设定Header名称和值的表达式及重写后的值。缩略配置如下所示。

```
- RewriteResponseHeader=X-Response-Foo, password=[^&]+, password=123456
```

（13）SaveSession：无须设定值，向下游转发呼叫之前强制执行 WebSession::save 操作。缩略配置如下所示。

```
- SaveSession
```

（14）SetPath：设定修改后的路径，为请求修改原始的请求路径。缩略配置如下所示。

```
- SetPath=/user/test
```

（15）SetRequestHeader：设定要修改的请求 Header 及值，修改原始请求中 Header 的值。缩略配置如下所示。

```
- SetRequestHeader=X-Request-token, 123456
```

（16）SetResponseHeader：设定要修改的响应 Header 及值，修改原始响应中 Header 的值。缩略配置如下所示。

```
- SetResponseHeader=token, 123456
```

（17）SetStatus：设定 HTTP 状态码，修改原始响应的 HTTP 状态码。缩略配置如下所示。

```
- SetStatus=409
```

（18）StripPrefix：设定要截断的路径数量，用于截断（修改）原始的请求路径。缩略配置如下所示。

```
- id: user_route  # 路由 id 唯一即可，默认是 UUID
  uri: http://localhost:8081 # 匹配成功后提供的服务的地址
```

```
    predicates:
      - Path=/user/**   # 断言，路径匹配进行路由
    filters:
      - StripPrefix=1    # 如果发出的请求是 /user/findById，那么 /user 将被截断，实际到具
体服务发出的请求是 http://localhost:8081/findById
```

（19）RequestSize：设定请求包大小（单位：字节，默认 5MB），不允许请求包大小超过设定的值。缩略配置如下所示。

```
filters:
  - name: RequestSize
    args:
   maxSize: 5000000
```

内置局部过滤器确实挺多的，这里并没有列出全部，现在用 RedirectTo 来看一个完整的例子。首先修改 application.yml 配置文件，加入 RedirectTo 的代码，修改后的完整内容如下所示。

```
server:
  port: 8083 # 程序端口号
spring:
  application:
    name: gateway-server-sample # 应用名称
  cloud:
    nacos:
      discovery:
        server-addr: 127.0.0.1:8848 # nacos 服务地址
    gateway:
      discovery:
        locator:
          enabled: true # 让 spring cloud gateway 可以发现 nacos 中的服务
      routes:  # 路由，可配置多个
        - id: user_route   # 路由 id 唯一即可，默认是 UUID
          uri: lb://user-server-sample # 匹配成功后提供的服务的地址
          order: 1 # 路由优先级，数值越小优先级越高，默认 0
          predicates:
            - Path=/user/**   # 断言，路径匹配进行路由
          filters:
            - RedirectTo=302, https://www.test.com # 302 复位向到 https://www.
test.com  -- 新增代码
```

使用 curl 命令调用 /user/findById 接口，结果如下所示。

```
D:\software\curl-7.71.1-win64-mingw\bin > curl  -L http://localhost:8083/user/
findById?id=1
... 省略 ... < title > 462 Forbidden Region - DOSarrest Internet Security
< /title > ... 省略 ...
```

注意

curl 命令 -L 参数表示追踪复位向。

可以看出调用 /user/findById 已经复位向到了 https://www.test.com 网站。

9.5.2 自定义局部过滤器

Spring Cloud Gateway 支持自定义局部过滤器，并且规则与路由断言工厂类似。局部过滤器是配置名 + GatewayFilterFactory，然后类继承 AbstractGatewayFilterFactory。

依然有个小需求，比如只允许查询 id 为 0 ~ 1000 之间的用户，下面来看看具体的实现步骤。

（1）编写自定义局部过滤器 UserGatewayFilterFactory 类，实现功能是只允许查询 id 为 minId-maxId 之间的用户，具体代码如下所示。

```
@Component // 交给 Spring 容器管理
public class UserGatewayFilterFactory extends AbstractGatewayFilterFactory
< UserGatewayFilterFactory.Config > { // 自定义局部过滤器 - 只允许查询 id 为 minId-
maxId 之间的用户
    public static final String[] KEY_ARRAY = {"minId", "maxId"};// 对象属性
    public UserGatewayFilterFactory() { // 构造函数
        super(UserGatewayFilterFactory.Config.class);
    }
    @Override
    public List < String > shortcutFieldOrder() { // 读取配置文件内容，赋值到配置类属性
        return Arrays.asList(KEY_ARRAY);
    }
    @Override
    public GatewayFilter apply(UserGatewayFilterFactory.Config config) { // 过
滤器逻辑
        return new GatewayFilter() {
            @Override
            public Mono < Void > filter(ServerWebExchange exchange,
GatewayFilterChain chain) {
                String id = exchange.getRequest().getQueryParams().
getFirst("id"); // 得到 id 参数的值
                if (null != id) { // 判断不为 null
                    int numberId = Integer.parseInt(id);
                    if (numberId > config.getMinId() && numberId < config.
getMaxId()) { // 判断 id 是否大于最小值，并且小于最大值
                        return chain.filter(exchange); // 放行
                    }
                }
                byte[] bytes =  (" 您不能访问 "+id+" 用户的数据
").getBytes(StandardCharsets.UTF_8); // 友好提示
```

```
                DataBuffer wrap = exchange.getResponse().bufferFactory().
wrap(bytes);
                exchange.getResponse().setStatusCode(HttpStatus.NOT_
ACCEPTABLE); // 标记为不能访问的状态码
                return exchange.getResponse().writeWith(Flux.just(wrap));
// 返回友好提示
            }
        };
    }
    public static class Config { // 配置类，接收配置文件的值
        private Integer minId; // 最小支持查询的 id
        private Integer maxId; // 最大支持查询的 id
        public void setMinId(Integer minId) {
            this.minId = minId;
        }
        public void setMaxId(Integer maxId) {
            this.maxId = maxId;
        }
        public Integer getMinId() {
            return minId;
        }
        public Integer getMaxId() {
            return maxId;
        }
    }
}
```

（2）修改 application.yml 文件，看到 UserGatewayFilterFactory 类，自然能想到要增加 User 的配置项，修改后的配置如下所示。

```
server:
  port: 8083 # 程序端口号
spring:
  application:
    name: gateway-server-sample # 应用名称
  cloud:
    nacos:
      discovery:
        server-addr: 127.0.0.1:8848 # nacos 服务地址
    gateway:
      discovery:
        locator:
          enabled: true # 让 spring cloud gateway 可以发现 nacos 中的服务
      routes:  # 路由，可配置多个
        - id: user_route  # 路由 id 唯一即可，默认是 UUID
          uri: lb://user-server-sample # 匹配成功后提供的服务的地址
```

```
          order: 1 # 路由优先级，数值越小优先级越高，默认 0
          predicates:
            - Path=/user/**   # 断言，路径匹配进行路由
          filters:
            - User=0, 1000 # 自定义局部过滤器，只允许查询 id 为 0 ~ 1000 之间的用户 -- 新
增代码
```

（3）使用 curl 命令调用 /user/findById 接口，请求两次分别传入参数为 1 和 1024，结果如下所示。

```
D:\software\curl-7.71.1-win64-mingw\bin > curl http://localhost:8083/user/
findById?id=1
ZhangSan
D:\software\curl-7.71.1-win64-mingw\bin > curl http://localhost:8083/user/
findById?id=1024
您不能访问 1024 用户的数据
```

第一次请求传入 1，在 0 ~ 1000 区间内，调用接口成功；第二次请求传入 1024，已经大于最大值了，返回自定义的友好提示并且此时状态码是 406（Not Acceptable）。

9.5.3 内置全局过滤器

全局过滤器作用于所有路由。表 9.1 列出了常用的内置全局过滤器。

表 9.1　常用的内置全局过滤器

全局过滤器	作用
LoadBalancerClient	负载均衡，通过注册中心将服务名转化为真实服务地址
Netty Routing	通过 HttpClient 客户端转发到真实地址
WebSocket Routing	负责处理 WebSocket 的消息
Forward Routing	解析路径并将路径转发
RouteToRequestUrl	转换路由中的 URL
Gateway Metrics	整合监控相关
Netty Write Response	代理响应回写到网关的客户端响应

LoadBalancerClient 过滤器其实在上面已经使用过了，其他的基本类似。

9.5.4 自定义全局过滤器

内置全局过滤器虽然能完成大部分功能，但在企业应用中，总是需要自定义一些功能来满足自身业务需要。

比如，有一个小需求，完成统一的认证，客户端调用接口时需要传递 token 参数来认证，如果不满足条件则返回友好提示。

下面就来看看完成自定义全局过滤器的步骤。

创建自定义过滤器业务逻辑处理类 TokenGlobalFilter，实现 GlobalFilter 和 Ordered 接口，具体代码如下所示。

注意

这里的类名没有规则，可以任意。

```
@Component // 交给 Spring 容器管理
public class TokenGlobalFilter implements GlobalFilter, Ordered { // 自定义全局过滤器，token 认证
    private final String TOKEN_VALUE = "123456"; // 为了模拟，此处 " 写死 "token
    @Override
    public Mono<Void> filter(ServerWebExchange exchange, GatewayFilterChain chain) { // 业务逻辑处理的方法
        String token = exchange.getRequest().getQueryParams().getFirst("token"); // 得到 token 参数的值
        if (null != token) { // 判断 token 不为 null
            if (TOKEN_VALUE.equals(token)) { // 判断 token 是否相等
                return chain.filter(exchange);  // 放行
            }
        }
        byte[] bytes = (" 您不能访问 " + exchange.getRequest().getPath() + " 地址 ").getBytes(StandardCharsets.UTF_8); // 友好提示
        DataBuffer wrap = exchange.getResponse().bufferFactory().wrap(bytes);
        exchange.getResponse().setStatusCode(HttpStatus.UNAUTHORIZED); // 标记为不能访问的状态码（401，Unauthorized）
        return exchange.getResponse().writeWith(Flux.just(wrap)); // 返回友好提示
    }
    @Override
    public int getOrder() { // 排序，数值越小，优先级越高
        return 0;
    }
}
```

其实也就这一个步骤，然后就可以使用 curl 命令来验证一下，发起 2 次请求，1 次不传 token 和 1 次加入 token，参数结果如下。

```
D:\software\curl-7.71.1-win64-mingw\bin > curl http://localhost:8083/user/findById?id=1
您不能访问 /user/findById 地址
D:\software\curl-7.71.1-win64-mingw\bin > curl http://localhost:8083/user/
```

```
findById?token=123456 -d "id=1"
ZhangSan
```

注意

curl 命令 -d 参数表示用 POST 方式传参，而且 token 必须是第一个参数，否则 getFirst 方法获取不到值。

结果是不传 token 参数，返回了友好提示（并且此时返回状态码是 401），只有传递了 token（并且值相匹配），才能返回正确结果。

9.6 整合 Sentinel 功能

在前面已经使用过 Sentinel 组件对服务提供者、服务消费者进行流控、限流等操作，除此以外，Sentinel 还支持对 Spring Cloud Gateway、Spring Cloud Netfilix Zuul 等主流网关进行限流。

自 1.6.0 版本开始，Sentinel 提供了 Spring Cloud Gateway 的适配模块，能针对路由（route）和自定义 API 分组两个维度进行限流。

9.6.1 路由维度

路由维度是指配置文件中的路由条目，资源名是对应的 routeId，相比自定义 API 维度，这是一个较为粗粒度的限流。

下面就来实现网关路由维度的限流。

（1）导入 Sentinel 组件为 Spring Cloud Gateway 提供的适配模块依赖包，在项目 pom.xml 文件 dependencies 标签内添加如下代码。

```
<!--Sentinel 组件为 Spring Cloud Gateway 提供的适配模块依赖包 -->
<dependency>
 <groupId>com.alibaba.csp</groupId>
 <artifactId>sentinel-spring-cloud-gateway-adapter</artifactId>
</dependency>
```

（2）新增配置类 SentinelRouteConfiguration，实例化 SentinelGatewayFilter 和 SentinelGateway-BlockExceptionHandler 对象，初始化限流规则，自定义限流后的界面显示，具体代码如下所示。

```
@Configuration // 标记为配置类
public class SentinelRouteConfiguration { // 路由维度限流配置类
    private final List<ViewResolver> viewResolvers;
    private final ServerCodecConfigurer serverCodecConfigurer;
```

```
    public SentinelRouteConfiguration(ObjectProvider<List<ViewResolver>>
viewResolversProvider, // 构造函数
                                      ServerCodecConfigurer serverCodecConfigurer) {
        this.viewResolvers = viewResolversProvider.getIfAvailable(Collections::
emptyList);
        this.serverCodecConfigurer = serverCodecConfigurer;
    }
    @PostConstruct
    public void initGatewayRules() { //初始化限流规则
        Set<GatewayFlowRule> rules = new HashSet<>();
        GatewayFlowRule gatewayFlowRule = new GatewayFlowRule("user_route");
// 资源名称，对应 routeId 的值，此处限流用户服务
        gatewayFlowRule.setCount(1); // 限流阈值
        gatewayFlowRule.setIntervalSec(1); // 统计时间窗口（单位：秒），默认是 1 秒
        rules.add(gatewayFlowRule);
        GatewayRuleManager.loadRules(rules); // 载入规则
    }
    @PostConstruct
    public void initBlockHandlers() {  // 自定义限流后的界面
        BlockRequestHandler blockRequestHandler = new BlockRequestHandler() {
            @Override
            public Mono<ServerResponse> handleRequest(ServerWebExchange
serverWebExchange, Throwable throwable) {
                Map<String, String> result = new HashMap<>(); //  限流提示
                result.put("code", "0");
                result.put("message", "您已被限流");
                return ServerResponse.status(HttpStatus.OK).contentType
(MediaType.APPLICATION_JSON_UTF8).
                        body(BodyInserters.fromObject(result));
            }
        };
        GatewayCallbackManager.setBlockHandler(blockRequestHandler);
    }
    @Bean
    @Order(Ordered.HIGHEST_PRECEDENCE)
    public SentinelGatewayBlockExceptionHandler sentinelGatewayBlockException
Handler() { // 配置限流异常处理器
        return new SentinelGatewayBlockExceptionHandler(viewResolvers,
serverCodecConfigurer);
    }
    @Bean
    @Order(Ordered.HIGHEST_PRECEDENCE)
    public GlobalFilter sentinelGatewayFilter() { //初始化一个限流的过滤器
        return new SentinelGatewayFilter();
    }
}
```

注意

Spring Cloud Gateway 限流是通过 Filter 实现的，主要是注入 SentinelGatewayFilter 实例和 SentinelGatewayBlockExceptionHandler 实例。

application.yml 文件依然维持最开始配置的 user_route 和 shop_route 路由。然后使用 curl 命令，快速调用用户服务和商品服务，每个服务都调用两次，结果如下所示。

```
D:\software\curl-7.71.1-win64-mingw\bin > curl http://localhost:8083/user/
findById?id=1
ZhangSan
D:\software\curl-7.71.1-win64-mingw\bin > curl http://localhost:8083/user/
findById?id=1
{"code":"0","message":" 您已被限流 "}
D:\software\curl-7.71.1-win64-mingw\bin > curl http://localhost:8083/shop/
findById?id=1
这是苹果
D:\software\curl-7.71.1-win64-mingw\bin > curl http://localhost:8083/shop/
findById?id=1
这是苹果
```

快速调用 /user/findById 接口两次，发现第 2 次被限流了；快速调用 /shop/findById 接口两次，结果都正常，只针对 user_route 路由的接口生效，验证了代码的配置。

9.6.2 自定义 API 维度

通过上面一种限流方式可以看出其灵活性还不够。自定义 API 维度可以利用 Sentinel 提供的 API 自定义分组来限流。相比路由维度，这是一种更为细粒度的方式。

下面来看实现自定义 API 维度的具体步骤。

（1）导入 Sentinel 组件为 Spring Cloud Gateway 提供的适配模块依赖包，前面已经导入过，这里就不再赘述。直接进入下一个环节，新增自定义 API 维度的配置类 SentinelApiGroupConfiguration。

依然是实例化 SentinelGatewayFilter 和 SentinelGatewayBlockExceptionHandler 对象，初始化限流规则，定义 API 分组，自定义限流后的界面显示，具体代码如下所示。

```
@Configuration // 标记为配置类
public class SentinelApiGroupConfiguration { // API 分组维度限流配置类
    private final List < ViewResolver > viewResolvers;
    private final ServerCodecConfigurer serverCodecConfigurer;
    public SentinelApiGroupConfiguration(ObjectProvider < List < ViewResolver >>
viewResolversProvider, // 构造函数
                                         ServerCodecConfigurer serverCodecConfigurer) {
        this.viewResolvers = viewResolversProvider.getIfAvailable(Collections::
emptyList);
```

```
        this.serverCodecConfigurer = serverCodecConfigurer;
    }
    @PostConstruct
    public void initGatewayRules() {// 初始化限流规则
        Set < GatewayFlowRule > rules = new HashSet <> ();
        GatewayFlowRule gatewayFlowRule = new GatewayFlowRule("user_api");
        gatewayFlowRule.setCount(1); // 限流阈值
        gatewayFlowRule.setIntervalSec(1); // 统计时间窗口（单位：秒），默认是 1 秒
        rules.add(gatewayFlowRule);
        GatewayRuleManager.loadRules(rules); // 载入规则
    }
    @PostConstruct
    public void initCustomizedApis() { //  自定义 API 分组
        Set < ApiDefinition > apiDefinitions = new HashSet <> ();
        ApiDefinition apiDefinition = new ApiDefinition("user_api") // user_api
是 api 分组名称
                .setPredicateItems(new HashSet < ApiPredicateItem > () { {
                add(new ApiPathPredicateItem().setPattern("/user/group/**")
// 匹配路径
                    .setMatchStrategy(SentinelGatewayConstants.URL_MATCH_
STRATEGY_PREFIX)); // 匹配策略，匹配前缀
            }});
        apiDefinitions.add(apiDefinition);
        GatewayApiDefinitionManager.loadApiDefinitions(apiDefinitions); // 载入
API 分组定义
    }
    @PostConstruct
    public void initBlockHandlers() {  // 自定义限流后的界面
        BlockRequestHandler blockRequestHandler = new BlockRequestHandler() {
            @Override
            public Mono < ServerResponse > handleRequest(ServerWebExchange
serverWebExchange, Throwable throwable) {
                Map < String, String > result = new HashMap <> (); //  限流提示
                result.put("code", "0");
                result.put("message", " 您已被限流 ");
                return ServerResponse.status(HttpStatus.OK).
contentType(MediaType.APPLICATION_JSON_UTF8).
                        body(BodyInserters.fromObject(result));
            }
        };
        GatewayCallbackManager.setBlockHandler(blockRequestHandler);
    }
    @Bean
    @Order(Ordered.HIGHEST_PRECEDENCE)
    public SentinelGatewayBlockExceptionHandler sentinelGatewayBlockException
Handler() { // 配置限流异常处理器
```

```
        return new SentinelGatewayBlockExceptionHandler(viewResolvers,
serverCodecConfigurer);
    }
    @Bean
    @Order(Ordered.HIGHEST_PRECEDENCE)
    public GlobalFilter sentinelGatewayFilter() { // 初始化一个限流的过滤器
        return new SentinelGatewayFilter();
    }
}
```

注意

匹配路径不仅可以使用通配符，如 /user/group/**，也可以固定某个地址，如 /user/group/findById，如果是固定的地址，也无须再使用 setMatchStrategy 方法了。

（2）为了看到 API 分组更清晰的效果，新增 /user/group/findById 接口，代码如下所示。

```
@RequestMapping("/user/group/findById")
public String groupFindById(@RequestParam("id") Integer id){ // 根据 id 查询用
户信息的方法 -- 为了测试 API 分组新增的方法
 return userInfo.getOrDefault(id, null);
}
```

现在可以使用 curl 命令调用 /user/group/findById 和 /user/findById 接口，分别快速调用两次结果，代码如下所示。

```
D:\software\curl-7.71.1-win64-mingw\bin > curl http://localhost:8083/user/
group/findById?id=1
ZhangSan
D:\software\curl-7.71.1-win64-mingw\bin > curl http://localhost:8083/user/
group/findById?id=1
{"code":"0","message":" 您已被限流 "}
D:\software\curl-7.71.1-win64-mingw\bin > curl http://localhost:8083/user/
findById?id=1
ZhangSan
D:\software\curl-7.71.1-win64-mingw\bin > curl http://localhost:8083/user/
findById?id=1
ZhangSan
```

/user/group/findById 接口地址是符合 API 分组匹配规则的，在调用第 2 次时被限流了。/user/findById 接口地址不符合 API 分组匹配规则，所以快速调用时没有被限流。

9.7 超时配置

Spring Cloud Gateway 默认没有超时的限制，也就是数据什么时候返回，就等到什么时候。

如果不想等待，也可以增加对超时的配置，主要新增的配置项有 spring.cloud.gateway.httpclient.connect-timeout（建立连接所用的时间）、spring.cloud.gateway.httpclient.response-timeout（建立连接后从服务器读取到可用资源所用的时间），修改后的 application.yml 配置文件完整内容如下所示。

```
server:
  port: 8083 # 程序端口号
spring:
  application:
    name: gateway-server-sample # 应用名称
  cloud:
    nacos:
      discovery:
        server-addr: 127.0.0.1:8848 # nacos 服务地址
    gateway:
      httpclient: # -- 新增代码
        connect-timeout: 5000 # 建立连接所用的时间 单位：毫秒  -- 新增代码
        response-timeout: 4s  # # 建立连接后从服务器读取到可用资源所用的时间  – 新增代码
      discovery:
        locator:
          enabled: true # 让 spring cloud gateway 可以发现 nacos 中的服务
      routes:  # 路由，可配置多个
        - id: user_route  # 路由 id 唯一即可，默认是 UUID
          uri: lb://user-server-sample # 匹配成功后提供的服务的地址
          order: 1 # 路由优先级，数值越小优先级越高，默认 0
          predicates:
            - Path=/user/**  # 断言，路径匹配进行路由
        - id: shop_route # 路由 id 唯一即可，默认是 UUID
          uri: lb://shop-server-sample # 匹配成功后提供的服务的地址
          order: 1 # 路由优先级，数值越小优先级越高，默认 0
          predicates:
            - Path=/shop/**   # 断言，路径匹配进行路由
```

注意

新增超时配置后，如果调用超时会抛出 504 Gateway Timeout 异常。

9.8 CORS 配置

在实际开发过程中往往会遇到 CORS 跨域的问题，也就是网页地址栏的地址与实际请求的接口域名不一致，浏览器控制台会提示 No 'Access-Control-Allow-Origin' header is present on the requested resource。

在以往传统项目中往往是在 Java 代码中增加对跨域的配置，Spring Cloud Gateway 为开发者提供了更方便的配置方式，直接在配置文件中新增配置即可。

在配置文件中新增跨域配置，新增的配置项有 spring.cloud.gateway.globalcors.corsConfigurations.'[/**]'.allowedOrigins（允许的来源）、spring.cloud.gateway.globalcors.corsConfigurations.'[/**]'.allowedMethods（允许的请求方式）、spring.cloud.gateway.globalcors.corsConfigurations.'[/**]'.allowedHeaders（允许请求头），完整代码如下所示。

```
server:
  port: 8083 # 程序端口号
spring:
  application:
    name: gateway-server-sample # 应用名称
  cloud:
    nacos:
      discovery:
        server-addr: 127.0.0.1:8848 # nacos 服务地址
    gateway:
      globalcors: # -- 新增代码
        corsConfigurations: # -- 新增代码
          '[/**]':  # -- 新增代码
            allowedOrigins: "*" # 允许的来源，* 表示所有  -- 新增代码
            allowedMethods: "*" # 允许的请求方式 * 表示所有  -- 新增代码
            allowedHeaders: "*"  # 允许请求头 * 表示所有  -- 新增代码
      httpclient:
        connect-timeout: 5000 # 建立连接所用的时间 单位：毫秒
        response-timeout: 4s  # # 建立连接后从服务器读取到可用资源所用的时间
      discovery:
        locator:
          enabled: true # 让 spring cloud gateway 可以发现 nacos 中的服务
      routes:  # 路由，可配置多个
        - id: user_route  # 路由 id 唯一即可，默认是 UUID
          uri: lb://user-server-sample # 匹配成功后提供的服务的地址
          order: 1 # 路由优先级，数值越小优先级越高，默认 0
          predicates:
            - Path=/user/**  # 断言，路径匹配进行路由
        - id: shop_route # 路由 id 唯一即可，默认是 UUID
          uri: lb://shop-server-sample # 匹配成功后提供的服务的地址
          order: 1 # 路由优先级，数值越小优先级越高，默认 0
          predicates:
            - Path=/shop/**   # 断言，路径匹配进行路由
```

注意

笔者这里跨域配置全部允许，在实际开发中一般是按需配置，不用全部允许。

9.9 关于网关高可用

网关是“入口”级别的服务，一旦宕机后果是很严重的。那么如何最大限度保证24小时提供服务呢?

答案很容易想到，就是做集群。把网关多部署几个服务，对外统一接口地址，外层可以使用Nginx或OpenResty负载均衡代理到网关。

解决网关的单点问题后，又会暴露另外一个问题，Nginx或OpenResty这一层也会发生单点问题，依旧无法使服务保证99.99%高可用。

在Nacos的章节已经解决过负载均衡器单点故障的问题了，所以能最大限度保证网关高可用的部署架构，应该是如图9.2所示的那样。

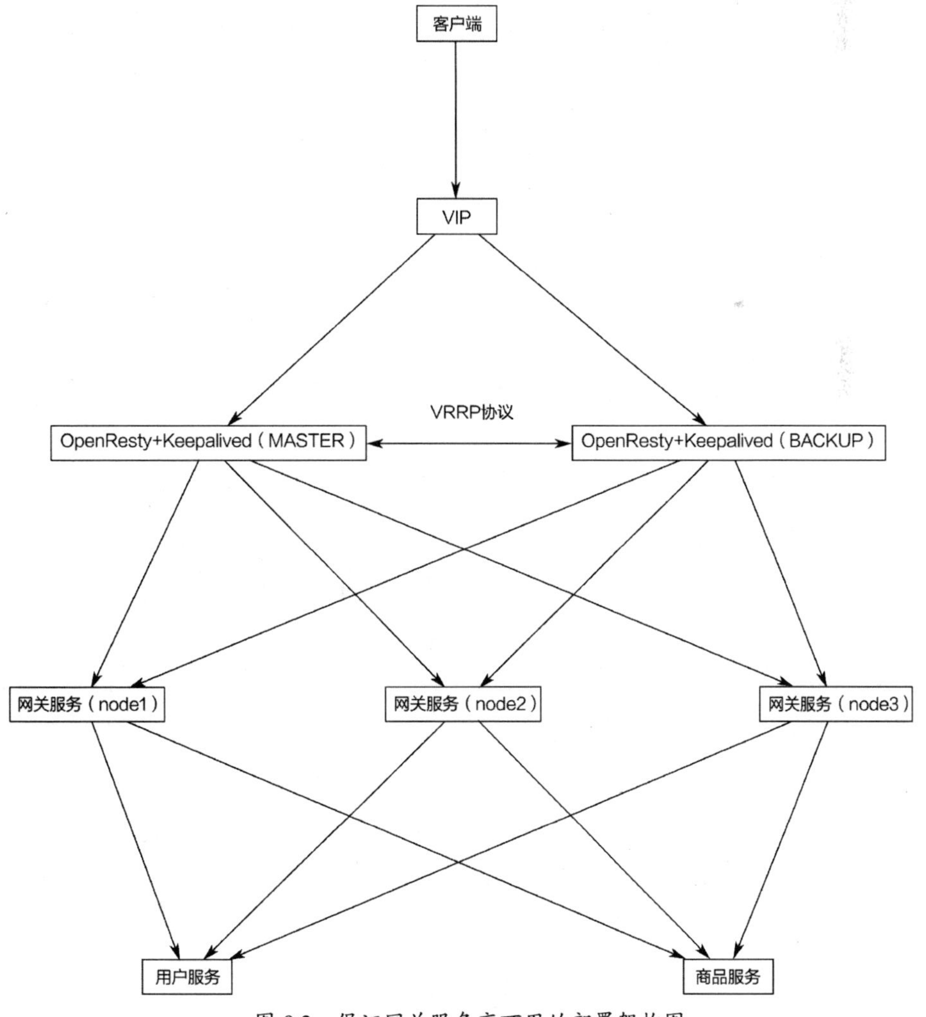

图9.2 保证网关服务高可用的部署架构图

用户访问的是 VIP（虚拟 IP），再到某一个 OpenResty 服务（OpenResty 只有一个节点会提供服务，另一个是暂停状态，如果 MASTER 宕机，会被 BACKUP 接替继续工作，解决了单点故障问题）；OpenResty 会维护服务网关集群列表，由它决定转发到某个具体的网关服务；请求到达网关服务后根据一系列的路由、断言等判断把请求转发到用户服务或商品服务等。

9.10 小结

本章了解了优秀的 Spring Cloud Gateway 网关组件，加入 Nacos 组件实现负载均衡，使用了 Predicate 和 Filter，整合 Sentinel 实现网关限流；领略到其性能强悍、功能强大，也易于整合其他组件；开放性的架构设计便于开发者实现自定义的逻辑。Spring Cloud Gateway 不愧是 Spring Cloud Netfilix Zuul 的替代品，的确更上一层楼。

第10章 解决分布式事务——Seata

在以往的传统架构中，大多数都是单体应用和单库，它们利用了 MySql、Oracle 等数据库自身强大的事务机制，保证了数据的一致性。

但随着业务的发展，单体应用和单库越来越不满足需求，便开始使用分库分表、拆分服务等手段。这也导致了一个严重的问题，数据库对分布式事务是不起作用的。

本章主要涉及的知识点有：

- 分布式事务问题及演示；
- 解决分布式事务的常见方案；
- Seata 的介绍；
- Seata 服务端的下载、安装和配置；
- 使用 Seata 解决分布式事务；
- Seata（AT 事务模式）运行流程分析；
- Seata 服务端高可用。

10.1 分布式事务问题

前面已经介绍了分布式事务产生的大致原因，本节来细化一下具体场景。

例如，单个服务多个库，试想一下在执行一个方法时需要同时操作多个库，此时本地事务是没有办法保证数据一致性的。

再如多个服务单个库，一个服务调用另一个服务的接口，如果此时受到网络波动，调用接口发生超时异常，调用方收到超时异常数据回滚；但是被调用方已经接收到请求，可能已经把数据保存成功了，这样也会造成数据不一致。

如果是多个服务多个库，结合上面的场景，则更容易发生数据不一致的问题。

10.2 分布式事务问题演示

为了能更好地理解分布式事务及产生的原因，接下来编写一个简单案例。案例分为订单模块和配送模块，可以简单理解为这是一个简单的点外卖系统，下订单后调用配送服务确定配送的外卖员。

项目总体结构包含订单服务和配送服务，服务调用使用 OpenFeign，数据保存到数据库使用 JdbcTemplate 对象的方法。关于如何整合 OpenFeign、Nacos 等组件不再赘述。

10.2.1 编写配送模块

下面来编写创建订单后分配配送员的模块。

（1）创建 distribution database 和 order_distribution 表。

```
create database 'distribution'; # 创建 database distribution
use distribution; # 选择 distribution
CREATE TABLE 'order_distribution' ( # 创建 order_distribution 表
  'id' int(8) NOT NULL AUTO_INCREMENT COMMENT '主键 id',
  'order_id' varchar(225) NOT NULL COMMENT '订单 id',
  'distributor' varchar(255) NOT NULL COMMENT '配送人',
  PRIMARY KEY ('id')
) ENGINE=InnoDB DEFAULT CHARSET=utf8;
```

（2）增加依赖和配置数据源。

增加 JdbcTemplate、MySql、druid 连接池依赖，具体代码如下所示。

```
<!-- jdbcTemplate 及事务支持 -->
```

```
<dependency>
 <groupId>org.springframework.boot</groupId>
 <artifactId>spring-boot-starter-jdbc</artifactId>
</dependency>
<!-- MySQL 连接 -->
<dependency>
 <groupId>mysql</groupId>
 <artifactId>mysql-connector-java</artifactId>
 <scope>runtime</scope>
</dependency>
<!-- 阿里巴巴 druid 连接池 -->
<dependency>
 <groupId>com.alibaba</groupId>
 <artifactId>druid</artifactId>
 <version>1.1.11</version>
</dependency>
```

然后使用 Java Config 的方式配置数据源。

```
@Configuration //标记为配置类
public class DataSourceConfig {
    @Bean
    public DataSource dataSource() { // 实例化数据源对象
        DruidDataSource dataSource = new DruidDataSource();
        dataSource.setDriverClassName("com.mysql.jdbc.Driver"); // 驱动
className
        dataSource.setUrl("jdbc:mysql://127.0.0.1:3306/distribution?useUnicode=
true&characterEncoding=utf-8"); //数据库连接地址
        dataSource.setUsername("root"); // 账号
        dataSource.setPassword("root"); // 密码
        return dataSource;
    }
}
```

（3）编写 service 层代码。

创建分配配送员的 service 接口，代码如下所示。

```
public interface DistributionService { // 分配配送员的 service
    public Integer distribution(String orderId); // 分配配送员的具体方式
}
```

创建分配配送员的 service 接口实现类，代码如下所示。

```
@Service
public class DistributionServiceImpl implements DistributionService {
    @Resource
```

```
    private JdbcTemplate jdbcTemplate;
    private final List<Integer> distributorList = new ArrayList<Integer>()
{ {// 配送员的模拟数据
            add(1);
            add(2);
            add(3);
    }};
    @Transactional // Spring 事务注解
    @Override
    public Integer distribution(String orderId) {
        try {
            Thread.sleep(6000); // 睡眠 6 秒，模拟网络波动
        } catch (InterruptedException e) {
            e.printStackTrace();
        }
        Integer distributor = distributorList.get(RandomUtils.nextInt(0,
distributorList.size() - 1));// 随机选择一个配送员
        int update = jdbcTemplate.update("insert into order_
distribution(order_id, distributor) values(?,?)",
                new Object[]{orderId, distributor});// 新增分配配送员的数据
        return update;
    }
}
```

（4）创建 controller 层，编写给订单分配配送员的接口，具体代码如下所示。

```
@RestController // @RestController 注解是 @Controller+@ResponseBody
public class DistributionController {
    @Resource
    private DistributionService distributionService;
    @RequestMapping("/distribution")
    public Integer distribution(@RequestParam("orderId") String orderId) {
// 给订单分配配送员的接口
        return distributionService.distribution(orderId);
    }
}
```

10.2.2 编写订单模块

现在开始编写订单模块（订单模块会调用配送模块）。

（1）创建 order database 和 t_order（因为 order 是关键字，使用时加了 t_ 前缀）表。

```
create database 'order'; # 创建 database order
use 'order';  # 选择 order
```

```
CREATE TABLE 't_order' ( # 创建t_order表
  'id' int(8) NOT NULL AUTO_INCREMENT COMMENT '主键',
  'order_id' varchar(225) NOT NULL COMMENT '订单id',
  'shop_id' int(8) NOT NULL COMMENT '商品id',
  PRIMARY KEY ('id')
) ENGINE=InnoDB DEFAULT CHARSET=utf8;
```

（2）增加依赖和配置数据源。这个在编写配送模块时已经讲过了，此处不再赘述，唯一不同的是订单模块连接的是order database。把url改为jdbc：mysql：//127.0.0.1：3306/order?useUnicode=true&characterEncoding=utf-8就可以了。

（3）声明远程调用配送服务的接口和实现对应的fallback，具体代码如下所示。

```
@FeignClient(value = "${distribution.name}", fallback =
DistributionServiceFallback.class) // 表示调用服务名为transaction-distribution-
sample8002 fallback异常、限流等的自定义处理逻辑在DistributionServiceFallback类中
public interface DistributionService {
    @PostMapping("/distribution") // 调用配送服务的/distribution接口
    Integer distribution(@RequestParam("orderId") String orderId);
}
@Component // 标记该bean交给Spring创建，管理
public class DistributionServiceFallback implements DistributionService {
    @Override
    public Integer distribution(String orderId) {
        return 0;
    }
}
```

（4）编写创建订单service层代码。

创建订单的service接口，代码如下所示。

```
public interface OrderService {
    Integer createOrder(Integer id); // 创建订单的方法
}
```

创建订单service接口实现类，代码如下所示。

```
@Service
public class OrderServiceImpl implements OrderService { // 订单service实现类
    @Resource
    private JdbcTemplate jdbcTemplate;
    @Resource
    private DistributionService distributionService;
    private final Map<Integer, String> shopMap = new HashMap<Integer,
String>() {{ // 菜品的模拟数据
        put(1, "菜品1");
```

```
            put(2, "菜品 2");
            put(3, "菜品 3");
        }};
        @Transactional // Spring 事务注解
        @Override
        public Integer createOrder(Integer id) {
            if (shopMap.containsKey(id)) {
                String orderId = UUID.randomUUID().toString().replace("-", "");
                int update = jdbcTemplate.update("insert into t_order(order_id,
shop_id) values(?,?)",
                        new Object[]{orderId, id});// 新增分配配送员的数据
                Integer result = distributionService.distribution(orderId); //
调用配送服务
                if (result <= 0) {
                    throw new RuntimeException("分配配送员失败！"); // 如果小于等于 0，
表示失败，抛出 RuntimeException 异常
                }
                return update;
            }
            return 0;
        }
    }
```

（5）创建 controller 层，声明创建订单的接口，代码如下所示。

```
@RestController
public class OrderController {
    @Resource
    private OrderService orderService;
    @RequestMapping("/createOrder")
    public Integer createOrder(@RequestParam("id") Integer id) { // 创建订单
的接口
        return orderService.createOrder(id);
    }
}
```

10.2.3 验证结果

业务代码已写完，在调用 /createOrder 接口创建订单之前，首先要说明一下。

在 DistributionServiceImpl#distribution 的业务代码中，为了模拟网络波动的情况，故意睡眠 6 秒，而 OpenFeign 的 readTimeout 配置项设置是 5000（5 秒），所以会有超时的问题，最终会进入 fallback 兜底的方法。

明确到这一点后，再用 curl 命令调用 /createOrder 接口，命令格式如下所示。

```
curl http://localhost:8081/createOrder?id=1
```

最终会抛出 RuntimeException 异常，这是毋庸置疑的。然后再来看看数据库 t_order 表和 orer_distribution 表的数据，如图 10.1 和图 10.2 所示。

图 10.1 t_order 表的数据

图 10.2 order_distribution 表的数据

看到这个结果，想必心中了然，创建订单的 service 会抛出异常，而 @Transactional 注解事务回滚的原理就是捕获到异常后数据回滚，所以 t_order 是没有数据的；配送服务只是处理业务速度慢，并没有发生业务异常，数据不会回滚，所以数据是能正常插入的。

但只有订单的配送关系，而没有订单，就会造成数据不一致的问题，这样的结果必然会使用户体验受损，并给公司带来损失。

10.3 分布式事务解决方案概览

在前面已经看到，在分布式系统中，很容易产生分布式事务问题。事务指的就是一个操作单元，在一个操作单元中要使所有操作保持一致，简而言之就是，要么全部成功，要么全部失败。

本来在单体应用、单个数据库的系统中，依靠像 MySql 这种数据库强大的事务机制是很容易保证一个操作单元中的操作保持一致。

但是在分布式系统下，要完成一项业务功能，一般会调用多个服务并且还可能操作多个数据库，在这样的情况下要保证本次操作的行为全部成功或全部失败，显得有些困难。

幸而，在不断的探索过程中，也产生了一些关于分布式系统中保证数据一致性的解决方案。下面就粗略来看看业内主流的解决方案。

10.3.1 二阶段提交 (2PC)

二阶段提交（Two Phase Commit，2PC），顾名思义，就是把整个事务单元分为两个阶段处理，二阶段提交流程如图 10.3 和图 10.4 所示。

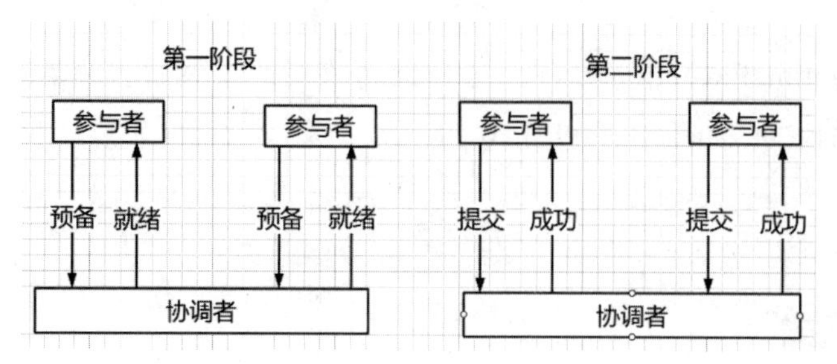

图 10.3　正常的二阶段提交流程

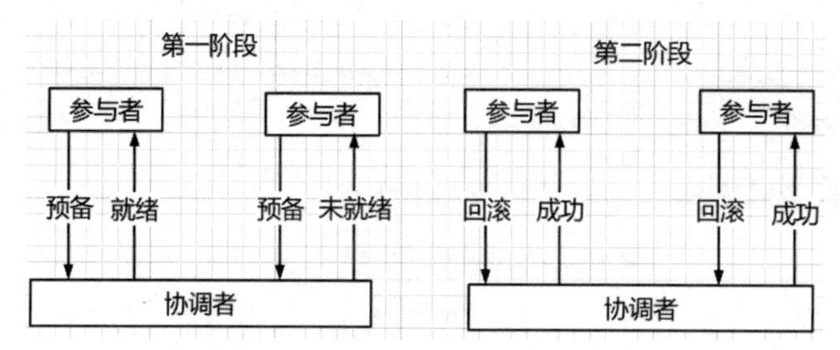

图 10.4　二阶段提交出现异常的情况

①阶段一：表决阶段，协调者将事务信息发送给各参与者，然后各参与者接收到事务请求后，向协调者反馈自身是否有能力执行事务提交并记录 undo 和 redo 日志。

②阶段二：执行阶段，协调者接收到各参与者的反馈后，再通知各参与者进行真正的事务提交或回滚，如果各参与者收到回滚，则会根据 undo 日志执行回滚操作。

下面来看看二阶段提交的优缺点。

（1）二阶段提交的优点

提高了达到数据一致的可能性，原理简单，实现成本低。

（2）二阶段提交的缺点

①单点问题，如果协调者宕机，整个流程将不可用。

②性能问题，在第一阶段，要等待所有节点反馈，才能进入第二阶段。

③数据不一致，在执行阶段时，如果协调者发送崩溃，导致只有部分参与者收到提交的消息，那么就会存在数据不一致的问题。

10.3.2 三阶段提交 (3PC)

三阶段提交（Three Phase Commit，3PC），它是二阶段提交的改进版，三阶段提交流程如图 10.5 所示。

三阶段提交和二阶段提交有所不同，主要有两个改动点。

（1）引入超时机制。

（2）插入一个准备阶段，由此三阶段提交分为 CanCommit、PreCommit、DoCommit 三个阶段。

下面来看这三个阶段的具体内容。

① CanCommit 阶段：协调者向各参与者发送 CanCommit 请求，询问是否可以执行事务提交操作，各参与者会响应 Yes 或 No，如果是全部响应 Yes，则会进入下一个阶段。

② PreCommit 阶段：协调者向各个参与者发送 PreCommit 请求，进入 Prepared 阶段。各参与者接收到 PreCommit 请求后，执行事务操作，并将 undo 和 redo 信息记录到事务日志中。如果都执行成功，则向协调者反馈成功指令，并等待协调者的下一次请求。

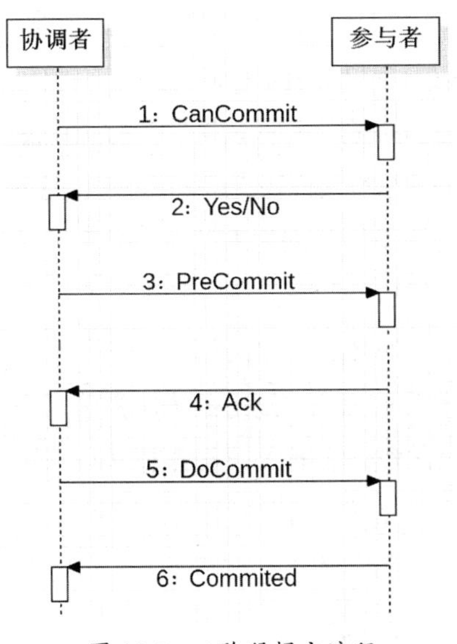

图 10.5　三阶段提交流程

另一种情况，假设任何一个参与者在 PreCommit 阶段向协调者反馈了失败，或者等待超时，协调者没有收到全部参与者的反馈，那么执行事务中断；协调者向各参与者发送 abort 请求，参与者收到 abort 指令后执行事务中断的操作。

③ DoCommit 阶段：前两个阶段各参与者均反馈成功后，协调者再向各参与者发送 DoCommit 请求真正提交事务，各参与者收到 DoCommit 请求之后，执行正式的事务提交。参与者完成事务提交后，向协调者反馈成功，协调者收到所有参与者成功反馈后，完成事务。

另一种情况，假设任何一个参与者在 DoCommit 阶段向协调者反馈了失败，或者等待超时，协调者没有收到全部参与者的反馈，同样会向各参与者发送 abort 请求。参与者收到 abort 指令后，根据已记录的 undo 信息来执行事务的回滚，回滚后释放事务资源并向协调者反馈信息，协调者收到各参与者反馈后，完成事务中断。

下面来看三阶段提交的优缺点。

三阶段提交引入超时机制后，能在一定程度上解决单点问题，并减少阻塞。因为一旦参与者无法与协调者通信，它会默认执行 commit，而不会一直处于阻塞状态。

但是这种机制的缺陷也很明显，可能在极端情况下导致数据不一致。假设这样的场景，由于网络原因，协调者发送的 abort 指令部分参与者并没有收到，那么这部分参与者在等待超时之后就会执行 commit 操作，从而导致这部分参与者与其他接收到 abort 指令的参与者数据不一致。

10.3.3 保证最终一致性

所谓的保证最终一致性，就是两个系统数据副本同步或者是系统之间的数据有关联（就像上面的订单和分配派送员一样），在一定时间内，最终保证数据的一致性。而不是实时保证数据的强一致性。

记住一个关键点：一定时间内，也就是说这个可以是异步的。关于异步的概念可能很多读者朋友会想到消息中间件。

的确，实现数据最终的一致性一般会采用消息中间件来做。消息中间件有异步、解耦，并且有的消息中间件还支持事务消息，这些特性的确很好用，为实现数据的最终一致性提供了强有力的支撑。

下面我们就来设计一个使用消息中间件达到数据最终一致性的系统。这里以前面的订单服务和配送服务为例。

订单系统收到用户下单请求，往订单表插入一条新数据，然后给消息中间件发送一条消息（携带订单 id）；配送系统作为消息的消费者，会收到这条消息，解析到订单 id 后，选择配送人，往订单配送表插入一条数据。

整个流程就这样完了吗？

不，整个过程看似完美，实则并非无懈可击。

假设一下这样的场景。在用户下订单时，往订单表中插入数据成功了，但是向消息中间件发送消息失败了，订单表数据回滚。请注意，这里的失败，发送方并不知道消息中间件有没有收到消息，有可能是因为网络波动的缘故，导致消息中间件已收到消息，只是返回的 response 失败。那么消息就会被配送系统消费，数据同样会不一致。

下面来看一种改良方案：基于 RocketMQ 事务消息来做。RocketMQ 的事务消息可以分为两个阶段：Prepare（消息预发送）和 Confirm（确认发送）。

（1）订单系统创建订单时，先调用 RocketMQ 的 Prepare 接口，发送预备消息。此时消息暂存在 RocketMQ 中，但不会给配送系统消费。

（2）发送预备消息成功后，往订单表中插入一条新数据。

（3）订单数据新增成功后，订单系统调用 RocketMQ 的 Confirm 接口，确认发送消息，此时 RocketMQ 才会把消息给消费者消费。

（4）消费者也就是配送服务，消费此消息，分配派送员，生成订单配送表的数据。

为了让方案无懈可击，设想一下步骤（2）或步骤（3）失败或者超时会怎样呢？

可以确定的是步骤（1），发送预备消息是成功的，消息只会暂存到 RocketMQ。如果步骤（2）或步骤（3）失败，RocketMQ 的机制会定时扫描所有处于预备状态的消息，回调给发送方，由发送方决定该消息是继续发生还是取消。这样消息发送两阶段的设计和回调的机制在一定程度上避免了数据不一致的问题。

为什么说是在一定程度上避免了数据不一致的问题，因为还有一个问题，如果配送服务（消息消费端）关键时刻宕机了，有可能会重复消费，怎么办？

配送服务可以消费消息记录表，消费消息记录表记录消息的 ID，如果业务比较复杂，还可以记录一下处理到哪个步骤了，下次还来处理这条消息，业务代码判断一下，直接从上次的位置开始。

所以基于 RocketMQ 事务消息实现数据最终一致性的流程如图 10.6 所示。

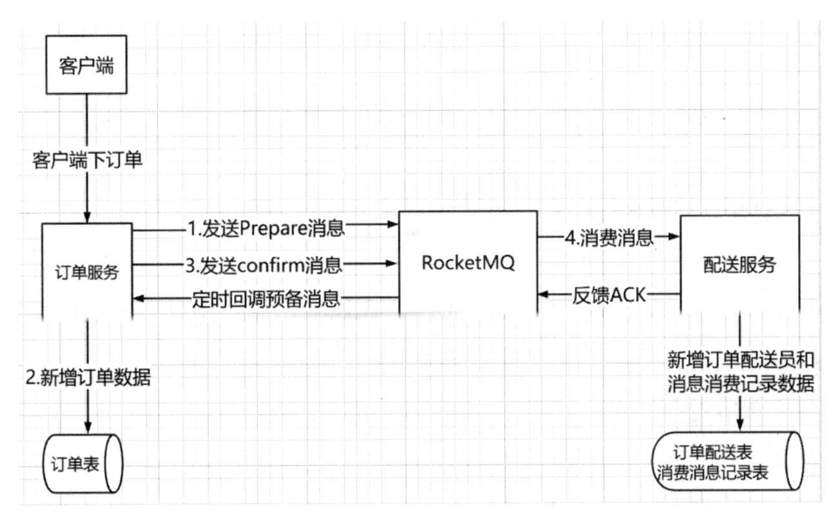

图 10.6 RocketMQ 事务消息实现数据最终一致性的流程

如果配送服务收到消息，但是由于其他异常导致数据一直无法插入成功，怎么办?

此时可以捕获异常，并且记录未插入成功的数据，采取人工干预的手段。

10.4 Seata 简介

前面了解到一些解决分布式事务的方案，既然有了方案，业内也涌现出不少解决分布式事务的优秀框架，如 Atomikos、Seata 等。这些框架就是为了使用户花最少的成本，解决因分布式事务带来的一系列令人“头疼”的问题。

本节要介绍的就是 Seata，Seata 的前身是 Fescar（Fast & Easy Commit And Rollback），而后才改名为 Seata（Simple Extensible Autonomous Transaction Architecture，简单可扩展的自治分布式事务框架）。Seata 为用户提供了 AT、TCC、SAGA 和 XA 事务模式（默认使用 AT 事务模式），致力于打造一站式的分布式解决方案。

Seata 在传统的 2PC 方案基础上进行演进，它把一个分布式事务分成若干个分支事务的全局事务，全局事务协调管理若干个分支事务，使其达到一致，实现整个事务要么全部成功，要么全部失败，并且项目中整合 Seata 几乎没有侵入性。

Seata 有以下几个重要的概念。

（1）Transaction ID XID：全局唯一事务 ID。

（2）TC（Transaction Coordinator）：事务协调者，维护全局事务运行，驱动全局事务的提交和回滚。

（3）TM（Transaction Manager）：事务管理器，定义全局事务边界，负责开启全局事务，发起全局事务提交或回滚的决议。

（4）RM（Resource Manager）：资源管理器，管理分支事务，与 TC（事务协调者）通信，决定对分支事务提交或回滚。

10.5 Seata 下载、安装和配置

Seata 像 Nacos 一样也有自己的服务端，所以是需要下载服务端程序的，下载地址为：https://github.com/seata/seata/releases。

那么下载哪个版本呢？

如本书中的图 4.1 组件版本关系所示，因为本书用的是 Spring Cloud Alibaba 2.1.2.RELEASE 版本，所以使用 Seata1.2.0 版本是较为合适的。

于是下载了 seata-server-1.2.0.zip，也可以把源码下载下来，自己编译成 Jar 包，根据个人喜好。

注意

> 因为下载很慢，所以最好把地址复制下来使用迅雷等软件下载。

下载完成后，解压压缩包。定位到 conf 目录，里面有一个 registry.conf 文件其内容就是关于 Seata 的注册和配置。

可以看到配置文件中实现 Seata 的注册和配置有好几种：File、Nacos、Eureka、Redis、Zookeeper、Consul、Etcd3、Sofa。想要实现 Seata 的高可用，要部署多个节点，把配置统一到一个地方。因为主要讲 Spring Cloud Alibaba，所以这里选择 Nacos。

把 registry.conf 文件修改并精简后，文件内容如下所示。

```
registry { # 关于注册
  type = "nacos" # 选择 nacos
  nacos {
    serverAddr = "localhost" # nacos 服务地址
    namespace = "public" # 命名空间
    cluster = "default" # 集群
  }
}
config {  # 关于配置
  type = "nacos"  # 选择 nacos
  nacos {
    serverAddr = "localhost"  # nacos 服务地址
    namespace = "public" # 命名空间
    group = "SEATA_GROUP" # 分组
  }
}
```

修改完成后，就可以到 bin 目录启动 Seata 服务端，Windows 使用 seata-server.bat 脚本，如果是 Linux/UNIX 或 Mac，则使用 seata-server.sh 脚本。

启动参数有以下几个，如表 10.1 所示。

表 10.1　Seata 服务端启动参数

参数	全写	作用
-h	--host	指定在注册中心注册的 IP
-p	--port	程序端口号，默认 8091
-m	--storeMode	事务日志存储方式，支持 file，db，redis 等默认 file
-n	--serverNode	用于指定 Seata 服务端节点 ID，默认为 1
-e	--seataEnv	指定 Seata 服务端运行环境，如 dev、test 等，会使用不同的配置文件

一般而言并不需要增加额外的启动参数，直接运行脚本即可。比如 Windows 直接点击 seata-server.bat 运行。运行完成后，在 Nacos 控制台服务列表能看到 Seata 服务端程序注册上来了，则表示成功，如图 10.7 所示。

服务名	分组名称	集群数目	实例数	健康实例数	触发保护阈值	操作
seata-server	DEFAULT_GROUP	1	1	1	false	详情 | 示例代码 | 删除

图 10.7　Nacos 控制台的服务列表

10.6 整合 Seata 解决分布式事务问题

前面已经把 Seata 的服务端程序启动好了，下面开始把 Seata 整合到前面的案例中，使用 AT 事务模式解决实际的分布式事务问题。需要以下几个步骤。

（1）往项目中添加关于 Seata 的依赖包。

在订单服务和配送服务的 pom.xml 文件 dependencies 标签中分别加入如下依赖。

```
<!--seata 依赖-->
<dependency>
 <groupId>com.alibaba.cloud</groupId>
 <artifactId>spring-cloud-starter-alibaba-seata</artifactId>
 <exclusions>
     <exclusion>
         <groupId>io.seata</groupId>
         <artifactId>seata-spring-boot-starter</artifactId>
     </exclusion>
```

```
 </exclusions>
</dependency>
<!-- 引入 1.2.0，默认是 1.1.0 的 -->
<dependency>
 <groupId>io.seata</groupId>
 <artifactId>seata-spring-boot-starter</artifactId>
 <version>1.2.0</version>
</dependency>
```

因为 spring-cloud-starter-alibaba-seata 默认的 seata-spring-boot-starter 依赖是 1.1.0 版本的，为了稳妥起见，先排除默认的依赖，然后单独引入 seata-spring-boot-starter1.2.0 版本的依赖。

（2）创建 Seata 高可用所需的 database 和表及业务数据库所需要的 undo_log 表。

创建 seata 库并新增 branch_table、global_table、lock_table 表。表结构参考文档 https://github.com/seata/seata/blob/1.2.0/script/server/db/mysql.sql，连接 MySql 数据库后，输入如下代码。

```
create database 'seata'; -- 创建 seata database
use seata; -- 选择 seata database
CREATE TABLE IF NOT EXISTS 'global_table' -- 存储全局会话数据
(
    'xid'                       VARCHAR(128) NOT NULL,
    'transaction_id'            BIGINT,
    'status'                    TINYINT      NOT NULL,
    'application_id'            VARCHAR(32),
    'transaction_service_group' VARCHAR(32),
    'transaction_name'          VARCHAR(128),
    'timeout'                   INT,
    'begin_time'                BIGINT,
    'application_data'          VARCHAR(2000),
    'gmt_create'                DATETIME,
    'gmt_modified'              DATETIME,
    PRIMARY KEY ('xid'),
    KEY 'idx_gmt_modified_status' ('gmt_modified', 'status'),
    KEY 'idx_transaction_id' ('transaction_id')
) ENGINE = InnoDB
DEFAULT CHARSET = utf8;
CREATE TABLE IF NOT EXISTS 'branch_table'  -- 存储分支会话数据的表
(
    'branch_id'         BIGINT       NOT NULL,
    'xid'               VARCHAR(128) NOT NULL,
    'transaction_id'    BIGINT,
    'resource_group_id' VARCHAR(32),
    'resource_id'       VARCHAR(256),
    'branch_type'       VARCHAR(8),
    'status'            TINYINT,
```

```
    'client_id'          VARCHAR(64),
    'application_data'   VARCHAR(2000),
    'gmt_create'         DATETIME(6),
    'gmt_modified'      DATETIME(6),
    PRIMARY KEY ('branch_id'),
    KEY 'idx_xid' ('xid')
) ENGINE = InnoDB
DEFAULT CHARSET = utf8;
CREATE TABLE IF NOT EXISTS 'lock_table' -- 存储锁的数据表
(
    'row_key'          VARCHAR(128) NOT NULL,
    'xid'              VARCHAR(96),
    'transaction_id' BIGINT,
    'branch_id'        BIGINT       NOT NULL,
    'resource_id'      VARCHAR(256),
    'table_name'       VARCHAR(32),
    'pk'               VARCHAR(36),
    'gmt_create'       DATETIME,
    'gmt_modified'    DATETIME,
    PRIMARY KEY ('row_key'),
    KEY 'idx_branch_id' ('branch_id')
) ENGINE = InnoDB
DEFAULT CHARSET = utf8;
```

在每个业务数据库创建undo_log表，对应到本案例的场景就是分别在distribution和order数据库创建undo_log表。表结构参考文档https://github.com/seata/seata/blob/1.2.0/script/client/at/db/mysql.sql，连接MySql数据库后，输入如下代码。

```
use distribution; -- 选择distribution库
CREATE TABLE IF NOT EXISTS 'undo_log' -- AT事务模式distribution库的撤销表
(
    'id'               BIGINT(20)   NOT NULL AUTO_INCREMENT COMMENT 'increment id',
    'branch_id'        BIGINT(20)    NOT NULL COMMENT 'branch transaction id',
    'xid'              VARCHAR(100) NOT NULL COMMENT 'global transaction id',
    'context'          VARCHAR(128) NOT NULL COMMENT 'undo_log context, such as
serialization',
    'rollback_info' LONGBLOB      NOT NULL COMMENT 'rollback info',
    'log_status'       INT(11)       NOT NULL COMMENT '0:normal status,1:defense
status',
    'log_created'     DATETIME      NOT NULL COMMENT 'create datetime',
    'log_modified'   DATETIME      NOT NULL COMMENT 'modify datetime',
    PRIMARY KEY ('id'),
    UNIQUE KEY 'ux_undo_log' ('xid', 'branch_id')
) ENGINE = InnoDB
AUTO_INCREMENT = 1
```

```
DEFAULT CHARSET = utf8 COMMENT ='AT transaction mode undo table';
use 'order'; -- 选择 order 库
CREATE TABLE IF NOT EXISTS 'undo_log' -- AT 事务模式 order 库的撤销表
(
    'id'            BIGINT(20)   NOT NULL AUTO_INCREMENT COMMENT 'increment id',
    'branch_id'     BIGINT(20)    NOT NULL COMMENT 'branch transaction id',
    'xid'           VARCHAR(100) NOT NULL COMMENT 'global transaction id',
    'context'       VARCHAR(128) NOT NULL COMMENT 'undo_log context, such as
serialization',
    'rollback_info' LONGBLOB     NOT NULL COMMENT 'rollback info',
    'log_status'    INT(11)      NOT NULL COMMENT '0:normal status,1:
defense status',
    'log_created'   DATETIME     NOT NULL COMMENT 'create datetime',
    'log_modified'  DATETIME     NOT NULL COMMENT 'modify datetime',
    PRIMARY KEY ('id'),
    UNIQUE KEY 'ux_undo_log' ('xid', 'branch_id')
) ENGINE = InnoDB
AUTO_INCREMENT = 1
DEFAULT CHARSET = utf8 COMMENT ='AT transaction mode undo table';
```

（3）整理高可用 db 模式参数配置并提交至 Nacos 配置中心。

配置内容参考 https://github.com/seata/seata/blob/1.2.0/script/config-center/config.txt，这里的配置非常多。而一般情况下很多都用不到，内容可以精简一下，创建 config.txt 文件，配置内容如下所示。

```
service.vgroupMapping.my_test_tx_group=default
store.mode=db
store.db.datasource=druid
store.db.dbType=mysql
store.db.driverClassName=com.mysql.jdbc.Driver
store.db.url=jdbc:mysql://127.0.0.1:3306/seata?useUnicode=true
store.db.user=root
store.db.password=root
store.db.minConn=5
store.db.maxConn=30
store.db.globalTable=global_table
store.db.branchTable=branch_table
store.db.queryLimit=100
store.db.lockTable=lock_table
store.db.maxWait=5000
```

主要修改 store.mode（存储模式）、store.db.url（数据库 url）、store.db.user（数据库用户名）、store.db.password（数据库密码）配置项。

配置已经整理出来了，下一步就要把配置导入到 Nacos 配置中心。为此 Seata 提供了专门的脚本，脚本地址 https://github.com/seata/seata/tree/1.2.0/script/config-center/nacos。里面有 nacos-config.py 和

nacos-config.sh。遗憾的是 Windows（Windows 7 之类的）不能直接运行这两个中的任何一个文件。如果要运行 nacos-config.py 文件，需要 Python 2.X 的环境；如果要运行 nacos-config.sh 文件，可以先安装 Git，借助 Git Bash 窗口运行 sh 脚本。

注意

使用 nacos-config.sh 脚本导入配置时，config.txt 文件要放到它的上级目录。

为此，笔者特意准备了 Windows 可直接运行的版本，下载地址为 https://github.com/1030907690/public-script/raw/master/generic/nacos-config.exe。

将 nacos-config.exe 和 config.txt 放到同级目录下，使用如下命令把配置导入到 Nacos。

```
nacos-config.exe 127.0.0.1:8848
```

注意

第一个参数是 Nacos 的服务地址，第二个参数是 namespace（选填）。

命令运行完成后，在 Nacos 控制面板配置列表就能看到刚才导入的配置，如图 10.8 所示。

☐	service.vgroupMapping.my_test_tx_group	SEATA_GROUP	详情 | 示例代码 | 编辑 | 删除 | 更多
☐	store.mode	SEATA_GROUP	详情 | 示例代码 | 编辑 | 删除 | 更多
☐	store.db.datasource	SEATA_GROUP	详情 | 示例代码 | 编辑 | 删除 | 更多
☐	store.db.dbType	SEATA_GROUP	详情 | 示例代码 | 编辑 | 删除 | 更多
☐	store.db.driverClassName	SEATA_GROUP	详情 | 示例代码 | 编辑 | 删除 | 更多
☐	store.db.url	SEATA_GROUP	详情 | 示例代码 | 编辑 | 删除 | 更多

图 10.8 Seata 的 db 配置

（4）在订单服务和配送服务中分别加入 Seata 的配置。

参考官方配置 https://github.com/seata/seata/blob/1.2.0/script/client/spring/application.yml，一般情况下，并不需要那么多，可以精简一下。

订单服务 bootstrap.yml 配置文件，主要增加的配置项有 seata.enabled（是否开启 Spring-Boot 自动装配）、seata.application-id（应用 id）、seata.tx-service-group（事务分组）、seata.enable-auto-data-source-proxy（数据源自动代理）、seata.config.type（使用哪种配置 file、nacos 之类）、seata.config.nacos.namespace（命名空间）、seata.config.nacos.serverAddr（服务地址）、seata.config.nacos.group（分组）、seata.registry.type（使用哪种注册中心 file、nacos 之类）、seata.registry.nacos.application（应用名称）、seata.registry.nacos.server-addr（服务地址）、seata.registry.nacos.namespace（命名空间），完整代码如下所示。

```
seata:
  enabled: true # 开启
  application-id: order-server # application id
  tx-service-group: my_test_tx_group # 事务分组
  enable-auto-data-source-proxy: true # 开启数据源自动代理
  config:
    type: nacos #选择 nacos
    nacos:
      namespace:                    # namespace
      serverAddr: 127.0.0.1:8848 #nacos 服务地址
      group:  SEATA_GROUP # group 分组
  registry:
    type: nacos    # 选择 nacos
    nacos:
      application: seata-server   # 应用名称
      server-addr: 127.0.0.1:8848   # nacos 服务地址
      namespace:    # namespace 命名空间
server:
  port: 8081 #程序端口号
spring:
  application:
    name: transaction-order-sample #应用名称
  cloud:
    sentinel:
      transport:
        port: 8719 #启动 HTTP Server，并且该服务将与 Sentinel 仪表板进行交互，使
Sentinel 仪表板可以控制应用，如果被占用，则从 8719 依次 +1 扫描
        dashboard: 127.0.0.1:8080   # 指定仪表盘地址
    nacos:
      discovery:
        server-addr: 127.0.0.1:8848 #nacos 服务注册、发现地址
      config:
        server-addr: 127.0.0.1:8848 #nacos 配置中心地址
        file-extension: yml #指定配置内容的数据格式
management:
  endpoints:
    web:
      exposure:
        include: '*' #公开所有端点
feign:
  compression:
    request:
      enabled: true # 请求压缩启用
      mime-types: text/xml, application/xml, application/json # 要压缩的类型
      min-request-size: 2048 # 最小请求长度 单位：字节
    response:
```

```
      enabled: true  # 响应压缩启用
  sentinel:
    enabled: true  # 增加对 sentinel 的支持，否则自定义的异常、限流等兜底方法不生效
  client:
    config:
      default:
        connectTimeout: 5000 # 建立连接所用的时间 单位：毫秒
        readTimeout: 5000  # 建立连接后从服务器读取到资源所用的时间 单位：毫秒
logging:
  level:
    com.springcloudalibaba.openfeignservice.openfeignservice: debug  # 打印 com.
springcloudalibaba.transaction.openfeignservice 包的日志 debug 级别
```

配送服务同样要增加 seata 的配置，主要增加的配置项有 seata.enabled（是否开启 Spring-Boot 自动装配）、seata.application-id（应用 id）、seata.tx-service-group（事务分组）、seata.enable-auto-data-source-proxy（数据源自动代理）、seata.config.type（使用哪种配置 file、nacos 之类）、seata.config.nacos.namespace（命名空间）、seata.config.nacos.serverAddr（服务地址）、seata.config.nacos.group（分组）、seata.registry.type（使用哪种注册中心 file、nacos 之类）、seata.registry.nacos.application（应用名称）、seata.registry.nacos.server-addr（服务地址）、seata.registry.nacos.namespace（命名空间），完整代码如下所示。

```
seata:
  enabled: true # 开启
  application-id: distribution-server # application id
  tx-service-group: my_test_tx_group # 事务分组
  enable-auto-data-source-proxy: true # 开启数据源自动代理
  config:
    type: nacos # 选择 nacos
    nacos:
      namespace:                    # namespace
      serverAddr: 127.0.0.1:8848 #nacos 服务地址
      group:  SEATA_GROUP # group 分组
  registry:
    type: nacos   # 选择 nacos
    nacos:
      application: seata-server  # 应用名称
      server-addr: 127.0.0.1:8848  # nacos 服务地址
      namespace:   # namespace 命名空间
server:
  port: 8082 # 程序端口号
spring:
  application:
    name: transaction-distribution-sample # 应用名称
  cloud:
```

```
    sentinel:
      transport:
        port: 8719 # 启动 HTTP Server，并且该服务将与 Sentinel 仪表板进行交互，使
Sentinel 仪表板可以控制应用，如果被占用，则从 8719 依次 +1 扫描
        dashboard: 127.0.0.1:8080   # 指定仪表盘地址
    nacos:
      discovery:
        server-addr: 127.0.0.1:8848 #nacos 服务注册、发现地址
      config:
        server-addr: 127.0.0.1:8848 #nacos 配置中心地址
        file-extension: yml # 指定配置内容的数据格式
management:
  endpoints:
    web:
      exposure:
        include: '*' # 公开所有端点
```

（5）在事务开始的地方加上 @GlobalTransactional 注解，结合本案例，也就是在 OrderServiceImpl#createOrder 方法上加 @GlobalTransactional 注解，修改后的完整代码如下所示。

```
@Transactional // Spring 事务注解
@GlobalTransactional // seata 全局事务注解 -- 新增代码
@Override
public Integer createOrder(Integer id) {
 if (shopMap.containsKey(id)) {
     String orderId = UUID.randomUUID().toString().replace("-", "");
     int update = jdbcTemplate.update("insert into t_order(order_id, shop_
id) values(?,?)",
              new Object[]{orderId, id});// 新增分配配送员的数据
     Integer result = distributionService.distribution(orderId); // 调用配送服务
     if (result <= 0) {
         throw new RuntimeException(" 分配配送员失败 !"); // 如果小于等于 0 表示失败，
抛出 RuntimeException 异常
     }
     return update;
 }
 return 0;
}
```

Seata 框架已经整合到项目中，万事俱备，只等测试验证是否整合成功了。

使用 curl 命令调用 /createOrder 接口，调用结果如下所示。

```
D:\software\curl-7.71.1-win64-mingw\bin > curl http://localhost:8081/
createOrder?id=1
... 省略 ...,"status":500,"error":"Internal Server Error","message":" 分配配送员
```

```
失败！",... 省略 ...
```

毫无疑问，调用结果抛出 RuntimeException 异常，再来看看数据库的结果，如图 10.9 和图 10.10 所示。

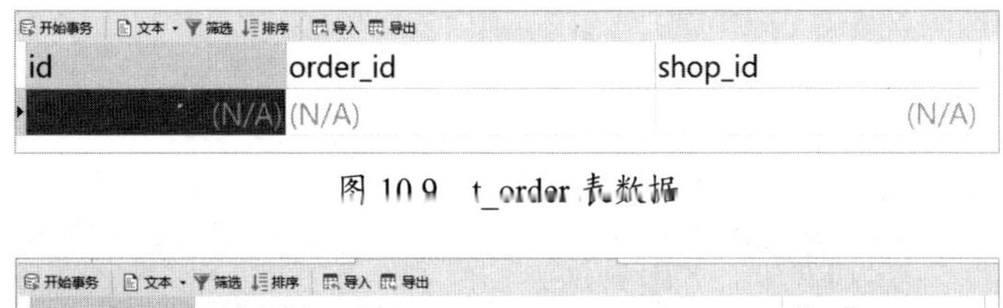

id	order_id	shop_id
(N/A)	(N/A)	(N/A)

图 10.9 t_order 表数据

id	order_id	distributor
1	e9200b41d21c4ec89b0c4ec74e0d867e	2

图 10.10 order_distribution 表数据

注意

> 超时会导致 Seata 服务端日志报 Could not found global transaction xid，在本案例属正常现象。

结果表明，接口出现异常后，t_order 表和 order_distribution 表的数据并没有新增，数据回滚是成功的，达到了数据一致性的效果。

10.7 Seata 运行流程解析

Seata 的配置比较多，但是真正使用起来异常简单，在业务代码事务开始的地方加入 @GlobalTransactional 注解就可以了。

那么它又是如何实现的呢?

下面就用刚才的订单服务和配送服务的案例大致解析一下 Seata（AT 事务模式）的运行流程。运行流程如图 10.11 所示。

Seata（AT 事务模式）的大致运行流程如下。

（1）订单服务 TM 向 TC 申请开启一个全局事务，Seata 服务端 TC 返回全局事务 ID（XID）。

（2）订单服务 RM 向 Seata 服务端 TC 注册分支事务，Seata 服务端 TC 返回分支事务 ID（BranchID），将其纳入对应全局事务（XID）管辖。

（3）订单服务 RM 创建订单，向数据库插入订单数据，并记录 undo_log 日志，提交本地分支事务。向 Seata 服务端 TC 汇报分支事务处理结果。

（4）订单服务 RM 远程调用配送服务，调用时会传递全局事务 ID（XID）。

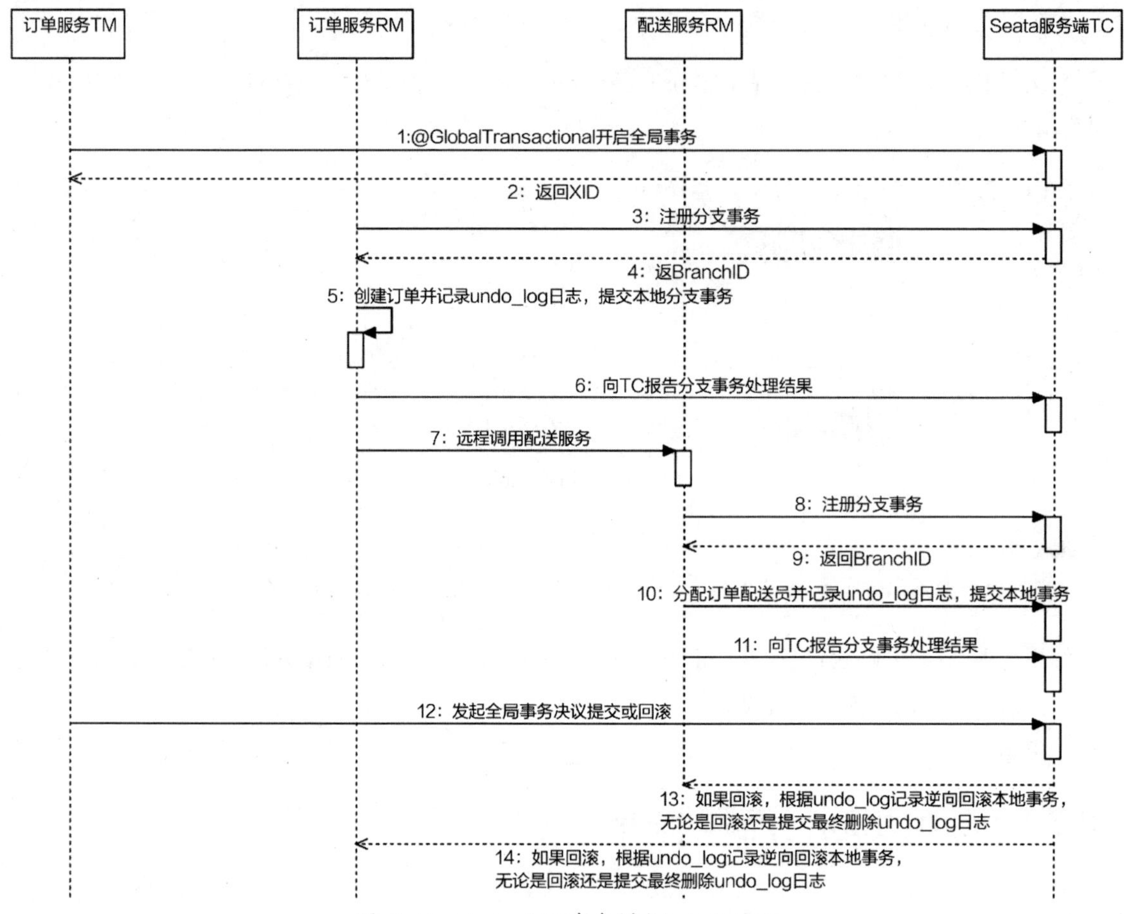

图 10.11　Seata（AT 事务模式）运行流程

（5）配送服务 RM 向 Seata 服务端 TC 注册分支事务，Seata 服务端 TC 返回分支事务 ID（BranchID），将其纳入对应全局事务（XID）管辖。

（6）配送服务 RM 分配订单配送员，向数据库插入订单配送关系数据，并记录 undo_log 日志，提交本地分支事务，向 Seata 服务端 TC 汇报分支事务处理结果。

（7）订单服务 TM 根据有无异常发起全局事务决议提交或回滚。

（8）Seata 服务端 TC 根据订单服务 TM 的决议，向其管辖的所有分支事务发起提交或回滚。如果提交，删除 undo_log 日志就可以了。如果是回滚，根据 undo_log 表记录逆向回滚本地事务，把数据还原，最后依然删除 undo_log 日志。

10.8 Seata 服务端高可用

Seata 服务端作为 TC（事务协调者）的角色，地位十分重要，在大流量的场景下，保证 Seata 服务端高可用是很有必要的。

在前面已经将关于 Seata 的配置和注册及表放到了 Nacos 和 MySql，现在要做 Seata 服务端高可用就非常容易了，只需要多启动 Seata 服务端程序就可以了。

例如，把 Seata 服务端复制一份出来，再启动一个 Seata 服务端，此时 8091 端口已被占用，换成 8092 端口，使用如下命令即可再启动一个 Seata 服务端。

```
seata-server.bat -p 8092
```

启动完成后在Nacos控制台服务列表中seata-server这一行，实例数和健康实例数都会变为两个。

现在将 8091 服务关掉，只留下 8082 服务，然后再调用 /createOrder 接口，数据库结果如图 10.12 和图 10.13 所示。

id	order_id	distributor
1	e9200b41d21c4ec89b0c4ec74e0d867e	2

图 10.12　模拟 Seata 服务端 8091 宕机后 order_distribution 表数据

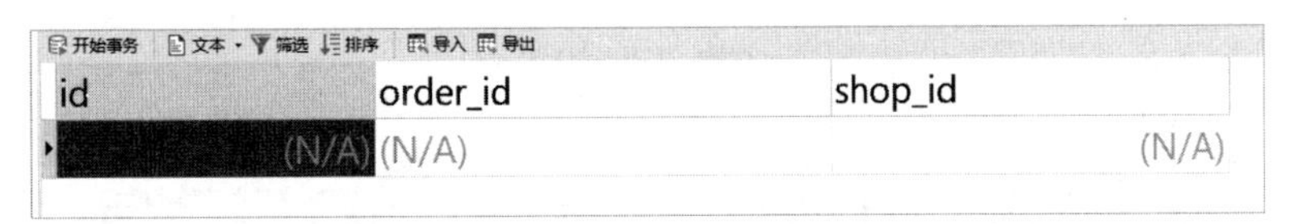

id	order_id	shop_id
(N/A)	(N/A)	(N/A)

图 10.13　模拟 Seata 服务端 8091 宕机后 t_order 表数据

数据库结果表明，只要有一台 Seata 服务端还正常运行，就能保证数据回滚成功，从而保证数据的一致性。

10.9 小结

本章主要讲解分布式事务及使用代码案例的方式更形象地表现出其形成原因，概括业内解决分布式事务的常见解决方案；使用阿里巴巴的 Seata（AT 事务模式）解决分布式事务问题；分析了 Seata 的大致运行流程，如何实现 Seata 服务端（TC）高可用；体验到 Seata 的简单易用，只要把前期的配置完成，在事务开始的地方额外增加 @GlobalTransactional，就能解决大部分场景下分布式事务问题。

第11章 整合消息系统——Spring Cloud Stream

说起消息中间件想必各位读者并不陌生，什么是 ActiveMQ、RabbitMQ、Kafka、RocketMQ，这些都可以脱口而出。

但是，这么多消息中间件的 API，你都会使用吗？

你有可能只熟悉 ActiveMQ，也有可能只熟悉 RabbitMQ，不说原理，要同时熟悉并熟练掌握 API 的几款消息中间件，还是要花一些时间的。

Spring Cloud Stream 的诞生就统一部分消息中间件的 API，让开发者不必关心具体使用的是哪种消息中间件产品。

本章主要涉及的知识点有：

- Spring Cloud Stream 介绍；
- RocketMQ 简介；
- 下载和安装 RocketMQ；
- 编写 Spring Cloud Stream+RocketMQ 消息生产者、消息消费者代码；
- 消息过滤；
- 异常处理；
- Spring Cloud Stream 整合 RocketMQ 事务消息；
- Spring Cloud Stream 监控的端点。

11.1 Spring Cloud Stream 简介

Spring Cloud Stream 是统一消息中间件编程模型的框架，屏蔽底层消息中间件的差异，降低学习成本及切换成本，其核心就是对消息中间件进一步封装。官方定义 Spring Cloud Stream 是一个用于构建基于消息的微服务应用框架。

Spring Cloud Stream 的 Binder 对象概念非常重要，不同的消息中间件产品 Binder 实现是不同的。例如，Kafka 的实现是 KafkaMessageChannelBinder，RabbitMQ 的实现是 RabbitMessageChannelBinder，RocketMQ 的实现是 RocketMQMessageChannelBinder，来官网（https://spring.io/projects/spring-cloud-stream#overview）看看现在有哪些 Binder 实现，或者说目前 Spring Cloud Stream 支持哪些消息中间件产品，目前 Binder 的实现如图 11.1 所示。

Binder Implementations

Spring Cloud Stream supports a variety of binder implementations and the following table includes the link to the GitHub projects.

- RabbitMQ
- Apache Kafka
- Kafka Streams
- Amazon Kinesis
- Google PubSub *(partner maintained)*
- Solace PubSub+ *(partner maintained)*
- Azure Event Hubs *(partner maintained)*
- Apache RocketMQ *(partner maintained)*

图 11.1 目前 Binder 的实现

而另一个重要的概念则是 Binding，分为 Input Binding 和 Output Binding。通过 Binding 来绑定消息生产者和消息消费者，构建起一座沟通的桥梁。底层使用 Binder 对象与消息中间件交互。

看了这些介绍后，那么项目中为什么要使用 Spring Cloud Stream 呢?

（1）业务代码与消息中间件解耦：不必关心具体使用哪个消息中间件产品（当然要看 Spring Cloud Stream 是否支持），只需遵守 Spring Cloud Stream 的编程规范即可。如果要更换消息中间件，一般情况下只修改配置文件中相关消息中间件信息即可，Binder 对象会根据配置自动切换。

（2）学习成本低：编程规范只学 Spring Cloud Stream 这一套，就能运用好几种消息中间件了。

用过 Hibernate 框架的读者应该更能理解 Spring Cloud Stream，使用 Hibernate 框架只要使用其编程规范 HQL 语句，不管是使用 MySql 数据库还是 Oracle 数据库，切换时修改配置就可以了，一样是屏蔽了底层细节。

11.2 常用注解介绍

Spring Cloud Stream 有以下几个常用注解。

（1）@Input：标记为输入信道，消费消息。

（2）@Output：标记为输出信道，生产消息。

（3）@StreamListener：监听某个队列，接收消息，处理自身的业务逻辑。

（4）@EnableBinding：绑定通道。

这几个常用注解无疑透露了一些 Spring Cloud Stream 的编程“套路”。

11.3 RocketMQ 简介

既然要使用 Spring Cloud Stream，那么就要选择一款消息中间件，这里使用 RocketMQ。

RocketMQ 的前身是 Metaq，当 Metaq 3.0 发布时，才改名为 RocketMQ，经历过淘宝双十一大流量的考验，值得信赖。RocketMQ 是一款分布式的消息中间件，有以下优点。

（1）高性能、高可靠、高实时。

（2）消息生产者和消息消费者都可以做集群。

（3）保证严格的消息顺序。

（4）支持消息拉取模式。

（5）支持事务消息。

（6）亿级消息堆积能力。

（7）高效的订阅者水平扩展能力。

（8）可集群部署。

11.4 下载、安装和启动 RocketMQ

首先根据图 4.1，比较合适的版本是 RocketMQ 4.4.0，二进制包的下载地址是 https://www.apache.org/dyn/closer.cgi?path=rocketmq/4.4.0/rocketmq-all-4.4.0-bin-release.zip（做 Web 端比较久的读者应该能看出规律，直接修改版本参数就能到对应版本的下载页面）。

下载完成后，解压 rocketmq-all-4.4.0-bin-release.zip 包。

Windows 还不能直接启动服务，先配置环境变量：ROCKETMQ_HOME 和 NAMESRV_ADDR。比如笔者的环境变量如图 11.2 和图 11.3 所示。

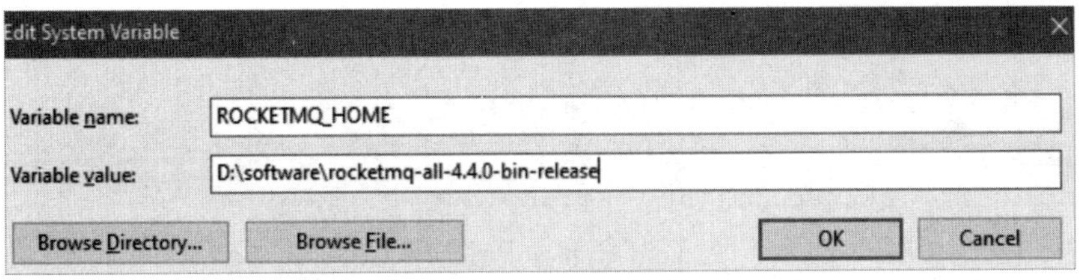

Edit System Variable
Variable name: ROCKETMQ_HOME
Variable value: D:\software\rocketmq-all-4.4.0-bin-release
Browse Directory... Browse File... OK Cancel

图 11.2 ROCKETMQ_HOME 环境变量配置

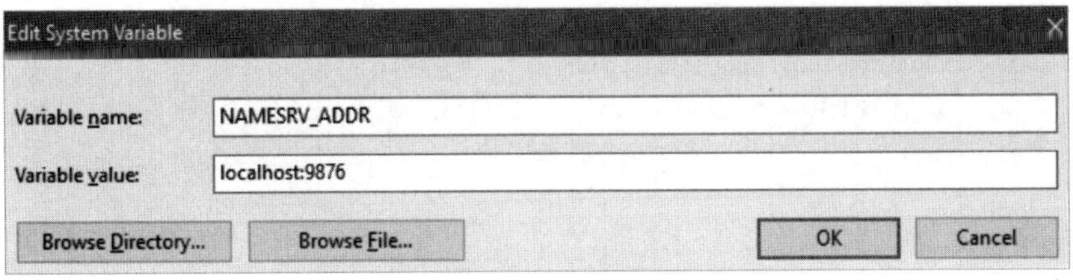

Edit System Variable
Variable name: NAMESRV_ADDR
Variable value: localhost:9876
Browse Directory... Browse File... OK Cancel

图 11.3 NAMESRV_ADDR 环境变量配置

官网还介绍了另一种办法，使用 PowerShell 添加环境变量，但对没有 PowerShell 的 Windows 版本不太通用，所以就不过多介绍了。

环境配置完成后，切换到 bin 目录下，点击 mqnamesrv.cmd 和 mqbroker.cmd 分别启动 Name Server 服务和 Broker 服务。

如果是 Linux 系统，只要有 JDK 环境，无须额外配置，到 RocketMQ 软件目录直接运行以下命令即可。

```
nohup sh bin/mqnamesrv &
nohup sh bin/mqbroker -n localhost:9876 &
```

注意

启动 RocketMQ 需要自身内存大一点，比如 Linux 虚拟机 512MB 内存，一般是启动不了的，如果 mqbroker 实在无法启动，可以修改 bin/runbroker.sh 文件，修改 JAVA_OPT 参数配置，大约是在第 39 行；如果对应的 Windows 系统 mqbroker 实在无法启动，也可以修改 bin/runbroker.cmd 文件，修改 JAVA_OPT 参数配置，大约在第 31 行。

11.5 编写 Spring Cloud Stream+RocketMQ 消息生产者代码

之前写的模板项目，此时又能派上用场了。改名等步骤无须多言，直接切入主题 Spring Cloud Stream + RocketMQ 的整合。

先来看编写消息生产者的步骤。

（1）消息生产者项目导入 RocketMQ 依赖和健康监控依赖，在 pom.xml 文件 dependencies 标签下增加如下代码。

```
<!--RocketMQ 依赖 -->
<dependency>
 <groupId>com.alibaba.cloud</groupId>
 <artifactId>spring-cloud-starter-stream-rocketmq</artifactId>
</dependency>
<!-- 健康监控 -->
<dependency>
 <groupId>org.springframework.boot</groupId>
 <artifactId>spring-boot-starter-actuator</artifactId>
</dependency>
```

（2）声明 Source，并绑定通道。

自定义 Source，其实就是消息输出，新建 CustomSource 类，代码如下所示。

```
public interface CustomSource {
    @Output("output1")
    MessageChannel output1();
}
```

在启动类中启用绑定，增加 @EnableBinding 注解，完整代码如下所示。

```
@SpringBootApplication
@EnableBinding({CustomSource.class}) // 绑定通道
public class StreamProduceApplication {
 public static void main(String[] args) {
     SpringApplication.run(StreamProduceApplication.class, args);
 }
}
```

（3）application.yml 配置文件增加对 RocketMQ 服务和 output1 输出通道及暴露 Spring Cloud Stream 监控端点的配置，完整配置内容如下所示。

```
server:
  port: 8081  # 程序端口
spring:
  application:
    name: stream-produce-sample  # 应用名称
  cloud:
    stream:
      rocketmq:
        binder:
          name-server: 127.0.0.1:9876 # rocketmq 服务地址
      bindings:
        output1:
```

```
            destination: test-topic # 主题
            content-type: application/json # 数据类型
management:
  endpoints:
    web:
      exposure:
        include: '*' # 公开所有端点 Spring Cloud Stream 的监控端点 /actuator/
bindings,/actuator/channels,/actuator/health
  endpoint:
    health:
      show-details: always # 显示服务信息详情
```

（4）创建 SendMessageService 类，生产消息，代码如下所示。

```
@Service
public class SendMessageService {
    @Resource
    private CustomSource customSource;
    public String sendMessage() { // 发送简单字符串消息的方法
        String payload = "发送简单字符串测试消息" + RandomUtils.nextInt(0,
500);
        customSource.output1().send(MessageBuilder.withPayload(payload).
build()); // 发送消息
        return payload;
    }
}
```

（5）创建 TestController 类，新增接口，调用 SendMessageService#sendMessage 方法，触发发送消息，完整代码如下所示。

```
@RestController
public class TestController {
    @Resource
    private SendMessageService sendMessageService;
    @RequestMapping("/sendMessage")
    public String sendMessage() { //发送简单字符串消息的接口
        return sendMessageService.sendMessage();
    }
}
```

11.6 编写 Spring Cloud Stream+RocketMQ 消息消费者代码

消息生产者已经有了，下面来编写消息的消费者代码。

（1）和消息生产者项目一样，导入 RocketMQ 依赖和健康监控依赖，前面已经说过了，这里不再赘述。进入下一步，声明 Sink，并绑定通道。

自定义 Sink，其实就是消息的输入，新建 CustomSink 类，完整代码如下所示。

```
public interface CustomSink {
    @Input("input1")
    SubscribableChannel input1();
}
```

在启动类中启用绑定，增加 @EnableBinding 注解，完整代码如下所示。

```
@SpringBootApplication
@EnableBinding({ CustomSink.class }) // 绑定通道
public class StreamConsumerApplication {
 public static void main(String[] args) {
     SpringApplication.run(StreamConsumerApplication.class, args);
 }
}
```

（2）application.yml 配置文件增加对 RocketMQ 服务和 input1 输入通道及暴露 Spring Cloud Stream 监控端点的配置，完整配置内容如下所示。

```
server:
  port: 8082 # 程序端口
spring:
  application:
    name: stream-consumer-sample #应用名称
  cloud:
    stream:
      rocketmq:
        binder:
          name-server: 127.0.0.1:9876  # rocketMq 服务地址
      bindings:
        input1:
          destination: test-topic  # 订阅主题
          content-type: application/json  # 数据类型
          group: test-group # 分组，避免多个实例重复消费，相同的组只有一个会消费消息
management:
  endpoints:
    web:
      exposure:
        include: '*' #公开所有端点  Spring Cloud Stream 的监控端点 /actuator/
bindings,/actuator/channels,/actuator/health
  endpoint:
    health:
```

```
        show-details: always # 显示服务信息详情
```

注意

消费端配置 spring.cloud.stream.bindings. < input > .group 相同的值，是为了避免多个实例重复消费，相同的组只有一个会消费消息。

（3）定义消息消费类 ConsumerListener，这里有两种方式消费消息，具体代码如下所示。

```
@Component
public class ConsumerListener {
    @StreamListener("input1")
    public void input1Consumer(String message) { // 数据全部字符串方式接收
        System.out.println(" input1Consumer received  " + message);
}
@StreamListener("input1")
public void input1ConsumerMessage(Message < String > message) { // 接收最原始
的 Message
 String payload = message.getPayload();
 MessageHeaders headers = message.getHeaders();
 System.out.println("input1ConsumerMessage - 消息内容 :"+payload+ " 消息头:  "
+headers);
}
}
```

input1Consumer 和 input1ConsumerMessage 方法都能消费信息，不同的是 input1ConsumerMessage 只要拿到 Message 对象，就能获取更多的信息，比如头信息等。在实际开发中可按照自己的需要选择用哪种方式。

11.7 验证消息生产和消息消费

下面就来调用 /sendMessage 接口，使用 curl 命令，结果如下所示。

```
D:\software\curl-7.71.1-win64-mingw\bin > curl http://localhost:8081/
sendMessage
发送简单字符串测试消息 431
```

查看消息消费者接收到的结果，如图 11.4 所示。

```
Debugger  Console  Endpoints
 input1Consumer received  发送简单字符串测试消息431
input1ConsumerMessage - 消息内容:发送简单字符串测试消息431 消息头： {rocketmq_QUEUE_ID=3, rocketmq_TOPIC=test-topi
```

图 11.4 消息消费者接收到消息

input1Consumer 和 input1ConsumerMessage 方法都收到了消息，验证成功。

11.8 发送对象消息

前面只是发送了简单字符串，如果要发送自定义对象该如何做呢?

下面就来看看发送自定义对象消息。

（1）消息生产者自定义 Users 对象，具体代码如下所示。

```
public class Users {
    private Integer id; //id 属性
    private String name; // 名称属性
    public void setId(Integer id) {
        this.id = id;
    }
    public void setName(String name) {
        this.name = name;
    }
    public Integer getId() {
        return id;
    }
    public String getName() {
        return name;
    }
}
```

（2）消息生产者 SendMessageService 类新增 sendObjectMessage 方法，代码如下所示。

```
public String sendObjectMessage() {
 Users users = new Users(); // users 对象
 users.setId(RandomUtils.nextInt(0, 500));
 users.setName("ZhangSan");
 Message message = MessageBuilder.withPayload(users).build();
 customSource.output1().send(message);
 return "用户 id:" + users.getId() + " 用户名称 :" + users.getName();
}
```

（3）消息生产者 TestController 类新增 /sendObjectMessage 接口，代码如下所示。

```
@RequestMapping("/sendObjectMessage")
public String sendObjectMessage() { // 发送对象消息的接口
 return sendMessageService.sendObjectMessage();
}
```

然后就可以验证了，使用 curl 命令调用 /sendObjectMessage 接口，消息消费者的结果如图 11.5 所示。

```
Debugger  Console  Endpoints
 input1Consumer received  {"id":109,"name":"ZhangSan"}
input1ConsumerMessage - 消息内容:{"id":109,"name":"ZhangSan"} 消息头： {rocketmq_QUEUE_ID=2, rocketmq_TOPIC=test
```

图 11.5　发送对象消息消费者的结果

如图 11.5 所示，消息消费者接收到对象时，会转成 JSON 对象。

11.9 关于重复消费问题

如果出现消息重复消费的问题，一般是以下情况导致的。

（1）例如，消息消费者有两个实例，配置项 spring.cloud.stream.bindings. < input > .group 的值不同，那么肯定会消费多次的，解决办法就是设置为相同的分组。

（2）例如，消息消费者接收到消息后，在业务处理方法抛出异常。比如本案例中 input1Consumer 方法内抛出异常，那么这个 input1Consumer 方法会被调用多次。解决办法是可以把消息消费记录保存起来，并记录业务是否处理完成，简单的办法就是如果已经消费过，可以跳过；通过日志或者其他记录，后续人工补偿数据，达到数据最终一致性。

11.10 消息过滤

实现消息过滤大致有以下几种方案。

1. @StreamListener 注解 condition 属性。

2. 设置 tags 过滤。

先来使用 @StreamListener 注解的 condition 属性过滤消息。

（1）消息生产者 SendMessageService 类中新增 sendConditionMessage 方法，发送自定义头 custom-header 的消息，代码如下所示。

```
public String sendConditionMessage() {
 String payload = "发送有请求头字符串测试消息" + RandomUtils.nextInt(0, 500);
 customSource.output1().send(MessageBuilder.withPayload(payload).
setHeader("custom-header", "customHeader")// 设置自定义头
         .build());
 return payload;
}
```

（2）消息生产者 TestController 类新增 /sendConditionMessage 接口，代码如下所示。

```
@RequestMapping("/sendConditionMessage")
public String sendConditionMessage() { //发送自定义头消息的接口
 return sendMessageService.sendConditionMessage();
}
```

（3）消息消费者新增 input1ConsumerCondition 方法，@StreamListener 注解加入 condition（条件）属性 custom-header 头等于 customHeader，表示只消费请求头 custom-header 为 customHeader 的消息，代码如下所示。

```
@StreamListener(value = "input1", condition = "headers['custom-
header']=='customHeader'") // 条件过滤，表示只消费请求头 custom-header 为
customHeader 的消息
public void input1ConsumerCondition(String message) {
 System.out.println(" inputConsumerCondition received  " + message);
}
```

然后使用 curl 命令调用 /sendConditionMessage 接口，消费者消费情况如图 11.6 所示。

```
input1Consumer received  发送有请求头字符串测试消息446
inputConsumerCondition received  发送有请求头字符串测试消息446
input1ConsumerMessage - 消息内容:发送有请求头字符串测试消息446 消息头： {rocketmq_QUEUE_ID=0, custom-header=customH
```

图 11.6　@StreamListener 注解 condition 属性条件过滤消费消息情况

消息打印了 3 次，因为 input1Consumer 和 input1ConsumerMessage 方法没有任何条件，所以也会被调用，如果 custom-header 头的值不为 customHeader，那么 input1ConsumerCondition 方法不会被调用。

然后来看设置 tags 过滤。

（1）消息生产者 SendMessageService 类中新增 sendTagsMessage 方法，发送自定义头 TAGS 的消息，代码如下所示。

```
public String sendTagsMessage() {
 String payload = "发送有 tags 测试消息" + RandomUtils.nextInt(0, 500);
 customSource.output1().send(MessageBuilder.withPayload(payload).
```

```
setHeader(RocketMQHeaders.TAGS, "test") // 设置tags为test
        .build());
 return payload;
}
```

（2）消息生产者TestController类新增/sendTagsMessage接口，代码如下所示。

```
@RequestMapping("/sendTagsMessage")
public String sendTagsMessage() { // 发送带TAGS消息的接口
 return sendMessageService.sendTagsMessage();
}
```

（3）在消息消费者配置文件中定义要消费的TAGS，主要新增的配置是spring.cloud.stream.bindings.input1.consumer.tags（指定要消费的TAGS），完整配置如下所示。

```
server:
  port: 8082 # 程序端口
spring:
  application:
    name: stream-consumer-sample #应用名称
  cloud:
    stream:
      rocketmq:
        binder:
          name-server: 127.0.0.1:9876  # rocketMq服务地址
        bindings: # -- 新增代码
          input1: # -- 新增代码
            consumer: # -- 新增代码
              tags: test # 指定input1消费带有tags为test的消息，如果是多个用||隔开，如test||test2，表示指定input1消费带有tags为test或test2的消息  -- 新增代码
      bindings:
        input1:
          destination: test-topic  # 订阅主题
          content-type: application/json  # 数据类型
          group: test-group # 分组，避免多个实例重复消费，相同的组只有一个会消费消息
management:
  endpoints:
    web:
      exposure:
        include: '*' #公开所有端点 Spring Cloud Stream的监控端点/actuator/bindings,/actuator/channels,/actuator/health
  endpoint:
    health:
      show-details: always #显示服务信息详情
```

使用curl命令调用/sendTagsMessage接口，消息消费者打印结果如图11.7所示。

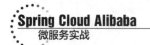

```
input1ConsumerMessage - 消息内容:发送有tags测试消息230 消息头： {rocketmq_QUEUE_ID=2, rocketmq_TOPIC=test-topic,
 input1Consumer received  发送有tags测试消息230
```

图 11.7　设置 tags 条件过滤消费消息情况

因为不满足 custom-header=customHeader 的条件，所以 input1ConsumerCondition 方法并没有被调用。如果 TAGS 不是 test，那么就不会消费这个消息。

其实这个消息过滤，可以看出来就是为了让开发者少写判断（if...else）而重点关注业务代码开发。

11.11 异常处理

消息统一的异常处理分为局部异常处理和针对某个主题的全局异常处理。

先来看局部的异常处理。新建异常处理类 HandleConsumeError，具体代码如下所示。

```
@Component
public class HandleConsumeError {
    @ServiceActivator(inputChannel = "test-topic.test-group.errors") // 局部
异常处理
    public void handleError(ErrorMessage message) {
        Throwable throwable = message.getPayload();
        System.out.println("截获异常: "+throwable.getMessage());
        System.out.println("原始消息: "+ new String((byte[])
((MessagingException)throwable).getFailedMessage().getPayload()));
    }
}
```

然后修改 ConsumerListener#input1Consumer 方法，使其必报错（算数异常），代码如下所示。

```
@StreamListener("input1")
public void input1Consumer(String message) { // 数据全部字符串方式接收
 System.out.println(" input1Consumer received  " + message);
 int i = 1 / 0; // 除数不能为 0，此处必报错
}
```

使用 curl 命令调用 /sendMessage 接口，消息消费者打印情况如图 11.8 所示。

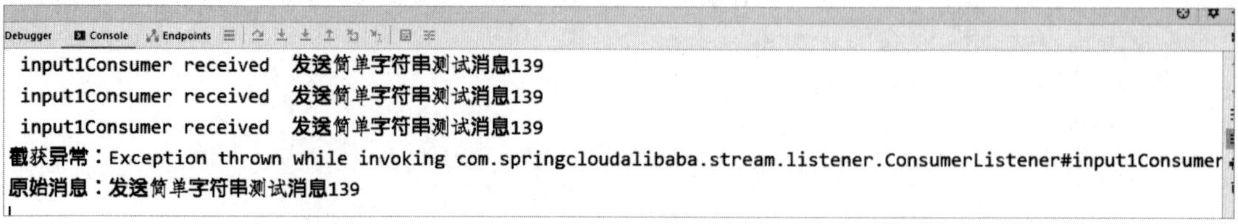

```
 input1Consumer received  发送简单字符串测试消息139
 input1Consumer received  发送简单字符串测试消息139
 input1Consumer received  发送简单字符串测试消息139
截获异常：Exception thrown while invoking com.springcloudalibaba.stream.listener.ConsumerListener#input1Consumer
原始消息：发送简单字符串测试消息139
```

图 11.8　局部异常处理

可以看出 input1Consumer 方法遇到异常后，重试了几次，最后进入了局部异常处理的方法。

除了局部异常处理以外，还有全局异常处理，具体代码如下所示。

```
@StreamListener("errorChannel")  // 全局异常处理，如果已进入局部异常处理，则不会进入全局异常处理
public void globalHandleErrors(ErrorMessage message) {
 Throwable throwable = message.getPayload();
 System.out.println("全局异常处理 - 截获异常："+throwable.getMessage());
 System.out.println("全局异常处理 - 原始消息："+ new String((byte[])
((MessagingException)throwable).getFailedMessage().getPayload()));
}
```

注意

如果已进入局部异常处理，则不会进入全局异常处理，也就是定义了局部异常处理，就不会进入全局异常处理了。

11.12 事务消息

RocketMQ 的一大亮点就是支持事务消息，下面就来看 Spring Cloud Stream + RocketMQ 的事务消息，也大致了解一下使用 Spring Cloud Stream + RocketMQ 解决分布式事务的流程。

（1）消息生产者 application.yml 配置文件中新增事务消息的输出信道（output2）、事务订阅主题及事务分组等，完整配置如下所示。

```
server:
  port: 8081  # 程序端口
spring:
  application:
    name: stream-produce-sample  # 应用名称
  cloud:
    stream:
      rocketmq:
        binder:
          name-server: 127.0.0.1:9876 # rocketMq 服务地址
        bindings: # -- 新增代码
          output2: # -- 新增代码
            producer: # -- 新增代码
              transactional: true # 事务 -- 新增代码
              group: myTxProducerGroup  # 事务分组 -- 新增代码
      bindings:
        output1:
```

```
          destination: test-topic # 主题
          content-type: application/json # 数据类型
        output2: # -- 新增代码
          destination: transaction-topic  # 主题 -- 新增代码
          content-type: application/json # 数据类型 -- 新增代码
management:
  endpoints:
    web:
      exposure:
        include: '*' #公开所有端点  Spring Cloud Stream 的监控端点 /actuator/
bindings,/actuator/channels,/actuator/health
  endpoint:
    health:
      show-details: always #显示服务信息详情
```

（2）消息生产者 CustomSource 类增加自定义的输出通道（output2），新增代码如下所示。

```
@Output("output2")
MessageChannel output2();
```

（3）消息生产者 SendMessageService 类增加 sendTransactionMessage 方法，主要是发送事务的预备消息，代码如下所示。

```
public String sendTransactionMessage() { // 发送事务预备消息
 String uuid = UUID.randomUUID().toString();
 String payload = "发送事务测试消息" + uuid;
 customSource.output2().send(MessageBuilder.withPayload(payload).
setHeader(RocketMQHeaders.TRANSACTION_ID, uuid) // 事务id
                 .build()
 );
 return payload;
}
```

（4）消息生产者 TestController 类增加 /sendTransactionMessage 接口，触发发送预备事务，代码如下所示。

```
@RequestMapping("/sendTransactionMessage")
public String sendTransactionMessage() { //发送事务消息的接口
 return sendMessageService.sendTransactionMessage();
}
```

（5）下面是最重要的步骤，消息生产者新增 TransactionListener 类，执行本地事务和检查本地事务，完整代码如下所示。

```
@RocketMQTransactionListener(txProducerGroup = "myTxProducerGroup",
```

```
corePoolSize = 5, maximumPoolSize = 10)
public class TransactionListener implements RocketMQLocalTransactionListener {
    @Override
    public RocketMQLocalTransactionState executeLocalTransaction(Message
msg, Object arg) { // 执行本地事务的方法
        try {
            String transactionId = (String) msg.getHeaders().
get(RocketMQHeaders.TRANSACTION_ID);
            System.out.println("executeLocalTransaction transactionId: " +
transactionId + "date: " + new Date());
            // 在此处执行业务逻辑
            //TODO 1. 调用 service 层执行操作数据库的逻辑
            //TODO 2. 判断操作数据库是否成功，成功则返回
RocketMQLocalTransactionState.COMMIT      失败则返回
RocketMQLocalTransactionState.ROLLBACK
            // 执行成功则发送提交事务信号
            return RocketMQLocalTransactionState.COMMIT;
        } catch (Exception e) {
            // 报错执行失败则发送回滚事务信号
            return RocketMQLocalTransactionState.ROLLBACK;
        }
    }
    @Override
    public RocketMQLocalTransactionState checkLocalTransaction(Message msg) {
// 如果一定时间后，还有消息未确认发出，RocketMQ 会主动调用发送方，让调用方决定消息是否该
发出，该方法决定该消息是否应该提交还是回滚
        String transactionId = (String) msg.getHeaders().
get(RocketMQHeaders.TRANSACTION_ID);
        System.out.println("checkLocalTransaction transactionId: " +
transactionId + " date:  " + new Date());
        //TODO 1. 可以通过 transactionId 或者其他属性关联，查询数据库验证在
executeLocalTransaction 步骤是否操作数据库是成功的
        //TODO 2. 如果成功则 RocketMQLocalTransactionState.COMMIT，如果失败则
RocketMQLocalTransactionState.ROLLBACK
        return RocketMQLocalTransactionState.COMMIT;
    }
}
```

executeLocalTransaction 方法：发送预备消息后，首先在此方法中执行本地事务，如果执行成功，则提交事务，如果失败则回滚。具体的步骤大致可分为：

①调用 service 层执行操作数据库的逻辑。

②判断操作数据库是否成功，成功则返回 RocketMQLocalTransactionState.COMMIT，失败则返回 RocketMQLocalTransactionState.ROLLBACK。

checkLocalTransaction 方法：如果一定时间后，还有消息未确认发出，RocketMQ 会主动调用发送方，最后会调用到 checkLocalTransaction 方法，让调用方决定消息提交还是回滚。具体的步骤大致可分为：

①通过 transactionId 或其他属性关联，查询数据库，看在 executeLocalTransaction 步骤上是否操作数据库是成功的。

②如果成功，则 RocketMQLocalTransactionState.COMMIT；如果失败，则 RocketMQLocalTransactionState.ROLLBACK。

（6）消息消费者 application.yml 配置文件中新增事务消息的输入信道（input2）、事务订阅主题及分组等，完整配置如下所示。

```
server:
  port: 8082 # 程序端口
spring:
  application:
    name: stream-consumer-sample # 应用名称
  cloud:
    stream:
      rocketmq:
        binder:
          name-server: 127.0.0.1:9876  # rocketMq 服务地址
        bindings:
          input1:
            consumer:
              tags: test # 指定input1消费带有tags为test的消息,如果是多个用||隔开,
如 test||test2，表示指定 input1 消费带有 tags 为 test 或 test2 的消息
      bindings:
        input1:
          destination: test-topic  # 订阅主题
          content-type: application/json  # 数据类型
          group: test-group # 分组，避免多个实例重复消费，相同的组只有一个会消费消息
        input2: # -- 新增代码
          destination: transaction-topic # 订阅主题 -- 新增代码
          content-type: text/plain # 数据类型 -- 新增代码
          group: transaction-group  # 分组 -- 新增代码
management:
  endpoints:
    web:
      exposure:
        include: '*' # 公开所有端点  Spring Cloud Stream 的监控端点 /actuator/
bindings,/actuator/channels,/actuator/health
  endpoint:
    health:
      show-details: always # 显示服务信息详情
```

（7）消息消费者 CustomSink 类增加自定义的输入通道（input2），新增代码如下所示。

```
@Input("input2")
SubscribableChannel input2();
```

（8）消息消费者 ConsumerListener 类增加消费事务消息的方法 receiveTransactionalMsg，代码如下所示。

```
@StreamListener("input2")
public void receiveTransactionalMsg(String transactionMsg) { // 接收事务消息的方法
 try {
     //TODO 1. 记录消息消费记录，为了避免消息重复消费
     //TODO 2. 执行操作数据库的逻辑，保存数据等
     System.out.println(" receiveTransactionalMsg msg: " + transactionMsg +
" date:  " + new Date());
 }catch (Exception e){
     //TODO 3. 如果执行业务处理逻辑失败，记录消息数据，可以采取人工干预的手段，达到数据最终一致性
 }
}
```

该方法就是接收事务消息，具体处理流程可分为：

①记录消息消费记录，为了避免消息重复消费。

②执行操作数据库的逻辑，也就是具体执行业务处理，保存数据等。

③如果执行业务处理逻辑失败，进入 catch 块，记录消息数据，可以采取人工干预的手段，达到数据一致性。

11.13 Spring Cloud Stream 的监控

Spring Cloud Stream 有三个端点可以看到它的状态、配置等信息，分别是 /actuator/bindings、/actuator/channels、/actuator/health。

curl 命令调用 /actuator/bindings 端点，可以看到每个主题（topic）配置的信息，因为数据太多太乱，把 JSON 格式化后，结果如图 11.9 所示。

/actuator/channels 接口可以看到配置的信道信息，结果如下所示。

```
{"outputs":{"output1":{"destination":"test-topic","producer":{}},"output2":{
"destination":"transaction-topic","producer":{}}}}
```

```
[{
    "name": "test-topic",
    "group": null,
    "pausable": false,
    "state": "running",
    "extendedInfo": {
        "bindingDestination": "test-topic",
        "ExtendedProducerProperties": {
            "autoStartup": true,
            "partitionCount": 1,
            "extension": {
                "enabled": true,
                "group": null,
                "maxMessageSize": 4194304,
                "transactional": false,
                "sync": false,
                "vipChannelEnabled": true,
                "sendMessageTimeout": 3000,
                "compressMessageBodyThreshold": 4096,
                "retryTimesWhenSendFailed": 2,
                "retryTimesWhenSendAsyncFailed": 2,
                "retryNextServer": false
            },
            "validPartitionKeyProperty": true,
            "validPartitionSelectorProperty": true
        }
    },
    "input": false
}, {
    "name": "transaction-topic",
    "group": null,
    "pausable": false,
    "state": "running",
    "extendedInfo": {
        "bindingDestination": "transaction-topic",
        "ExtendedProducerProperties": {
```


图 11.9　/actuator/bindings 接口结果

/actuator/health 端点中可以查看 Binder 及 RocketMQ 的状态。


```
{"status":"UP","details":{"diskSpace":{"status":"UP","details":{"total":369648201728,"free":177499406336,"threshold":10485760}},"binders":{"status":"UP","details":{"rocketmq":{"status":"UP","details":{"rocketBinderHealthIndicator":{"status":"UP"}}}}}}}
```


11.14 小结

本章重点使用 Spring Cloud Stream 框架整合 RocketMQ 消息中间件，实现了简单的消息订阅与发布、过滤消息、统一的异常处理及使用事务消息解决分布式事务问题。

Spring Cloud Stream 主要使用 Binder 对象屏蔽底层细节，提供了统一的编程模型，为开发者提供了不少便利。可以看出技术的发展会把复杂的东西越来越简化，但是也不可以松懈，还需要加强自身修炼，了解其底层原理。

第12章 分布式链路追踪——SkyWalking

微服务的出现，的确解决了一些“痛点”，但也造成了新的问题，比如随着调用链的拉长，如果想要知道请求为什么这么慢，这个请求到底经历了哪些环节，又依赖了哪些东西，在微服务架构中定位这些问题并且解决是比较麻烦的。

什么是调用链呢?

A 服务调用 B 服务可以说是一个调用链，即使是同一个服务中一个函数（方法）调用到另外一个函数（方法），也可以说是一个调用链。

以前单体应用中，排查问题往往只需要到这台应用的服务，查看日志基本就能解决了。但在微服务系统中，一般是分布式部署的，这也给排查问题增加了难度，如果把一台台服务器登录上去找问题，既麻烦又耗费时间。

为了解决这些问题，业内已经有了分布式链路追踪的解决方案，比如使用 Zipkin、Sky-Walking 等。

本章主要涉及的知识点有：

- SkyWalking 简介；
- 同类产品对比；
- Elasticsearch 简介；
- 下载和安装 Elasticsearch、SkyWalking；
- 使用 agent；
- 忽略端点；
- 配置告警，自定义触发告警后的处理逻辑；
- 性能分析；
- 配置账号和密码。

12.1 SkyWalking 简介

SkyWalking 是由国人吴晟基于 OpenTracing 实现的开源项目，2017 年 12 月 8 日已进入 Apache 孵化器。

SkyWalking 是一个 APM（应用性能监控）系统，专为微服务、云原生架构和基于容器（Docker、Kubernetes、Mesos）架构而设计。通过探针收集应用的指标，并进行分布式链路追踪。SkyWalking 会感知服务之间的调用链路关系，形成相应的统计数据。

SkyWalking 的特性如下所示。

（1）支持告警。

（2）采用探针技术，对业务代码零侵入。

（3）支持自动及手动探针。

（4）轻量高效，不需要大数据平台。

（5）多种监控手段，多语言自动探针（Java、.NET Core 和 Node.JS）。

（6）简洁强大的可视化后台。

（7）模块化（分为 UI、存储等模块）。

SkyWalking 的整体架构如下所示。

（1）探针（agent）：负责数据收集，包含了 Tracing 和 Metrics 的数据。

（2）可观测性分析平台（Observability Analysis Platform，OAP）：接收探针发送的数据，并使用分析引擎进行数据整合、运算，然后把数据存储到对应的存储介质（指的是 H2 或 Elasticsearch 等）上，还为 UI 后台提供查询接口。

（3）UI：调用 OAP 的接口，提供可视化的界面展示。

12.2 同类产品对比

把 Zipkin、Pinpoint、CAT 和 SkyWalking 进行对比，如表 12.1 所示。

表 12.1　Zipkin、Pinpoint、CAT 和 SkyWalking 的对比

基础特性	Zipkin	Pinpoint	CAT	SkyWalking
实现原理	拦截请求	探针，字节码增强	代码埋点（拦截器，过滤器）	探针，字节码增强
agent 到 collector 协议	HTTP，MQ	Thrift	HTTP/TCP	gRPC
OpenTracing	支持	不支持	不支持	支持

续表

基础特性	Zipkin	Pinpoint	CAT	SkyWalking
粒度	接口级	方法级	代码级	方法级
全局调用统计	HTTP，MQ	Thrift	HTTP/TCP	gRPC
JVM 监控	不支持	不支持	支持	支持
告警	不支持	支持	支持	支持
traceid 查询	支持	不支持	不支持	支持
数据存储	Elasticsearch，MySql，Cassandra，内存	Hbase	MySql，HDFS	Elasticsearch，H2，MySql 等

Zipkin 是 Twitter 开源的调用链分析工具，目前基于 Spring Cloud Sleuth 应用广泛，部署和使用简单，但是功能并不多。

Pinpoint 是由韩国团队实现并开源，通过字节码增强，探针实现，接入端无侵入，但是由于收集的数据很多，整个性能会降低。

CAT 是大众点评的开源项目，基于编码和配置实现，报表功能强大，但是会对代码有侵入性，使用时需要修改代码。

对比以上几款产品后，就会发现还是 SkyWalking 功能强大，而且还是国人研发。

12.3 Elasticsearch 简介

SkyWalking 的数据存储这里决定使用 Elasticsearch，来看一下 Elasticsearch 的简介和作用。

简单来说 Elasticsearch 就是一个数据库，用来保存数据。Elasticsearch 是在 Apache Lucene 的基础上开发，形成一个分布式的开源搜索和分析引擎，适用于文本、数字、地理空间、结构化和非结构化数据。

Elasticsearch 主要应用于搜索、查询领域，如网站搜索、企业搜索、应用程序搜索、日志处理和分析、地理空间数据分析和可视化、安全分析、业务数据分析等。

12.4 下载和安装 Elasticsearch

首先到 https://www.elastic.co/cn/downloads/elasticsearch 地址下载 Elasticsearch，当前页面只展示了最新版的下载，如果要下载历史版本，直接修改版本号就可以了，例如，笔者下载 7.0.0 版本，地址就是 https://artifacts.elastic.co/downloads/elasticsearch/elasticsearch-7.0.0-linux-x86_64.tar.gz（使

用 7.0.0 版本是为了和下面的 SkyWalking 版本对应)，为了模拟真实线上环境，笔者使用 Linux 版本，虚拟机 IP 是 192.168.42.128。

注意

新版本的 Elasticsearch 不能使用 root 用户启动，软件包路径也最好放在普通用户的目录下，如笔者放在 /home/zzq 目录下。

下载完成后，就可以安装了，有以下几个步骤。

(1) 使用 tar 命令解压安装包。

```
tar -zxvf elasticsearch-7.0.0-linux-x86_64.tar.gz
```

(2) 切换到 elasticsearch-7.0.0 目录，修改 config/elasticsearch.yml 文件。

```
vim  config/elasticsearch.yml
```

需要修改以下几个配置项，配置如下所示。

```
cluster.name: my-application # 集群名称
node.name: node-128 # 节点名称
path.data: /home/zzq/data/es/data   # 数据存储路径
path.logs: /home/zzq/data/es/logs # 日志路径
bootstrap.memory_lock: false #锁定物理内存地址
bootstrap.system_call_filter: false    #系统调用筛选
network.host: 192.168.42.128    # 本机 ip
cluster.initial_master_nodes: ["node-128"]   #集群引导
```

创建数据和日志的存储目录，命令如下所示。

```
mkdir -p /home/zzq/data/es/data
mkdir -p /home/zzq/data/es/logs
```

(3) 设置文件描述符、最大线程数及最大虚拟内存区域，执行的命令如下所示。

```
echo "* soft nofile 65536" >> /etc/security/limits.conf
echo "* hard nofile 131072" >> /etc/security/limits.conf
echo "zzq soft nproc 4096" >> /etc/security/limits.conf
echo "zzq hard nproc 4096" >> /etc/security/limits.conf
ulimit -u  4096
sysctl -w vm.max_map_count=262144
echo "vm.max_map_count=262144" >> /etc/sysctl.conf
sysctl -p
```

注意

zzq 是普通用户名。

（4）开防火墙端口（或暂时关闭防火墙），命令如下所示。

```
firewall-cmd --permanent --zone=public --add-port=9200/tcp
firewall-cmd --permanent --zone=public --add-port=9300/tcp
firewall-cmd --reload
```

（5）启动服务，记住新的版本要用平台用户启动。

注意

Elasticsearch 启动前请保证磁盘空间充足（大概保证有 20% 的可用空间），否则在调用 Elasticsearch 时可能会报莫名其妙的错误。

直接运行，命令如下所示。

```
./bin/elasticsearch
```

如果想要后台运行，使用如下命令。

```
./bin/elasticsearch -d
```

（6）测试服务是否启动成功。

服务启动完成后，使用 curl 命令调用 /?pretty 测试下是否启动成功，使用如下命令。

```
[root@localhost software]# curl -X GET '192.168.42.128:9200/?pretty'
{
  "name" : "node-128",
  "cluster_name" : "my-application",
  "cluster_uuid" : "Ag4a6_bnTKGAl6iVXo18Ug",
  "version" : {
    "number" : "7.0.0",
    "build_flavor" : "default",
    "build_type" : "tar",
    "build_hash" : "b7e28a7",
    "build_date" : "2019-04-05T22:55:32.697037Z",
    "build_snapshot" : false,
    "lucene_version" : "8.0.0",
    "minimum_wire_compatibility_version" : "6.7.0",
    "minimum_index_compatibility_version" : "6.0.0-beta1"
  },
  "tagline" : "You Know, for Search"
}
```

结果能获取到 Elasticsearch 的信息，表示启动成功。

以下是常见的错误整理。

（1）Error: Could not find or load main class org.elasticsearch.tools.java_version_checker.Java-

VersionChecker。

这种错误提示，一般是没有权限导致的，解决办法是软件包要放在普通用户目录下启动。

（2）max file descriptors [4096] for elasticsearch process is too low, increase to at least [65536]。

解决办法是设置文件描述符，命令如下所示。

```
echo "* soft nofile 65536" >> /etc/security/limits.conf
echo "* hard nofile 131072" >> /etc/security/limits.conf
```

（3）max number of threads [1024] for user [zzq] is too low, increase to at least [4096]。

最大线程数太少，解决办法是重新设置线程数，命令如下所示（zzq 是用户名）。

```
echo "zzq soft nproc 4096" >> /etc/security/limits.conf
echo "zzq hard nproc 4096" >> /etc/security/limits.conf
ulimit -u  4096
```

（4）max virtual memory areas vm.max_map_count [65530] is too low, increase to at least [262144]。

最大虚拟内存区域太低，解决办法是重新设置内存区域，命令如下所示。

```
sysctl -w vm.max_map_count=262144
echo "vm.max_map_count=262144" >> /etc/sysctl.conf
sysctl -p
```

（5）system call filters failed to install；check the logs and fix your configuration or disable system call filters at your own risk。

解决办法是禁用锁定物理内存地址和系统调用筛选器，config/elasticsearch.yml 文件增加如下配置。

```
bootstrap.memory_lock: false
bootstrap.system_call_filter: false
```

看到这么多的错误整理，是否觉得要启动一个 Elasticsearch 服务也很“艰辛”呢？

别担心，熟悉 Docker 的读者应该知道有更轻松的解决办法。如果是使用 Docker 创建一个 Elasticsearch 服务，一行命令就搞定了，命令如下所示。

```
docker run -d --name elasticsearch-standard -p 9200:9200 -p 9300:9300  -e
"discovery.type=single-node" elasticsearch:7.0.0 # -d 表示后台运行 --name 表示名称
-p 表示映射端口 -e 传递环境变量
```

12.5 下载和安装 SkyWalking

SkyWalking 的下载地址是 http://skywalking.apache.org/zh/downloads，为了模拟线上环境，笔者

下载的是 Linux 版本。软件包是 apache-skywalking-apm-es7-7.0.0.tar.gz。

注意

因为是结合 Elasticsearch 使用，所以下载 Binary Distribution for ElasticSearch 7 那一行的包。

（1）下面开始正式安装 SkyWalking。

```
tar -zxvf apache-skywalking-apm-es7-7.0.0.tar.gz
```

解压后会得到以下目录和文件。

```
drwxrwxr-x. 8 1001 1002   143 Mar 18 11:50 agent
drwxr-xr-x. 2 root root   241 Sep 13 04:13 bin
drwxr-xr-x. 2 root root   221 Sep 13 04:15 config
-rwxrwxr-x. 1 1001 1002 29791 Mar 18 11:37 LICENSE
drwxrwxr-x. 3 1001 1002  4096 Sep 13 04:13 licenses
drwxr-xr-x. 2 root root    98 Sep 13 04:15 logs
-rwxrwxr-x. 1 1001 1002 32838 Mar 18 11:37 NOTICE
drwxrwxr-x. 2 1001 1002 12288 Mar 18 12:00 oap-libs
-rw-rw-r--. 1 1001 1002  1978 Mar 18 11:37 README.txt
drwxr-xr-x. 3 root root    30 Sep 13 04:13 tools
drwxr-xr-x. 2 root root    53 Sep 13 04:13 webapp
```

agent：探针相关，代理模块。

bin：oapService 和 webappService 的启动脚本，也有执行两个脚本的合并脚本 startup.sh。

config：数据收集器、存储、告警等配置信息。

logs：collector 和 webapp-ui 生成的日志。

webapp：SkyWalking 展示 UI 的 Jar 和配置文件。

（2）切换到 apache-skywalking-apm-bin-es7 目录，修改 config/application.yml 文件，使用如下命令。

```
vim config/application.yml
```

定位到 storage（关于存储）的位置，把 selector 的值修改为 elasticsearch 7，表示选择 elasticsearch7。

```
selector: ${SW_STORAGE:elasticsearch7}
```

修改 elasticsearch7 下的 nameSpace 和 clusterNodes，nameSpace 是 cluster.name 的值，配置如下所示。

```
nameSpace: ${SW_NAMESPACE:"my-application"}
clusterNodes: ${SW_STORAGE_ES_CLUSTER_NODES:192.168.42.128:9200}
```

（3）SkyWalking 默认使用的端口有 8080、11800、12800，如果有占用的情况，可以修改

config/application.yml 和 webapp/webapp.yml 文件，还要记得开防火墙端口（或暂时关闭防火墙），命令如下所示。

```
firewall-cmd --permanent --zone=public --add-port=8080/tcp
firewall-cmd --permanent --zone=public --add-port=11800/tcp
firewall-cmd --permanent --zone=public --add-port=12800/tcp
firewall-cmd --reload
```

（4）启动 collector 和 webapp-ui，命令如下所示。

```
./bin/startup.sh
```

这步一般不会有什么问题，只要有 skywalking-webapp.jar 进程和 OAPServerStartUp 进程，就成功了。

在浏览器地址栏输入 http：//192.168.42.128：8080（地址格式是 http：//＜IP＞：8080），结果出现 UI 界面，如图 12.1 所示，表示成功。

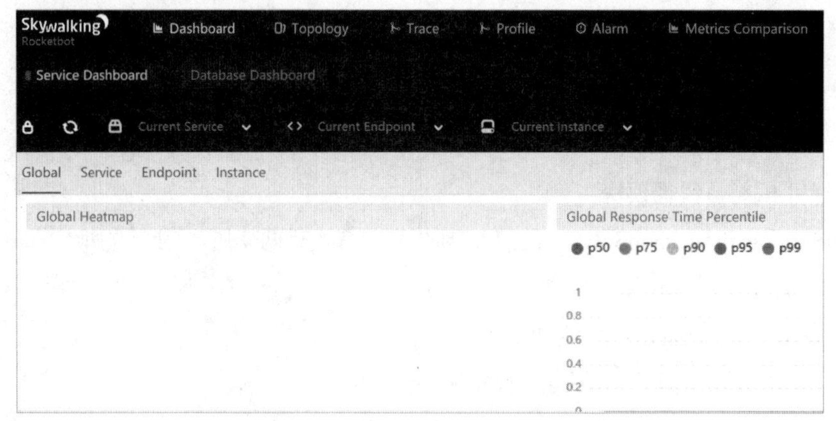

图 12.1　SkyWalking 的 UI 界面

12.6 IDEA 使用 agent

IDEA 使用 agent 主要是用于本地开发环境，需要有 agent 文件夹，然后加上启动参数即可。

代码案例就使用第 10 章的代码来演示。

（1）点击 Edit Configuration，选择启动类 DistributionApplication，在 VM options 输入框中填入如下代码（192.168.42.128：11800 是 SkyWalking 服务地址）。

注意

先将 agent 目录复制到本地。

```
-javaagent:D:\software\SkyWalking\agent\skywalking-agent.jar
-Dskywalking.agent.service_name=transaction-distribution-sample -Dskywalking.
collector.backend_service=192.168.42.128:11800
```

注意

D：\software\SkyWalking\agent\skywalking-agent.jar 是 SkyWalking Agent 包的地址，service_name 是定义服务名称，backend_service 是 SkyWalking 服务地址。

新增的启动参数如图 12.2 所示。

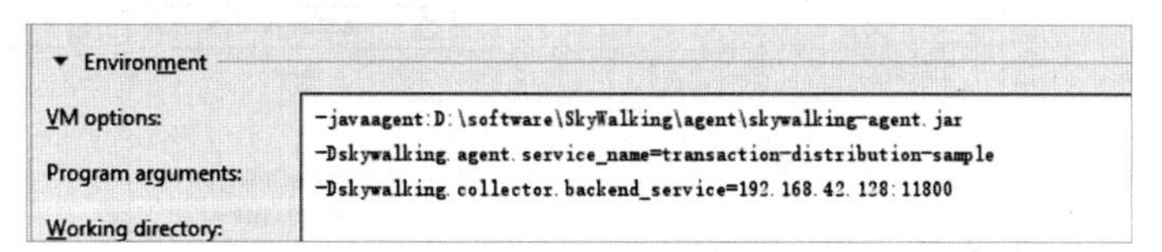

图 12.2　新增启动参数

（2）点击 Edit Configuration，选择启动类 OrderApplication，在 VM options 输入框中填入如下代码（192.168.42.128：11800 是 SkyWalking 服务地址）。

```
-javaagent:D:\software\SkyWalking\agent\skywalking-agent.jar
-Dskywalking.agent.service_name=transaction-order-sample
-Dskywalking.collector.backend_service=192.168.42.128:11800
```

然后启动一系列服务，调用 /createOrder 接口，查看 SkyWalking 的 UI 界面，结果如图 12.3 所示。

注意

查看 UI 界面时，要点击刷新或自动，它就会自动刷新界面。

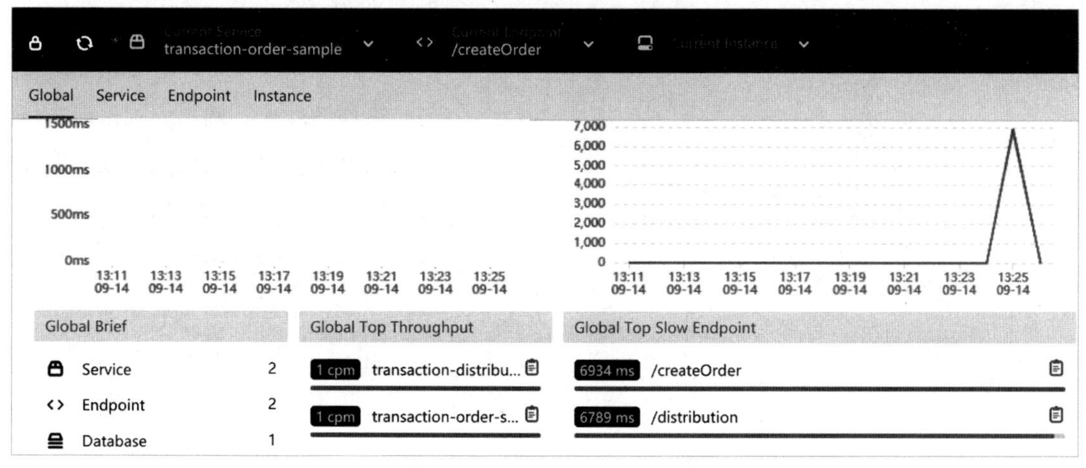

图 12.3　调用 /createOrder 接口后 SkyWalking 的 UI 界面仪表盘显示

可以看到SkyWalking已经收集到调用了哪些接口，哪些服务，有几个服务，有几个数据库，调用接口的耗时等。除了这些，SkyWalking还能收集到JVM内存的情况，点击实例（Instance）就可以看到。

再来看一下拓扑图（Topology），如图12.4所示。

令人震惊的是这个图可以很容易看出部署架构用了哪些技术等，并且从客户端到调用服务再到数据库的过程也展示出来了。

来到追踪（Trace）界面，如图12.5所示（显示结果可以是列表、树形、表格的形式）。

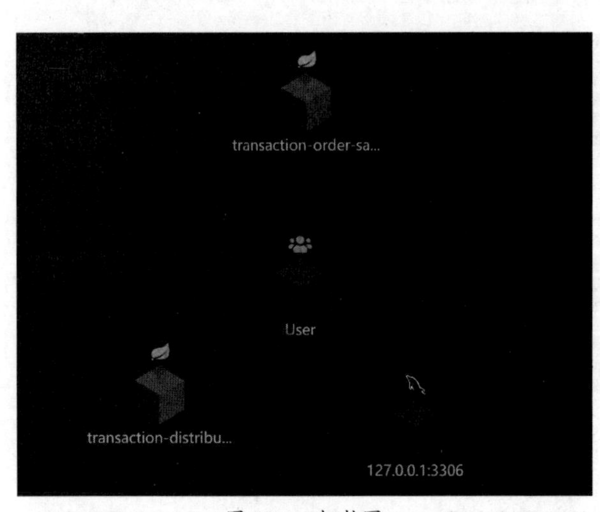

图12.4 拓扑图

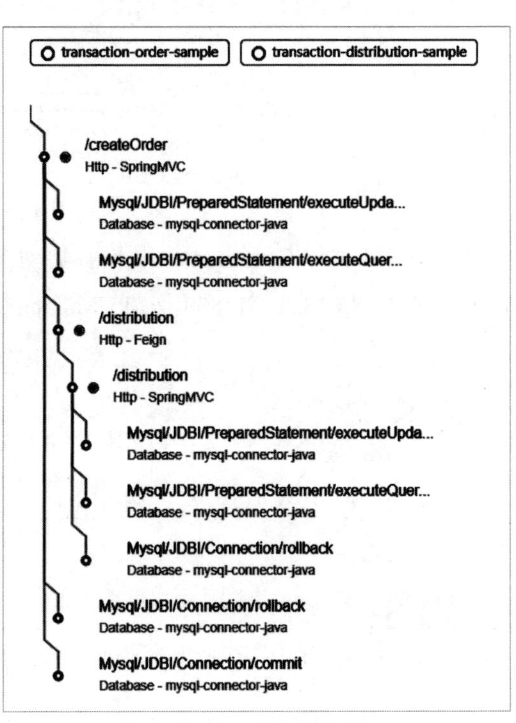

图12.5 追踪界面

整个调用链路十分清晰，对数据库的操作，调用远程接口都展示出来了。再任意点击一项，出现详细信息，如图12.6所示。

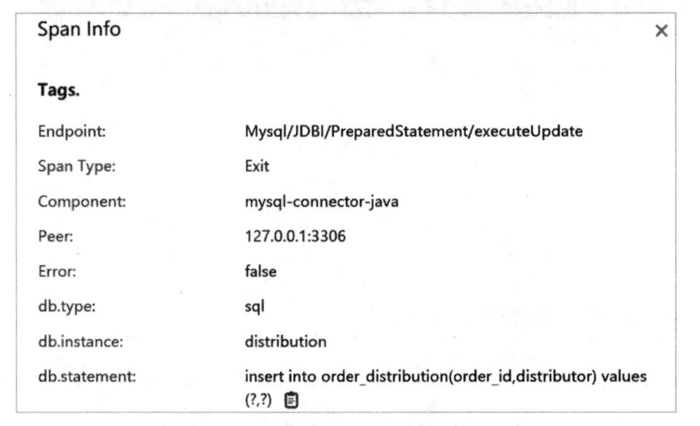

图12.6 追踪界面的某项的详细信息

可以把该项执行操作看得一清二楚，连接的哪个数据库，执行的sql语句SkyWalking通通采集到了。

指标对比（Metrics Comparison）可以对两个服务的响应时间，内存占用情况进行对比，如图12.7所示。

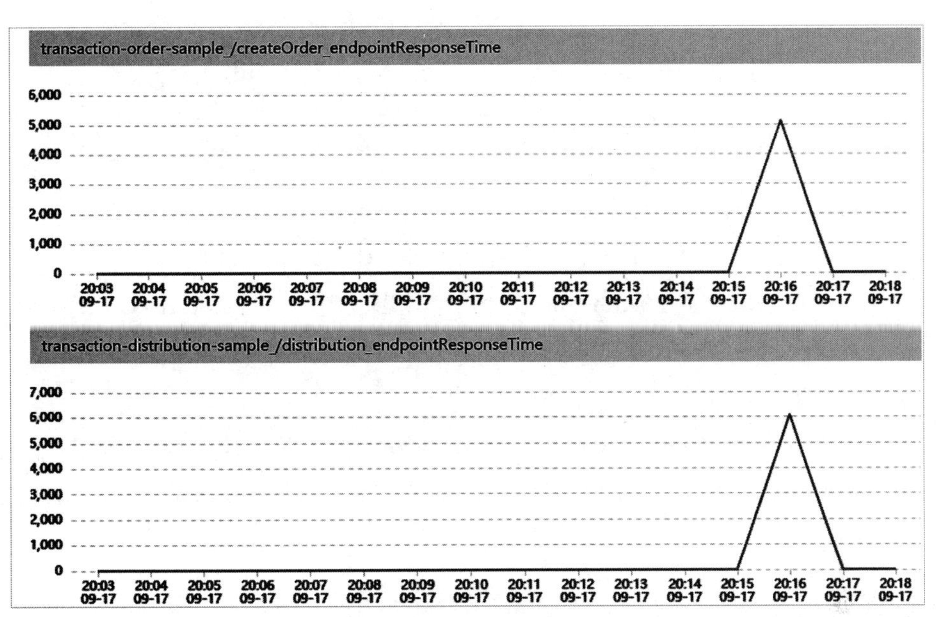

图 12.7　两个服务的响应时间指标对比

12.7 忽略端点

有时可能不需要采集某个端点的数据（如心跳之类的请求，可能不是那么重要），可以设置忽略它，意味着包含这些路径的追踪信息不会被 agent 发送到 collector。

设置忽略端点有以下几个步骤。

（1）把 agent/optional-plugins/apm-trace-ignore-plugin-7.0.0.jar 文件复制到 agent/plugins/ 目录中，也就是增加插件的步骤，使用如下命令。

注意

这里的 agent 目录指的是自己的服务引用 Jar 包的那个目录。

```
cp agent/optional-plugins/apm-trace-ignore-plugin-7.0.0.jar agent/plugins/
```

（2）在启动参数中增加 -Dskywalking.trace.ignore_path 配置。

如忽略 /createOrder 接口，订单服务启动参数配置如下所示。

```
-javaagent:D:\software\SkyWalking\agent\skywalking-agent.jar
-Dskywalking.agent.service_name=transaction-order-sample
-Dskywalking.collector.backend_service=192.168.42.128:11800
-Dskywalking.trace.ignore_path=/createOrder
```

忽略 /distribution 接口，配送服务启动参数配置如下所示。

```
-javaagent:D:\software\SkyWalking\agent\skywalking-agent.jar
-Dskywalking.agent.service_name=transaction-distribution-sample
-Dskywalking.collector.backend_service=192.168.42.128:11800
-Dskywalking.trace.ignore_path=/distribution
```

-Dskywalking.trace.ignore_path 配置还支持表达式，如 /path/*、/path/**、/path/?。? 表示匹配任意单字符，* 表示匹配 0 或任意数量的字符，** 表示匹配 0 或更多的目录。

配置好忽略 /createOrder 和 /distribution 端点后，重启应用，在调用 /createOrder 和 /distribution 接口时，agent 就不会再采集这些接口的数据了。

除此以外，还有一种方法。

依然是在增加 apm-trace-ignore-plugin-7.0.0.jar 插件的前提下，不同的是去配置 agent/config/agent.config 文件忽略端点，服务每次启动都会加载这个配置文件。忽略 /createOrder 和 /distribution 端点配置，代码如下所示。

```
trace.ignore_path==${SW_AGENT_TRACE_IGNORE_PATH:/createOrder,/distribution}
```

注意

agent.config 的 trace.ignore_path 配置项同样支持表达式。

12.8 告警

告警功能是 SkyWalking 的一大特色。SkyWalking 会定时把采集到的数据和配置的告警规则进行比对，如果满足阈值条件，则会触发告警。SkyWalking 允许用户基于 webhook（网络钩子）规范，自定义触发告警之后的逻辑，如发送短信、发邮件、打电话、微信公众号通知等。

SkyWalking 程序路径下的 config/alarm-settings.yml 文件就是预定义的告警规则，先来粗略看看文件的内容。

```
rules:
  service_resp_time_rule: # 服务响应时间规则
    metrics-name: service_resp_time # 名称
    op: ">" # 大于
    threshold: 1000 # 阈值
    period: 10 # 间隔时间
    count: 3 # 次数
    silence-period: 5 #告警发送后多少分钟内告警不会重复发送
message: Response time of service {name} is more than 1000ms in 3 minutes
of last 10 minutes. # 告警内容模板
...省略...
```

```
webhooks:  # 网络钩子
#   - http://127.0.0.1/notify/
#   - http://127.0.0.1/go-wechat/
```

以上只列出了关于服务响应时间（service_resp_time）的告警规则和 webhooks 的配置，webhooks 下配的地址就是触发告警后要通知的地址，这个程序需要自己开发。

其他字段表示的含义如下。

- metrics-name：oal 脚本中的度量名称。
- op：比较操作符，可以设为>、<或 =。
- threshold：阈值，与 metrics-name 和比较符号（op）相匹配，单位为毫秒。
- period：检查当前的指标数据是否满足告警规则的间隔时间。
- count：达到多少次告警后，触发告警消息。
- silence-period：在多长时间内，忽略相同的告警。
- message：告警消息内容。

从上面字段含义解释可以推断出 service_resp_time 告警规则的大致含义是：如果有一个服务，我们在 10 分钟内请求它超过 3 次，如果响应时间都超过 1000 毫秒就触发告警，触发告警发送后 5 分钟内不会再告警。

在大致了解了 SkyWalking 的告警规则后，就来编写触发告警后的自定义逻辑，要开始写代码了。

笔者使用的是之前在 https://start.spring.io 下载的程序来修改，改名等步骤就不再赘述了，重要的有以下几个步骤。

（1）定义程序端口，避免端口占用冲突，修改后的 application.yml 文件内容如下所示。

```
server:
  port: 8083 #程序端口
```

（2）定义 SkyWalking 告警通知消息的数据结构，创建 AlarmMessage 类，具体代码如下所示。

```
public class AlarmMessage { // 告警消息数据结构
    private Integer scopeId; // 作用域
    private String name; // 目标作用域下的实体名称
    private Integer id0; // 作用域下实体的 ID，与名称匹配
    private Integer id1; // 暂不使用
    private String ruleName; // alarm-settings.yml 中配置的规则名称
    private String alarmMessage; // 告警消息
    private Long startTime; // 告警产生时间
    @Override
    public String toString() {
        return "AlarmMessage{" + "scopeId=" + scopeId +  ", name='" + name +
'\'' +  ", id0=" + id0 +  ", id1=" + id1 + ", ruleName='" + ruleName + '\''
+ ", alarmMessage='" + alarmMessage + '\'' + ", startTime=" + startTime + '}';
```

```
    }
    public void setScopeId(Integer scopeId) {
        this.scopeId = scopeId;
    }
    public void setName(String name) {
        this.name = name;
    }
    public void setId0(Integer id0) {
        this.id0 = id0;
    }
    public void setId1(Integer id1) {
        this.id1 = id1;
    }
    public void setAlarmMessage(String alarmMessage) {
        this.alarmMessage = alarmMessage;
    }
    public void setStartTime(Long startTime) {
        this.startTime = startTime;
    }
    public Integer getScopeId() {
        return scopeId;
    }
    public String getName() {
        return name;
    }
    public Integer getId0() {
        return id0;
    }
    public Integer getId1() {
        return id1;
    }
    public String getAlarmMessage() {
        return alarmMessage;
    }
    public Long getStartTime() {
        return startTime;
}
public void setRuleName(String ruleName) {
    this.ruleName = ruleName;
}
public String getRuleName() {
    return ruleName;
}
}
```

（3）创建 controller 层，用于接收告警信息，新建 AlarmController 类，具体代码如下所示。

```
@RestController
public class AlarmController { // 接收告警的 controller
    @RequestMapping("/notify")
    public void notify(@RequestBody List < AlarmMessage > alarmMessageList){
        alarmMessageList.forEach(value- > {
            System.out.println(value.toString());
            //TODO 此处可以增加触发告警之后的逻辑，如发送短信、发邮件、打电话、微信公众
号通知等
        });
    }
}
```

接收到告警消息后，在 notify 方法中就可以增加自定义的逻辑了，如发送短信、发邮件、打电话、微信公众号通知等。

（4）修改 config/alarm-settings.yml 配置文件，增加触发告警后的通知地址，配置如下所示。

```
...省略...
webhooks:
  - http://192.168.42.1:8083/notify# 192.168.42.1:8083 就是触发告警后要通知的地
址
```

注意

配置修改后需要重启 SkyWalking 服务。

启动全部服务，然后多调用几次 /createOrder 接口，毋庸置疑，结果肯定都会失败，来看告警窗口有什么效果，如图 12.8 所示。

#3 Successful rate of service transaction-order-sample is lower than 80% in 2 minutes of last 10 minutes
Service

#2 Successful rate of service transaction-distribution-sample is lower than 80% in 2 minutes of last 10 minutes
Service

#38 Response time of service instance transaction-order-sample-pid:10180@SC-202003261708 is more than 1000ms in 2 minutes of last 10 minutes
ServiceInstance

#37 Response time of service instance transaction-distribution-sample-pid:13372@SC-202003261708 is more than 1000ms in 2 minutes of last 10 minutes
ServiceInstance

图 12.8 SkyWalking UI 界面告警（Alarm）窗口结果

SkyWalking UI 界面告警（Alarm）窗口提示结果是超时的，再来看是否调用自定义的告警程序，过程控制台结果如图 12.9 所示。

```
{scopeId=1, name='transaction-order-sample', id0=3, id1=0, ruleName='service_sla_rule', alarmMessage='Successful rate of service
{scopeId=1, name='transaction-distribution-sample', id0=2, id1=0, ruleName='service_sla_rule', alarmMessage='Successful rate of
{scopeId=2, name='transaction-order-sample-pid:10180@SC-202003261708', id0=38, id1=0, ruleName='service_instance_resp_time_rule'
{scopeId=2, name='transaction-distribution-sample-pid:13372@SC-202003261708', id0=37, id1=0, ruleName='service_instance_resp_tim
```

图 12.9　SkyWalking 通知的告警信息

可以看到 SkyWalking 已经通知到自定义的程序，这样的设计（网络钩子）可以使开发者完成自己需要的逻辑，用自己想用的技术（指的是编程语言等）实现更高级的功能。

12.9 性能分析

SkyWalking 的性能分析能帮助用户很容易找到性能问题，并且不需要代码埋点等操作。SkyWalking 的性能分析是对业务周期性保存快照操作，资源消耗小。

来到 SkyWalking UI 界面性能分析（Profile）窗口，点击新建任务（New Task），如创建 /createOrder 端点的任务，如图 12.10 所示。

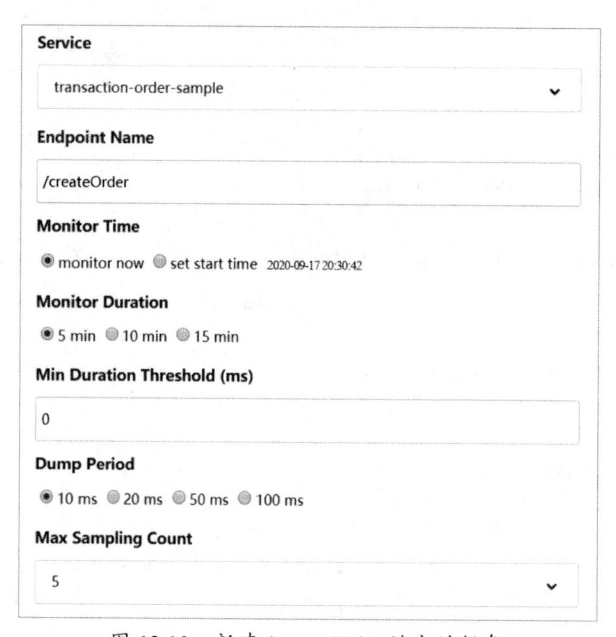

图 12.10　新建 /createOrder 端点的任务

字段含义解释如下。

- Service：服务，从受 SkyWalking 监控的服务中选一个出来。
- Endpoint Name：在选择的服务中设置要监控的端点。
- Monitor Time：监控时间（可以选择此刻或自定义）。
- Monitor Duration：监控持续时间。
- Min Duration Threshold：最小持续时间。

- Dump Period：监控间隔，执行快照的间隔时间。
- Max Sampling Count：最大采集样本数。

然后可以调用几次 /createOrder 接口，刷新界面，选中刚才新建的任务，右侧会出现 /createOrder 的信息，选中它，点击分析（Analyze）按钮，显示结果如图 12.11 所示。

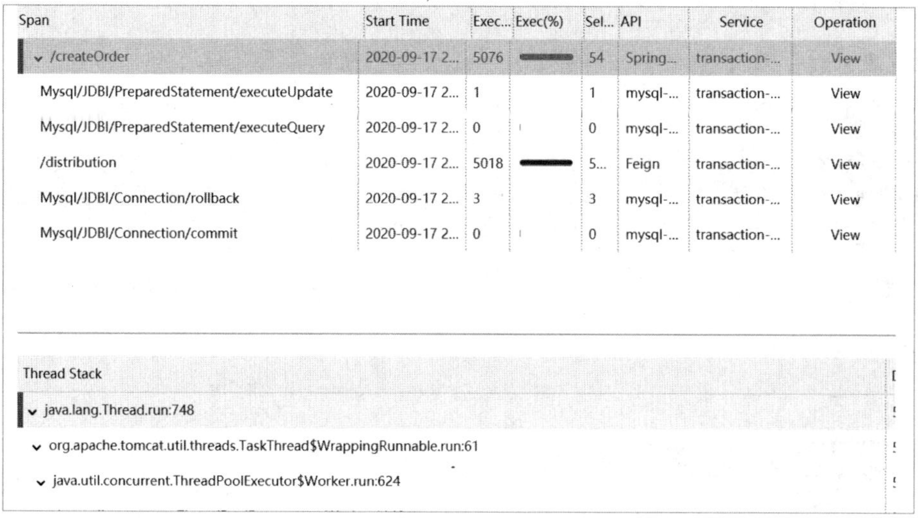

Span	Start Time	Exec...	Exec(%)	Sel...	API	Service	Operation
/createOrder	2020-09-17 2...	5076		54	Spring...	transaction-...	View
Mysql/JDBI/PreparedStatement/executeUpdate	2020-09-17 2...	1		1	mysql-...	transaction-...	View
Mysql/JDBI/PreparedStatement/executeQuery	2020-09-17 2...	0		0	mysql-...	transaction-...	View
/distribution	2020-09-17 2...	5018		5...	Feign	transaction-...	View
Mysql/JDBI/Connection/rollback	2020-09-17 2...	3		3	mysql-...	transaction-...	View
Mysql/JDBI/Connection/commit	2020-09-17 2...	0		0	mysql-...	transaction-...	View

Thread Stack
java.lang.Thread.run:748
org.apache.tomcat.util.threads.TaskThread$WrappingRunnable.run:61
java.util.concurrent.ThreadPoolExecutor$Worker.run:624

图 12.11　/createOrder 端点的性能分析

调用 /createOrder 接口执行的流程、使用什么技术、服务名、耗时、栈信息等一览无余。

点击查看（View）能看到这个步骤的详细信息，如执行的具体操作，抛出的异常等。

默认分析的栈信息包含子部分（Include Children），可以点击下拉框选中不包含子部分（Exclude Children），再点击分析按钮，显示的栈信息就不包含子部分了。

12.10 Tomcat 或 Jar 包使用 agent

IDEA 中使用 agent 一般是在本地开发环境，如果是正式环境，一般使用 Tomcat 或 Jar 方式启动应用。

那么先来看看在 Tomcat 中如何使用 agent。

Linux 系统中修改 bin/catalina.sh 文件，在脚本中加入如下代码。

```
CATALINA_OPTS="$CATALINA_OPTS -javaagent:/root/software/apache-
skywalking-apm-bin-es7/agent/skywalking-agent.jar -Dskywalking.agent.
service_name=tomcat-application-sample -Dskywalking.collector.backend_
service=192.168.42.128:11800";
export CATALINA_OPTS
```

修改完成后，启动 Tomcat 调用其任意接口，那么 SkyWalking UI 界面就会显示 Tomcat 服务的数据。

如果是 Windows 系统，则在 bin/catalina.bat 文件 setlocal 下增加如下代码。

```
set CATALINA_OPTS=-javaagent:D:/software/SkyWalking/agent/skywalking-agent.
jar  -Dskywalking.agent.service_name=tomcat-windows-application-sample
-Dskywalking.collector.backend_service=192.168.42.128:11800
```

那么先来看看在 Jar 包启动中如何使用 agent，使用的命令如下所示。

```
java -javaagent:D:/software/SkyWalking/agent/skywalking-agent.jar
-Dskywalking.agent.service_name=jar-transaction-distribution-sample
-Dskywalking.collector.backend_service=192.168.42.128:11800 -jar transaction-
distribution-sample8002-0.0.1-SNAPSHOT.jar
```

不难看出，无论是在 IDEA 这些开发工具中还是以 Tomcat 或 Jar 方式启动，参数都是一致的，举一反三即可。

12.11 配置账号密码登录

SkyWalking 功能如此强大，能看到项目中很多隐私信息（如项目架构、调用链路、执行的 Sql 语句等），自然是不希望被其他无关人员看到。那么通常会使用给系统设置账号密码的办法，让其他无关人员无法查看。

在 SkyWalking 6.X 版本中是可以配置账号密码登录的，只是原作者指出有安全问题，所以在 SkyWalking 7.X 版本中已被移除。

虽然在 SkyWalking 7.X 中没有自带账号密码登录的功能，但是原作者也说可以使用 Nginx 配置账号密码登录。

使用 Nginx 配置账号密码登录主要是依靠 ngx_http_auth_basic_module 模块。

下面使用 Nginx 的增强版 OpenResty 来配置账号密码登录的功能。

（1）安装 OpenResty 的细节就不再赘述了，第 4 章已经讲过。

（2）安装 htpasswd 工具，有了该工具就能生成用户名和密码了，Centos 系统可以直接用 yum 命令安装，使用的命令如下所示。

```
yum install -y httpd-tools
```

（3）使用 htpasswd 命令生成用户名和密码，使用如下命令。

```
htpasswd  -b  -c  /usr/local/openresty/passwd  zzq zzq
```

注意

参数 -b 用于创建 passwdfile, 如果 passwdfile 已经存在，那么它会重新写入并删去原有内容，参数 -c 是允许命令行中一并输入用户名和密码，参数 -b -c 也可以简写成 -bc;/usr/local/openresty/，passwd 是要生成的文件，第一个 zzq 是账号，第二个 zzq 是密码。

（4）到 OpenResty 安装目录中，修改 nginx/conf/nginx.conf 配置文件，修改 server 内的配置就可以了，具体配置如下所示。

```
... 省略 ...
server {
 listen       80; # 端口
 server_name  localhost; # 服务名称
 location / {
     auth_basic "Please input password";     # 提示信息
     auth_basic_user_file /usr/local/openresty/passwd;   # 存放密码文件的路径
     proxy_pass http://127.0.0.1:8080; # 代理到某个具体的服务
 }
}
... 省略 ...
```

（5）打开防火墙端口（或暂时关闭防火墙），命令如下所示。

```
firewall-cmd --permanent --zone=public --add-port=80/tcp
firewall-cmd --reload
```

重启 OpenResty，然后访问目标主机 http://192.168.42.128（80 端口可以省略），就会弹出输入账号密码的提示，效果如图 12.12 所示。

此时也不必把 SkyWalking UI 界面的端口 8080 暴露出来。

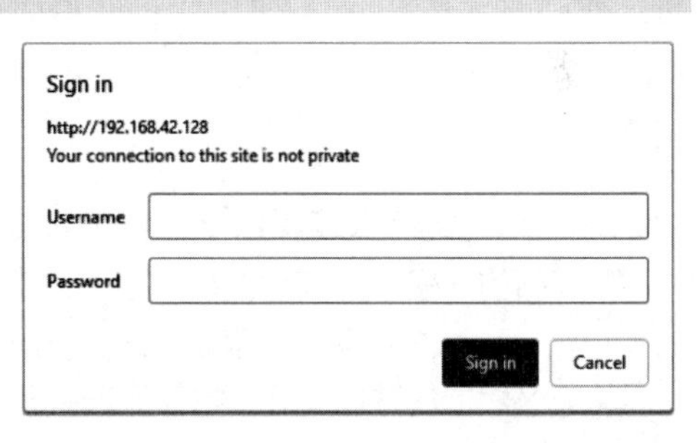

图 12.12 弹出输入账号密码的提示

12.12 小结

本章主要介绍了如何搭建 SkyWalking + Elasticsearch 环境，利用 SkyWalking 解决因服务调用链路拉长排查困难的问题。通过 agent（探针）采集到的数据发送给 SkyWalking，用户可以很清晰地看到每个服务的耗时调用链路等。掌握这些信息，用户可以更好地把控全局，面对问题也能从容不迫。用户还可以自定义触发告警后的逻辑，开放出足够的权限，使用户面对服务异常的情况及时采取有效措施。

第13章 分布式任务调度框架——XXL-JOB

在实际项目中，为了降低耦合，通常会把定时任务的逻辑单独抽离出来，构建成新的工程。也有可能需要定时任务实现高可用，组建成集群，提高容错率。

那么问题也来了。既然定时任务是多个节点，那么同一时间多个节点都执行，必然造成数据重复，如何保证只有一个节点执行任务是个很重要的问题。本章要讲的XXL-JOB 框架就能解决这些复杂的应用场景。

本章主要涉及的知识点有：

- 原生定时任务的缺陷探讨；
- XXL-JOB 简介；
- 下载和运行 XXL-JOB 调度中心；
- 创建执行器项目；
- 使用第一个 GLUE（Java）定时任务；
- BEAN 模式普通定时任务；
- 执行器集群和 BEAN 模式分片任务；
- 调度中心和执行器的集群。

13.1 原生定时任务的缺陷

使用过原生定时任务的读者也应该深有感触，原生定时任务仅能满足简单的需求，应对复杂场景还有一定的缺陷。下面列出一些原生定时任务的不足之处。

（1）不支持集群，不能高可用：如果部署多个节点，势必造成数据重复。单节点如果宕机，任务将不会执行，服务不可用。

（2）不支持任务失败重试：任务出现异常后，就会自动终结。

（3）不支持执行时间动态调整：服务一旦启动，如果要调整任务执行时间，需要修改代码，重启服务。

（4）无报警机制：任务执行失败时，没有报警机制（如邮件通知等）。

（5）无任务数据统计信息：比如执行任务数，成功比例，失败比例等数据。

（6）不支持对任务生命周期的统一管理：在不对服务进程操作的情况下，无法手动实现对任务的执行或关闭操作。

（7）不支持分片任务：不能多个节点处理不同的内容。

13.2 XXL-JOB 简介

前面讲述了原生定时任务面对复杂场景的缺陷，而 XXL-JOB 几乎能完美地解决这些问题。

XXL-JOB 是一款开源免费的分布式任务调度框架，学习成本低，容易扩展，依赖的组件少，仅需基础 Java 环境和 MySql 数据库就可以使用，开箱即用。

XXL-JOB 设计简单实用，提供可视化的界面，统计任务数据和操作任务的启动或停止，无须重启服务，动态修改任务执行时间（Cron 表达式）；内置支持邮件报警（当然可以扩展支持其他的报警）；支持任务分片和任务失败重试；支持父任务执行结束且执行成功后将会主动触发一次子任务的执行。

注意

要增加其他的报警，需新增类并实现 com.xxl.job.admin.core.alarm.JobAlarm 接口，并把该对象交给 Spring 容器管理。具体规则可以参考默认的 com.xxl.job.admin.core.alarm.impl.EmailJobAlarm。

XXL-JOB 将分布式任务系统分为两个模块：调度中心和执行器。调度中心本身不承担业务逻辑，而是主要向执行器发送调度请求。执行器则主要负责接收调度中心的请求并执行真正的业务逻辑。这样将任务调度和执行过程高度解耦，更容易实现集群了。

13.3 下载源码和运行 XXL-JOB 调度中心

XXL-JOB 在 GitHub 和 Gitee 上都可以下载到，下载地址分别是：

- GitHub 上的下载地址：https://github.com/xuxueli/xxl-job/releases。
- Gitee 上的下载地址：https://gitee.com/xuxueli0323/xxl-job/releases。

笔者下载的是目前最新的 2.2.0 版本，下载的是 zip 或 tar.gz 压缩包，解压完成后就可得到源码。

下面开始运行 XXL-JOB 调度中心。

（1）因为 XXL-JOB 调度中心需要使用 MySql，所以先把初始化数据导入 MySql 数据库。

初始化数据库的文件，是项目主目录下的 doc/db/tables_xxl_job.sql 文件，使用 MySql 命令导入即可，使用的命令如下所示。

```
D:\software\mysql-5.7.24-winx64\bin＞mysql -u root -p # 登录    root 是用户名
Enter password: ****  # 输入密码
...省略...
mysql＞ source D:\software\xxl-job-2.2.0\doc\db\tables_xxl_job.sql  # 导入初始化的数据
...省略...
```

执行 source 命令后会自动创建 xxl_job database 和 8 张表。

这 8 张表分别是：

① xxl_job_lock：任务调度锁表。

② xxl_job_group：执行器信息表。

③ xxl_job_info：保存 XXL-JOB 调度任务的扩展信息表。

④ xxl_job_log：调度日志表。

⑤ xxl_job_log_report：调度日志报表。

⑥ xxl_job_logglue：GLUE 更新历史。

⑦ xxl_job_registry：执行器列表。

⑧ xxl_job_user：系统管理员表。

（2）使用 IDEA 导入源码，然后修改配置文件。

注意

> 导入源码后会发现主要有三个模块，分别是 xxl-job-admin（调度中心）、xxl-job-core（公共依赖）、xxl-job-executor-samples（执行器示例）。执行器示例有很多版本，如 Spring Boot、Spring、无框架、JFinal、Nutz、Jboot。这些供用户参考，用来构建自己的执行器。

定位到 xxl-job-admin 项目的 application.properties 文件，修改数据库的配置和 Email 的配置。

修改后的缩略配置如下所示。

```
...省略...
spring.datasource.url=jdbc:mysql://127.0.0.1:3306/xxl_job?useUnicode=true&character
Encoding=UTF-8&autoReconnect=true&serverTimezone=Asia/Shanghai # 地址
spring.datasource.username=root # 账号
spring.datasource.password=root # 密码
spring.datasource.driver-class-name=com.mysql.cj.jdbc.Driver # 驱动名
...省略...
spring.mail.host=smtp.qq.com # 服务地址
spring.mail.port=25  # 端口
spring.mail.username=1030907690@qq.com  # 邮箱
spring.mail.password=kjfxuunmuttwbahe  # SMTP 密码，非邮箱登录密码
spring.mail.properties.mail.smtp.auth=true
spring.mail.properties.mail.smtp.starttls.enable=true
spring.mail.properties.mail.smtp.starttls.required=true
spring.mail.properties.mail.smtp.socketFactory.class=javax.net.ssl.
SSLSocketFactory
...省略...
```

注意

spring.mail.password 配置项的 SMTP 密码需要单独申请，非邮箱登录密码。如果不需要报警邮件，那么关于 Email 的配置不用修改。

配置修改完成后，就可以运行主类 XxlJobAdminApplication 启动服务。启动完成后，使用浏览器访问 http://localhost:8080/xxl-job-admin，输入账号 admin，密码 123456，登录进入运行报表界面，如图 13.1 所示。

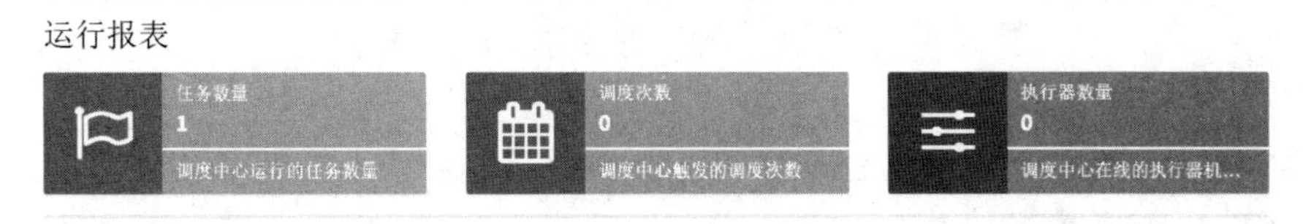

图 13.1 调度中心运行报表界面

能进入运行报表界面，并且能查询到数据，则表示调度中心运行成功。

除了使用源码运行外，还可以打包运行，而更方便的办法就是使用 Docker 方式搭建调度中心。使用的 Docker 命令如下所示。

```
docker run -e PARAMS="--spring.datasource.username-root --spring.datasource.
password=root --spring.datasource.url=jdbc:mysql://192.168.42.1:3306/xxl_job
?useUnicode=true&characterEncoding=UTF-8&autoReconnect=true&serverTimezon
e=Asia/Shanghai" -p 8080:8080 -v /tmp:/data/applogs --name xxl-job-admin  -d
xuxueli/xxl-job-admin:2.2.0
```

-e PARAMS 表示指定配置参数，-p 是宿主机端口与容器端口映射，-v 是挂载目录，--name 用来定义容器名称，-d 是后台守护式运行。最后是 xuxueli/xxl-job-admin: < XXL-JOB 版本号>。

13.4 创建执行器项目

执行器使用 Spring Boot 框架，依旧可以使用之前创建好的模板项目来修改，改名等步骤就不再赘述，直接进入重要的几个步骤。

（1）在项目的 pom.xml 文件中 dependencies 标签下加入 XXL-JOB 的依赖包，代码如下所示。

```
<!--XXL-JOB 依赖 -->
<dependency>
 <groupId>com.xuxueli</groupId>
 <artifactId>xxl-job-core</artifactId>
 <version>2.2.0</version> <!-- 版本同下载的源码包版本 -->
</dependency>
```

（2）修改 application.yml 配置文件，主要加入调度中心地址、执行器名称、访问 token、执行器的服务地址、日志路径、日志保留天数等配置（为了更简洁，省略了配置 logback），代码如下所示。

```
server:
  port: 8082 #程序端口
xxl:
  job:
    admin:
      addresses: http://127.0.0.1:8080/xxl-job-admin  # 调度中心地址，多个用逗号分开
    accessToken:  # 调度中心和执行器通信的 token，如果设置，两边要一样
    executor:
      appname: xxl-job-executor-sample  #执行器名称
      address:   # 执行器地址，默认使用 xxl.job.executor.address 配置项，如果为空，则使用 xxl.job.executor.ip + xxl.job.executor.port 配置
      ip:   # 执行器 IP
      port: 9989  #执行器端口，与调度中心通信的端口
      logpath: D:/work/Spring-Cloud-Alibaba/sample/logs # 日志保存路径
      logretentiondays: 30 # 日志保留天数
```

注意

> 在服务器是多网卡的情况下，自动获取的地址可能不对，这时候 xxl.job.executor.address 或 xxl.job.executor.ip 配置项就能派上用场了，手动设定地址。

（3）创建 XxlJobConfig 配置类，根据 application.yml 配置参数，初始化执行器，代码如下所示。

```
@Configuration // 标记为配置类
public class XxlJobConfig {
    @Value("${xxl.job.admin.addresses}")
    private String adminAddresses; // 调度中心地址
    @Value("${xxl.job.accessToken}")
    private String accessToken; // 执行器与调度中心通信的 token
    @Value("${xxl.job.executor.appname}")
    private String appname; // 执行器名称
    @Value("${xxl.job.executor.address}")
    private String address; // 地址
    @Value("${xxl.job.executor.ip}")
    private String ip; // IP
    @Value("${xxl.job.executor.port}")
    private int port; // 端口
    @Value("${xxl.job.executor.logpath}")
    private String logPath; // 日志保存路径
    @Value("${xxl.job.executor.logretentiondays}")
    private int logRetentionDays; // 日志保留天数
    @Bean
    public XxlJobSpringExecutor xxlJobExecutor() { // XXL-JOB 执行器初始化
        XxlJobSpringExecutor xxlJobSpringExecutor = new
XxlJobSpringExecutor();
        xxlJobSpringExecutor.setAdminAddresses(adminAddresses);
        xxlJobSpringExecutor.setAppname(appname);
        xxlJobSpringExecutor.setAddress(address);
        xxlJobSpringExecutor.setIp(ip);
        xxlJobSpringExecutor.setPort(port);
        xxlJobSpringExecutor.setAccessToken(accessToken);
        xxlJobSpringExecutor.setLogPath(logPath);
        xxlJobSpringExecutor.setLogRetentionDays(logRetentionDays);
        return xxlJobSpringExecutor;
    }
}
```

配置完成后，就可以启动执行器。然后来到调度中心的后台管理页面，点击执行器管理，如图13.2所示。看到示例执行器中OnLine机器地址列表中有1个在线服务，就表明执行器启动成功了。

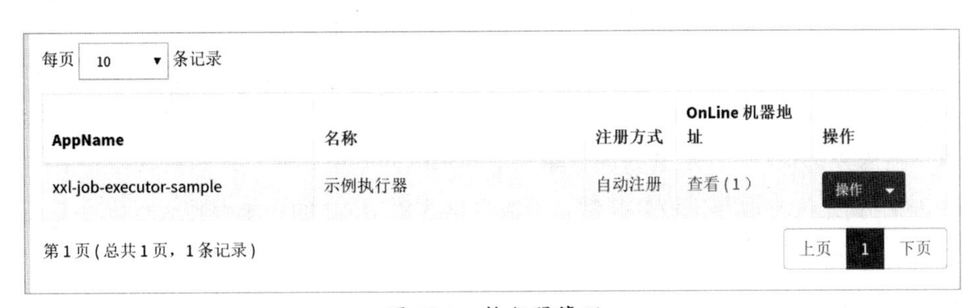

图 13.2 执行器管理

注意

注册方式如果是自动注册，会有心跳机制，OnLine 机器地址列表服务自动上线、下线。如果是手动录入，则不会有心跳机制，而会一直存在 OnLine 机器地址列表中。

13.5 使用第一个 GLUE（Java）任务

目前已经有一个执行器了，下面使用 GLUE 模式（Java）创建第一个定时任务。

注意

GLUE 模式的执行代码托管到调度中心在线维护，相比 Bean 模式更加轻量。但是，复杂业务不建议使用 GLUE 模式。

（1）在调度中心管理后台点击任务管理，然后点击新增按钮，填入的任务信息如图 13.3 所示。然后点击“保存”按钮。

新增

执行器*	示例执行器	任务描述*	GLUE任务
路由策略*	第一个	Cron*	* 53 22 * * ?
运行模式*	GLUE(Java)	JobHandler*	请输入JobHandler
阻塞处理策略*	单机串行	子任务ID*	请输入子任务的任务ID,如存在多个则逗
任务超时时间*	任务超时时间，单位秒，大于零时生效	失败重试次数*	失败重试次数，大于零时生效
负责人*	ZZQ	报警邮件*	1030907690@qq.com
任务参数*	请输入任务参数		

保存 取消

图 13.3 新增的任务信息

执行器下拉框的数据就是执行器管理的数据，路由策略表示使用什么样的策略选出当前下拉框选择的执行器具体由哪个执行器服务执行任务（如果是分片广播，那就是当前下拉框选择的执行器下全部执行器服务都执行）。阻塞处理策略表示如果队列中还有任务该如何处理（串行、丢弃后续调度、覆盖），其余的参数都比较好理解。可以看出 XXL-JOB 的功能很强大。

（2）添加完任务后，可以修改该任务的代码，先点击操作右侧的图标，再点击 GLUE IDE 来到在线编辑代码的界面，如图 13.4 和图 13.5 所示。

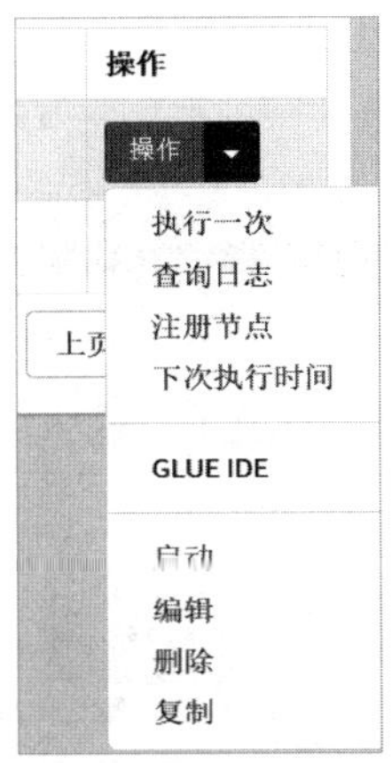

图 13.4 对任务可执行的操作

WebIDE 【GLUE(Java)】 GLUE任务

```
1  package com.xxl.job.service.handler;
2
3  import com.xxl.job.core.log.XxlJobLogger;
4  import com.xxl.job.core.biz.model.ReturnT;
5  import com.xxl.job.core.handler.IJobHandler;
6
7  public class DemoGlueJobHandler extends IJobHandler {
8
9      @Override
10     public ReturnT<String> execute(String param) throws Exception {
11         XxlJobLogger.log("XXL-JOB, Hello World.");
12         return ReturnT.SUCCESS;
13     }
14
15 }
16
```

图 13.5 WebIDE 在线编辑代码

（3）执行该任务。XXL-JOB 提供了手动触发执行一次任务的功能，不必等到设定的时间到达。点击执行一次，出现任务参数和机器地址的输入框（可以不填），点击“保存”按钮即可。

注意

如果想要定时任务真正按照设定的时间执行，要点击启动。

在后台管理可以查看执行日志，如图 13.6 所示。

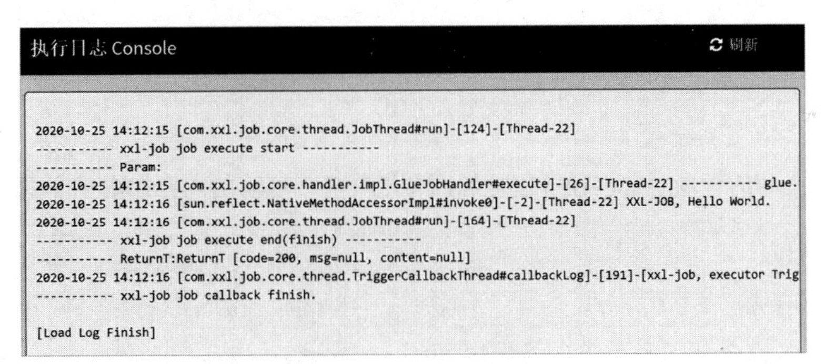

图 13.6 任务执行日志

如果遇到任务调度失败，将会收到邮件，邮件内容格式如图 13.7 所示。

监控告警明细：

执行器	任务ID	任务描述	告警类型	告警内容
示例执行器	2	GLUE任务	调度失败	Alarm Job LogId=1 TriggerMsg= 任务触发类型：手动触发 调度机器：192.168.42.1 执行器-注册方式：自动注册 执行器-地址列表：null 路由策略：第一个 阻塞处理策略：单机串行 任务超时时间：0 失败重试次数：0 >>>>>>>>>>>触发调度<<<<<<<<<<< 调度失败：执行器地址为空

图 13.7 邮件告警内容格式

13.6 BEAN 模式普通任务

前面使用的是 GLUE（Java）模式实现定时任务。但是，面对复杂业务逻辑肯定有局限性，所以使用 BEAN 模式实现普通定时任务。

（1）新建任务类 TestJobHandler，添加 sampleJobHandler 方法，并使用 @XxlJob 注解声明任务方法，代码如下所示。

```
@Component
public class TestJobHandler {
    @XxlJob("sampleJobHandler")
    public ReturnT<String> sampleJobHandler(String param) throws
Exception { // 简单的定时任务
        XxlJobLogger.log("sampleJobHandler, Hello World."); // 打印日志
        return ReturnT.SUCCESS;
    }
}
```

最后启动执行器。

注意

XXL-JOB 2.2.0 版本移除了 @JobHandler 注解，推荐使用基于方法的 @XxlJob 注解进行任务开发。

（2）在调度中心的管理后台，任务管理界面新增任务，填写的内容如图 13.8 所示。

新增

执行器*	示例执行器	任务描述*	BEAN模式简单任务
路由策略*	第一个	Cron*	0 0 7 * * ?
运行模式*	BEAN	JobHandler*	sampleJobHandler
阻塞处理策略*	单机串行	子任务ID*	请输入子任务的任务ID,如存在多个则逗
任务超时时间*	任务超时时间，单位秒，大于零时生效	失败重试次数*	失败重试次数，大于零时生效
负责人*	ZZQ	报警邮件*	1030907690@qq.com
任务参数*	请输入任务参数		

保存 取消

图 13.8 BEAN 模式简单任务填写的信息

（3）执行任务。依旧可以点击执行一次来触发任务，弹出的任务参数和机器地址可以不填，然后点击“保存”按钮。执行完成后可以通过查看日志来验证是否成功，如图 13.9 所示，则表示

任务执行成功。

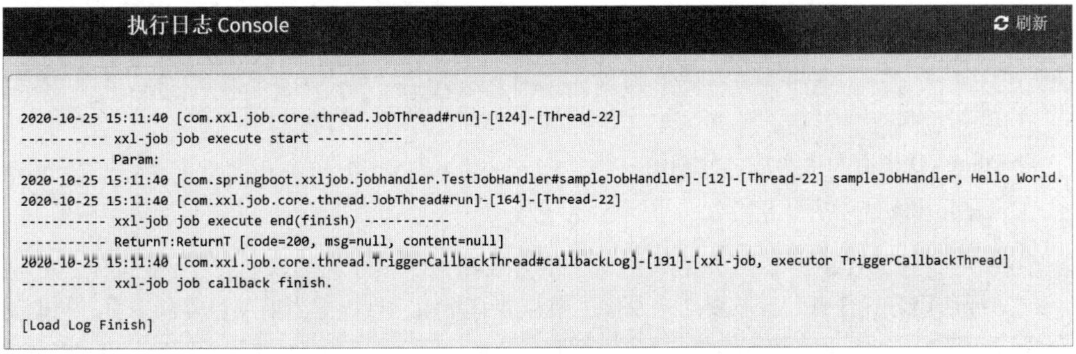

执行日志 Console 刷新

```
2020-10-25 15:11:40 [com.xxl.job.core.thread.JobThread#run]-[124]-[Thread-22]
----------- xxl-job job execute start -----------
----------- Param:
2020-10-25 15:11:40 [com.springboot.xxljob.jobhandler.TestJobHandler#sampleJobHandler]-[12]-[Thread-22] sampleJobHandler, Hello World.
2020-10-25 15:11:40 [com.xxl.job.core.thread.JobThread#run]-[164]-[Thread-22]
----------- xxl-job job execute end(finish) -----------
----------- ReturnT:ReturnT [code=200, msg=null, content=null]
2020-10-25 15:11:40 [com.xxl.job.core.thread.TriggerCallbackThread#callbackLog]-[191]-[xxl-job, executor TriggerCallbackThread]
----------- xxl-job job callback finish.

[Load Log Finish]
```

图 13.9 BEAN 模式普通定时任务执行日志结果

13.7 执行器集群和 BEAN 模式分片任务

分片任务适用于数据量较大的场景，采用分而治之的思想，尽量把任务均摊到每个节点，减少单个节点的压力。

例如，有这样一个业务：每天固定一个时间点定时生成代理用户的报表（比如今日这个代理新增多少用户，代理下的用户充值多少等），考虑到代理比较多，计算数据的过程比较复杂耗时，所以使用分片任务。

（1）编写分片任务的代码，使用 List 数据结构模拟代理的数据，在构造方法中初始化数据，创建 shardingJobHandler 方法，在 TestJobHandler 类新增代码如下所示。

```
private final List<Integer> agentList = new ArrayList<>(); // 模拟数据库
public TestJobHandler(){
 for (int i = 0; i < 6; i++) {
     agentList.add(i+1); // 代理数据，存放代理 id
 }
}
@XxlJob("shardingJobHandler")
public ReturnT<String> shardingJobHandler(String param) throws Exception {
// 分片任务
 ShardingUtil.ShardingVO shardingVO = ShardingUtil.getShardingVo();
// 分片参数
 XxlJobLogger.log("分片参数：当前分片序号 = {}, 总分片数 = {}", shardingVO.
getIndex(), shardingVO.getTotal());
 for (Integer val : agentList) { // 遍历代理
     if (val % shardingVO.getTotal() == shardingVO.getIndex()) { // 取余
         XxlJobLogger.log("第 {} 片，命中分片开始处理 {} ", shardingVO.
getIndex(), val);
```

```
            //TODO 生成代理报表的逻辑（比如今日这个代理新增多少用户，代理下的用户充值多少等）
        }
    }
    return ReturnT.SUCCESS;
}
```

ShardingVO 中有两个属性，分别是：

①当前分片序号（从 0 开始）。

②总分片数，执行器集群的数量。

（2）要使用分片任务，自然要 2 个及以上节点才有作用，可以把当前项目复制一份，再制造 1 个节点。由于是本机，所以要修改 server.port 和 xxl.job.executor.port 配置项（避免端口冲突），然后就可以启动这两个执行器了。

（3）在调度中心后台新增 BEAN 模式的分片广播任务，任务配置信息如图 13.10 所示。

图 13.10　BEAN 模式的分片广播任务

（4）执行该任务，可以手动点击执行一次，弹出的任务参数和集群地址可以不填，然后点击“保存”按钮。可以从日志中查看运行结果，如图 13.11 和图 13.12 所示。

```
2020-10-25 16:02:14 [com.springboot.xxljob.jobhandler.TestJobHandler#shardingJobHandler]-[36]-[Thread-15] 第 0 片, 命中分片开始处理 2
2020-10-25 16:02:14 [com.springboot.xxljob.jobhandler.TestJobHandler#shardingJobHandler]-[36]-[Thread-15] 第 0 片, 命中分片开始处理 4
2020-10-25 16:02:14 [com.springboot.xxljob.jobhandler.TestJobHandler#shardingJobHandler]-[36]-[Thread-15] 第 0 片, 命中分片开始处理 6
```

图 13.11　第一个分片结果

```
2020-10-25 16:02:14 [com.springboot.xxljob.jobhandler.TestJobHandler#shardingJobHandler]-[36]-[Thread-15] 第 1 片, 命中分片开始处理 1
2020-10-25 16:02:14 [com.springboot.xxljob.jobhandler.TestJobHandler#shardingJobHandler]-[36]-[Thread-15] 第 1 片, 命中分片开始处理 3
2020-10-25 16:02:14 [com.springboot.xxljob.jobhandler.TestJobHandler#shardingJobHandler]-[36]-[Thread-15] 第 1 片, 命中分片开始处理 5
```

图 13.12　第二个分片结果

可以看出总共 6 条代理数据，2 个执行器执行的任务是均匀的，分片任务执行成功。

13.8 调度中心和执行器的集群

执行器的集群在13.7节已经介绍过了。如果是同一台服务器，基本操作就是修改server.port和xxl.job.executor.port配置项。保证执行器连接的调度中心是一样的，启动服务就可以了。

调度中心集群也非常简单，保证连接的数据库一致，服务的时钟保持一致。然后执行器的xxl.job.admin.addresses配置项需要修改，例如，增加一个调度中心（端口8081），代码如下所示。

```
...省略..
xxl:
  job:
    admin:
      addresses: http://127.0.0.1:8080/xxl-job-admin,http://127.0.0.1:8081/
xxl-job-admin  # 调度中心地址，多个用逗号分开
...省略..
```

官网也推荐使用Nginx为调度中心集群分配统一的域名（地址），访问调度中心和执行器的配置都可以用这个统一的域名（地址）。下面来看使用Nginx的方法。

例如，有8080和8081这两个调度中心，Nginx的配置如下所示。

```
...省略...
upstream XXLJOB {
  server 127.0.0.1:8081;
  server 127.0.0.1:8080;
}
server {
    listen       8002;
    server_name  localhost;
 location / {
        proxy_pass http://XXLJOB;
    }
}
...省略...
```

注意

> 如果使用OpenResty，配置与Nginx是一样的。

此时执行器也可以使用这个统一的地址。xxl.job.admin.addresses配置项代码如下所示。

```
...省略...
xxl:
  job:
    admin:
```

```
      addresses: http://127.0.0.1:8002/xxl-job-admin  # 调度中心地址，多个用逗号分开
... 省略 ...
```

13.9 小结

本章主要使用 XXL-JOB 分布式任务调度框架实现了普通任务和分片任务，也能感受到弥补了原生定时任务的众多不足。即使不是什么大项目，也可以使用一下 XXL-JOB 这类框架，方便以后项目的扩展和维护。

XXL-JOB 调度中心集群和执行器集群是非常容易的。然而，调度中心通过数据库锁来保证集群中同一时刻只有一个节点触发任务调度，如果调度中心节点过多，必然导致锁竞争激烈，性能会有影响。如果真的到了那一步，可能要考虑是否应该换个分布式任务调度的产品了。

第14章 部署项目

前面已经讲了如何构建微服务程序，以及构建微服务程序所遇到的问题和解决方案。

本章的知识点比较偏向运维方面。因为在大多数小公司，不仅要求开发者会编码，还要会一些部署项目的知识，一个企业也需要能把控全局的人。笔者也希望读者不仅会编码，也要会部署服务等一套基本流程，正所谓“技多不压身”。

本章主要涉及的知识点有：

- 打包项目；
- 命令运行项目；
- Jenkins 介绍；
- Jenkins 下载、安装和配置；
- Gitlab 简介和下载、安装；
- Jenkins + Gitlab 部署运行；
- Docker 的介绍；
- Docker 的安装；
- 镜像加速器；
- Docker 常用命令和使用 Dockerfile 制作镜像；
- Docker 部署运行项目；
- Jenkins + Gitlab + Docker 部署运行。

14.1 打包项目

打包的项目就使用第 1 章的代码演示，只是在打包之前要修改 pom.xml 文件，才能打包成功。

（1）在父工程 pom.xml 文件 project 标签下声明 packaging 标签，标记为 pom，代码如下所示。

```
... 省略 ...
<packaging>pom</packaging>
... 省略 ...
```

（2）所有子工程（指的是引入的 module）pom.xml 文件 project 标签下声明 packaging 标签，标记为 jar，代码如下所示。

```
... 省略 ...
<packaging>pom</packaging>
... 省略 ...
```

（3）在子工程（指的是引入的 module）pom.xml 文件 project 标签下声明 build 标签，配置 Spring Boot 打包，把依赖包装入 Jar 包，代码如下所示。

```
... 省略 ...
<build>
 <plugins>
     <plugin>
         <groupId>org.springframework.boot</groupId><!- spring boot 打包 ->
         <artifactId>spring-boot-maven-plugin</artifactId>
         <executions>
             <execution>
                 <goals>
                     <goal>repackage</goal> <!-- 依赖包装入 jar 包 -->
                 </goals>
             </execution>
         </executions>
     </plugin>
 </plugins>
</build>
... 省略 ...
```

配置完成后，就可以使用 maven 命令打包了，在项目根目录下运行以下命令。

```
mvn clean package
```

运行完成后会得到 3 个 Jar 包，分别是 nacos-consumer-sample-0.0.1-SNAPSHOT.jar、nacos-provider-sample8081-0.0.1-SNAPSHOT.jar、nacos-provider-sample8082-0.0.1-SNAPSHOT.jar。然后将其上传到 Linux 服务器。

14.2 命令行部署运行

命令行运行这 3 个 Jar 可以说非常简单，只是还需要一些预置条件。

（1）已有 JDK 环境，能使用 java 等命令。

（2）项目需要依赖的服务，本项目需要 Nacos 服务。

下面开始使用命令运行这 3 个 Jar，使用的命令如下所示。

```
nohup java -jar nacos-consumer-sample-0.0.1-SNAPSHOT.jar  >nacos-consumer-logs.log 2>&1 &
nohup java -jar nacos-provider-sample8081-0.0.1-SNAPSHOT.jar  >nacos-provider-sample8081-logs.log 2>&1 &
nohup java -jar nacos-provider-sample8082-0.0.1-SNAPSHOT.jar  >nacos-provider-sample8082-logs.log 2>&1 &
```

nohup 是不挂断运行，> xxx.log 2 > &1 & 是将程序日志输出到某个位置并后台运行。

注意

以上命令只是使服务运行起来，在真实生成环境中一般会设置 JVM 内存、GC 垃圾收集器等。

服务算是部署完成了，但就目前而言，这是一个讲究自动化的时代，而这种每次手敲命令去部署服务已经是很古老的方式了，也伴随众多缺陷。至于有怎样的缺陷？又该如何解决？请看下一小节。

14.3 Jenkins 部署运行

14.2 节中每次更新都要上传 Jar 包，然后更新 Jar，重启服务。如果服务数量少还好，但事与愿违，现在的企业即使没有使用微服务，也做了服务拆分，要部署的服务自然也增多了。

如果还使用这种古老的方式（手敲命令部署），那么不仅工作效率低而且累，更有甚者一时迷糊使用错了命令（比如 rm -rf / ）。当然可以自己写脚本，但并不是优秀的解决方案。

那么有什么好的解决方案吗？

答案是有的，可以使用 Jenkins 部署运行服务。

14.3.1 Jenkins 简介

Jenkins 的前身是 Hudson，Oracle 对 Sun 公司进行收购后，Oracle 拥有 Hudson 的商标所有权，分支出来 Jenkins，继续走开源路线。Jenkins 是一款较为流行的开源持续集成工具，地位几乎可以说是 CI&CD 软件领导者，已经超过了 Hudson，它拥有超过 1000 个插件来支持项目的构建和部署。

它几乎可以适用于所有项目，没有项目编程语言的限制。

CI&CD 名词解释如下。

- 持续集成（Continuous Integration，CI），指的是团队成员每天一次或多次把代码集成到主干。每次集成会自动构建，尽快尽早发现错误。持续集成就是为了让产品快速迭代，同时保证高质量。
- 持续交付（Continuous Delivery），指的是持续将新的功能部署到类生产环境，交给质量团队或用户，让他们评审。
- 持续部署（Continuous Deployment），指的是通过评审后，自动部署到生产环境。

Jenkins 的特性如下。

（1）系统平台无关性：Jenkins 本身是由 Java 语言编写，只要有 Java 环境，理论上就能使用 Jenkins。

（2）编程语言无关性：支持多种编程语言的项目持续集成、持续部署，而非 Java 一种。

（3）安装和配置简单：可以通过 yum 安装或 war 包、Docker 方式等，由简洁易用的 Web 界面完成配置。

（4）插件丰富：拥有超过 1000 个插件，几乎可以满足任何项目的需要。

（5）容易扩展：Jenkins 可以通过其插件架构进行扩展，为用户提供无限可能。

（6）分布式构建：Jenkins 能使多台服务器一起构建。

（7）消息通知：构建完成后可以发送 email 通知。

14.3.2 Jenkins 下载和安装

Jenkins 的官网地址是 https://www.jenkins.io，下载软件包的地址为 https://www.jenkins.io/download。在下载页面就可以看出 Jenkins 支持很多平台，这里推荐下载 LTS（长期支持）版本。笔者下载的是 Generic Java package (.war)，版本是当前最新版 2.249.1，使用 war 包运行更通用，只要有 Java 运行环境就可以运行，不管是什么操作系统。

下面就来初始化安装 Jenkins，有以下几个步骤。

（1）war 包下载完成后，不需额外的步骤（前提是有 Java 环境），是可以直接运行的，使用命令如下所示。

```
java -jar jenkins.war --httpPort=8085
```

--httpPort 是设置程序端口号。如果要使程序不挂断并且后台运行，可以使用如下命令。

```
nohup java -jar jenkins.war --httpPort=8085 >jenkins-logs.log 2>&1 &
```

（2）服务运行成功后，为了访问到 Jenkins UI 界面，需要打开防火墙端口（或暂时关闭防火墙），使用命令如下所示。

```
firewall-cmd --permanent --zone=public --add-port=8085/tcp
firewall-cmd --reload
```

（3）打开 Jenkins UI 界面地址（如笔者的是 http：//192.168.42.128：8085），第一次初始化会让用户输入 Administrator password 解锁，如图 14.1 所示。

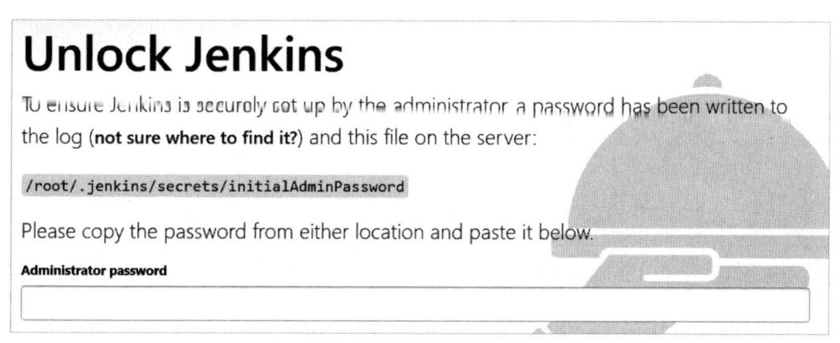

图 14.1　解锁 Jenkins 界面

注意

第一次启动 Jenkins 会初始化去下载一些元（metadata）数据，打开界面时会提示等待，大约等待 4 分钟，在等待期间，使用“F12”键查看请求会报 503，属正常现象。等到日志打印 Jenkins is fully up and running，才算启动完成。

这个密码其实就是＜用户主目录＞/.jenkins/secrets/initialAdminPassword 文件的内容，界面上也提示了文件路径。复制这个文件的内容填入 Administrator password 输入框，点击 Continue 按钮，这一步就完成了。

（4）下一步会让用户选择安装 Jenkins 推荐插件还是自主选择安装需要的插件，如图 14.2 所示。

图 14.2　选择插件

如果是新手，建议选择 Jenkins 推荐插件，这样可以减少很多步骤，避免从入门直接放弃。笔者这里也以选择 Jenkins 推荐插件为例，唯一的缺点就是下载的插件多，稍微慢点，过程中可能要不断点击。但是作为一名程序员，深知自然不能阻塞在这里，可以去做其他工作。

（5）插件安装完成后，创建第一个管理员用户，输入用户名、密码、确认密码、全名、邮箱地址，如图 14.3 所示。

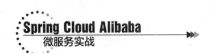

Create First Admin User

Username: zzq

Password: •••

Confirm password: •••

Full name: Zhongqing Zhou

E-mail address: 1030907690@qq.com

图 14.3　创建第一个管理员用户

（6）下一步就是确认 Jenkins 的 URL 是否正确，如果是正确的，直接点击 Save and Finish 按钮，这样初始化 Jenkins 就算完成了。

14.3.3 Jenkins 配置

Jenkins 初始化完成后，还需要配置一些全局工具，如 JDK、Maven、Git。在 Jenkins 后台主界面点击 Manage Jenkins，再点击 Global Tool Configuration，来配置 JDK、Maven、Git。

（1）配置 Maven，将 Maven 安装包上传（或下载）到 Linux 服务器，然后解压。

修改 conf/settings.xml 文件，在 settings 中增加本地仓库（localRepository）的配置，mirrors 标签下增加对镜像的配置，使用国内阿里云镜像源是为了使下载得更快。

```
...省略...
 <localRepository>/root/maven/repository</localRepository>
...省略...
<mirror>
 <id>aliyunmaven</id>
 <mirrorOf>*</mirrorOf>
 <name>阿里云公共仓库</name>
 <url>https://maven.aliyun.com/repository/public</url>
</mirror>
...省略...
```

注意

主机上记得创建 localRepository 标签配置的路径。

然后配置默认设置和全局设置的文件路径，文件路径都指向 Maven 的 conf/settings.xml 文件，如图 14.4 所示。

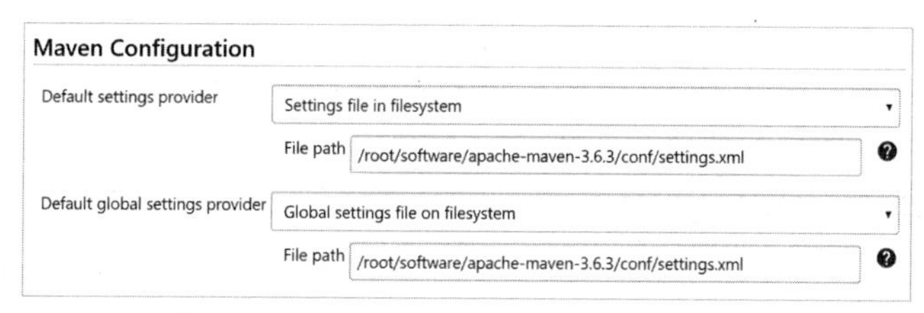

图 14.4　配置 Maven settings.xml 文件路径

来到最下面配置 Maven 安装程序的路径，输入名称和安装路径，如图 14.5 所示。

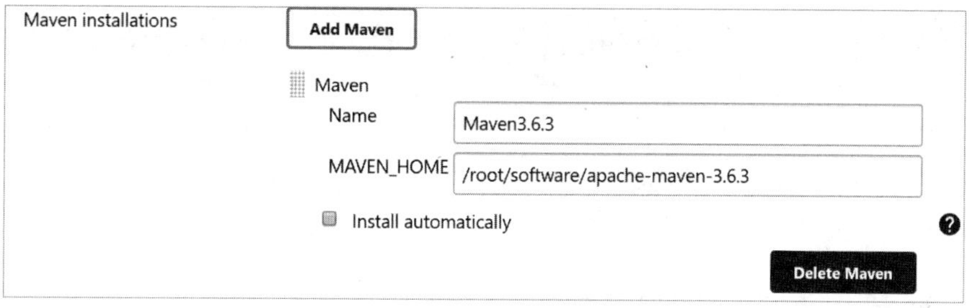

图 14.5　配置 Maven 安装程序路径

注意

> 如果软件包 bin 目录中的文件没有可执行权限，要记得增加可执行权限，否则执行命令时会报 Permission denied，可以在软件根目录使用命令 chmod +x -R bin。

（2）配置 JDK，因为在启动 Jenkins 之前已经安装了 JDK，所以点击 Add JDK 输入 JDK 名称和 JAVA_HOME 环境变量的路径即可，如图 14.6 所示。

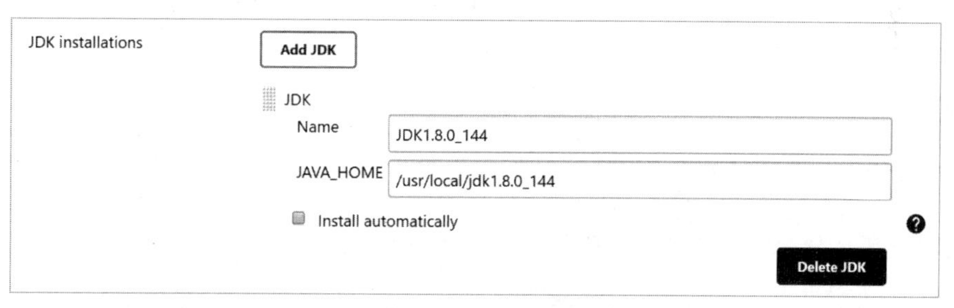

图 14.6　配置 JDK

（3）配置 Git，先安装 Git，使用的命令如下所示。

```
yum install -y git
```

然后在 Git 可执行文件的输入框输入 /usr/bin/git，如图 14.7 所示。

配置这些就是不要让 Jenkins 自动下载，一来很慢，二来可以自定义。这些配置完成后基本能应对大部分场景了。

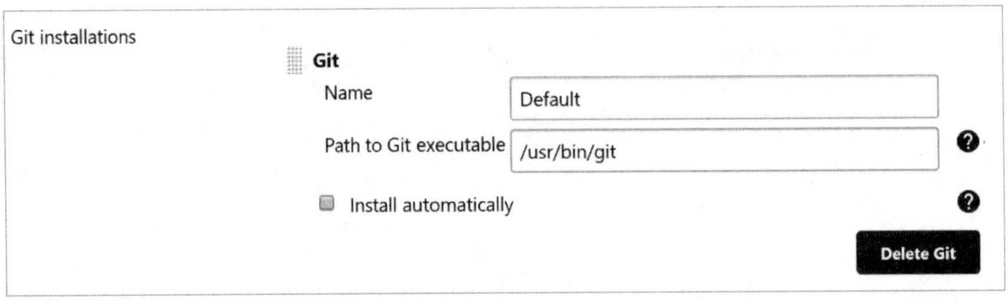

图 14.7　配置 Git

14.3.4 GitLab 简介和安装

持续集成一般有 3 个组成要素。

- 一个自动构建的过程，代码检出、编译构建等过程都是自动完成，无须人工干预。
- 一个代码存储库（如 SVN 或 Git）。
- 一个持续集成服务器（如 Jenkins）。

现在还缺少一个要素，那就是代码存储库。在企业中为了掌握代码的所有权，一般会自己搭建代码存储库。可以使用的比如 SVN 有 USVN 等，Git 有 Gitblit、GitLab 等。

笔者这里使用 GitLab，GitLab 使用 Git 作为代码管理工具，并在此基础上开发了 Web 管理界面来管理项目。

GitLab 与 GitHub 的功能类似，能管理源代码，浏览提交历史，合并分支代码，丰富的权限控制，功能十分强大。最大的不同是 GitLab 能部署在自己服务器上，所有权在掌控者自己手中。

GitLab 安装官方文档 https://about.gitlab.com/install，可以看出支持的系统非常多，下面就开始安装 GitLab（安装以 Centos 7 为例）。

注意

安装 GitLab，内存最好大于 2GB。

（1）安装必需的依赖和设置 ssh 开机自启动、开启 ssh 及配置防火墙，使用命令如下所示。

```
yum install -y curl policycoreutils-python openssh-server
systemctl enable sshd
systemctl start sshd
firewall-cmd --permanent --add-service=http
firewall-cmd --permanent --add-service=https
systemctl reload firewalld
```

（2）安装 Postfix 并设置开机自启动、开启 Postfix，便于发送通知邮件，使用命令如下所示。

```
yum install postfix -y
systemctl enable postfix
systemctl start postfix
```

（3）添加 GitLab 软件包存储库并安装软件包，使用命令如下所示。

```
curl https://packages.gitlab.com/install/repositories/gitlab/gitlab-ee/
script.rpm.sh |  bash
```

（4）配置 GitLab 访问地址并安装 GitLab，使用命令如下所示。

```
EXTERNAL_URL="http://192.168.42.128" yum install -y gitlab-ee
```

192.168.42.128 是 Linux 主机地址。

注意

GitLab 分为社区版（CE）和企业版（EE），这里安装的是企业版。按照官网的解释，企业版是免费的，只是有些功能需要付费才能解锁，并且企业版包含社区版的全部功能，这里推荐直接安装企业版（参考文档 https://about.gitlab.com/install/ce-or-ee 社区版和企业版对比）。如果确实需要安装社区版，请参考 https://about.gitlab.com/install/#centos-7?version=ce（Centos 7 社区版安装）。

（5）打开防火墙端口（或暂时关闭防火墙），使用命令如下所示。

```
firewall-cmd --permanent --zone=public --add-port=80/tcp
firewall-cmd --reload
```

（6）下面打开 http://192.168.42.128 页面，第一次进入会要求设置 root 用户密码（密码至少要 8 位数），如图 14.8 所示。

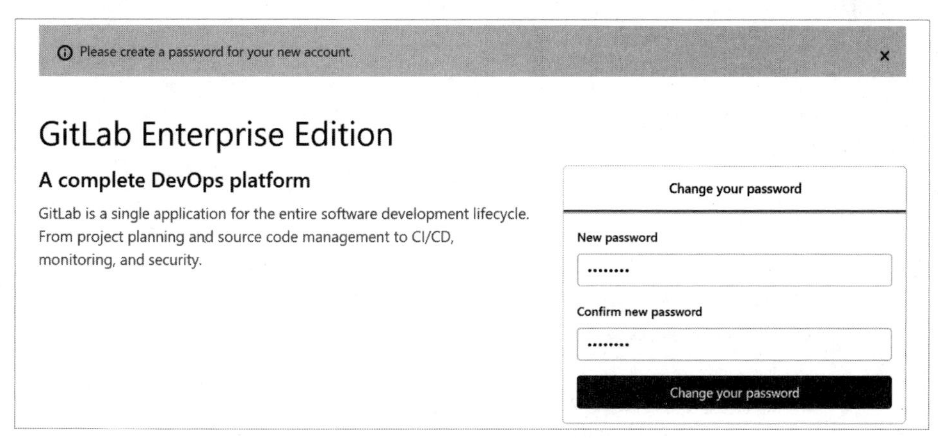

图 14.8　设置 root 密码

点击修改密码后，就可以用 root 账号登录了，安装完成。

下面简单介绍一下 GitLab 的常用命令。

①启动 GitLab 使用 gitlab-ctl start。

②关闭 GitLab 使用 gitlab-ctl stop。

③查看各组件状态使用 gitlab-ctl status。

④重启 GitLab 全部服务使用 gitlab-ctl restart:。

熟悉 Docker 的读者应该知道，使用 Docker 安装 GitLab 属于更快捷的方法，使用 Docker 安装 GitLab 的命令如下所示。

```
mkdir -p /data/gitlab# 创建 GitLab 存储数据、配置、日志的根目录
docker run --detach  --hostname 192.168.42.128:80 --publish 443:443 --publish
80:80 --publish 23:22 --name gitlab-standard  --restart always  --volume /data/
gitlab/config:/etc/gitlab  --volume /data/gitlab/logs:/var/log/gitlab --volume
/data/gitlab/data:/var/opt/gitlab gitlab/gitlab-ee:latest
```

/data/gitlab 是 GitLab 存储数据、配置、日志的根目录，--detach 是后台运行，--hostname 是 GitLab 服务地址，--publish 是宿主机与容器的端口映射，--name 是设置名称，--volume 是宿主机与容器的目录映射，--restart 是自动启动。

14.3.5 Jenkins+GitLab 部署运行

现在已经有了存储库，然后创建 Git 仓库把项目上传到 GitLab。

（1）创建仓库前先创建分组，输入分组名称、分组 URL 的后缀、分组描述等，输入数据，如图 14.9 所示。

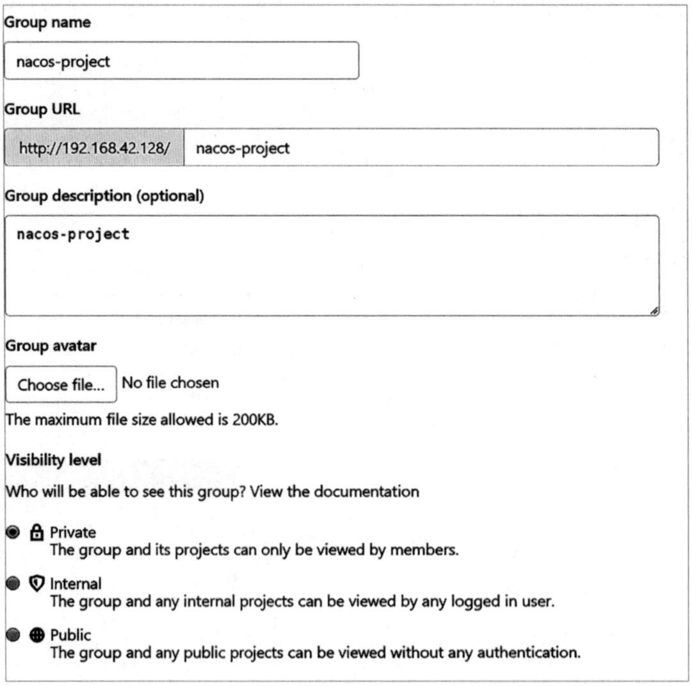

Group name

nacos-project

Group URL

http://192.168.42.128/ nacos-project

Group description (optional)

nacos-project

Group avatar

Choose file... No file chosen

The maximum file size allowed is 200KB.

Visibility level

Who will be able to see this group? View the documentation

Private
The group and its projects can only be viewed by members.

Internal
The group and any internal projects can be viewed by any logged in user.

Public
The group and any public projects can be viewed without any authentication.

图 14.9 创建分组

（2）创建一个项目（可以认为是Git仓库），输入项目名称、选择分组、项目描述等，输入数据，如图14.10所示。

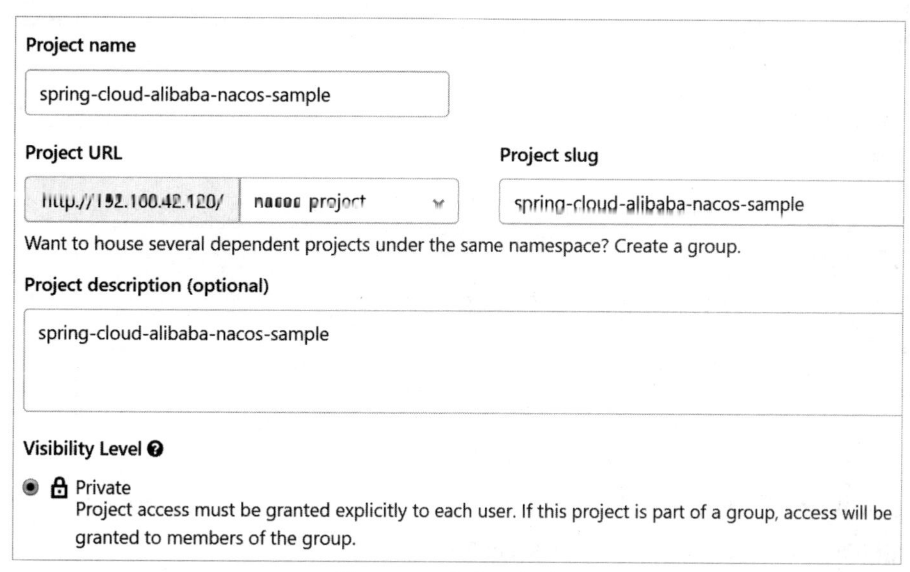

图14.10　创建一个项目

（3）上传项目到Git仓库，在项目根目录运行如下命令。

```
git init
git remote add origin http://192.168.42.128/nacos-project/spring-cloud-
alibaba-nacos-sample.git
git add .
git commit -m "Initial commit"
git push -u origin master
```

注意

192.168.42.128是笔者的地址，读者的可能不一样；执行git push时会提示输入账号密码。还有一个问题，如果是普通用户推送代码，要注意设置推送的权限，新建项目后Branches默认Maintainers角色有推送和合并权限，当然root用户不会没有权限。可以到目标仓库Settings - > Repository - > 展开Protected Branches，修改Allowed to merge Allowed to push这两个权限。如果不设置Developers角色推送或合并代码，会报gitlab You are not allowed to push code to protected branches on this project。另一个方法是把这个用户设置为Admin。

上传完成后，就能在GitLab的Web界面看到，如图14.11所示。

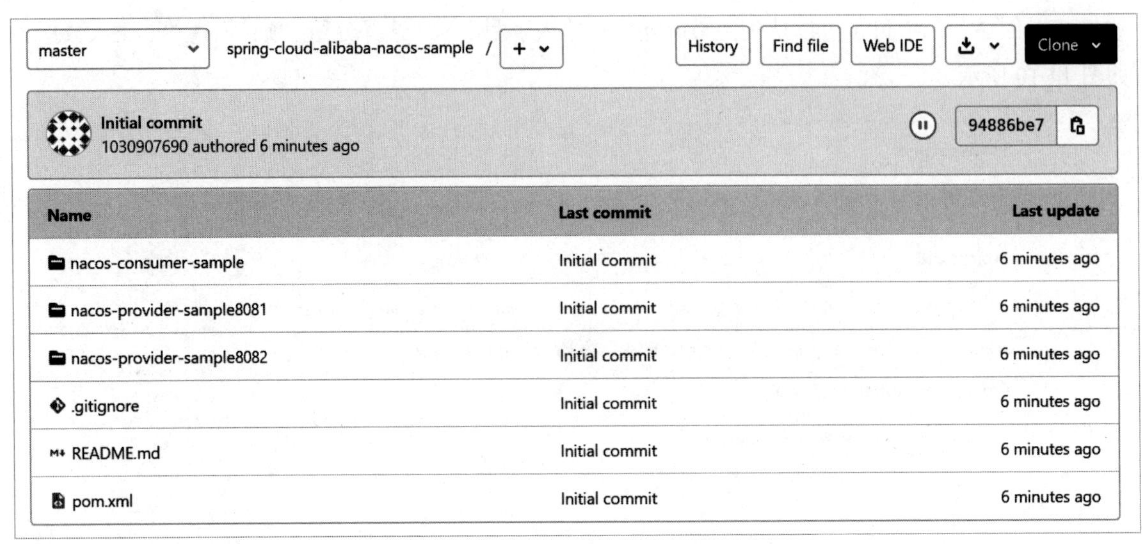

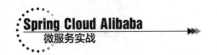

图 14.11 GitLab 的源码展示界面

（4）在 Jenkins 主界面点击新建项目（New Item），输入项目名称（名称任意取，不重复即可），选择自由风格项目（Freestyle project），结果如图 14.12 所示。

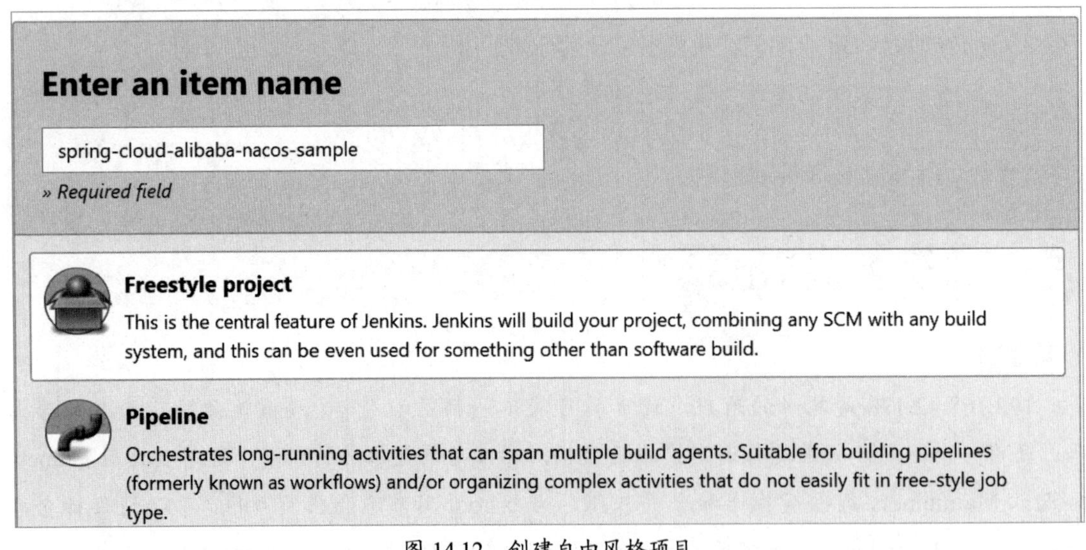

图 14.12 创建自由风格项目

（5）在 General 一栏输入描述（Description），可以任意填，重要的是项目的源代码管理（Source Code Management），仓库地址（Repository URL）就填写上面创建的地址。

因为这个仓库是私有的，还需要添加凭证才能访问，点击 Add 按钮，再点击下面的 Jenkins 到添加凭证（Add Credentials）的界面，输入用户名（Username）和密码（Password），如图 14.13 所示。

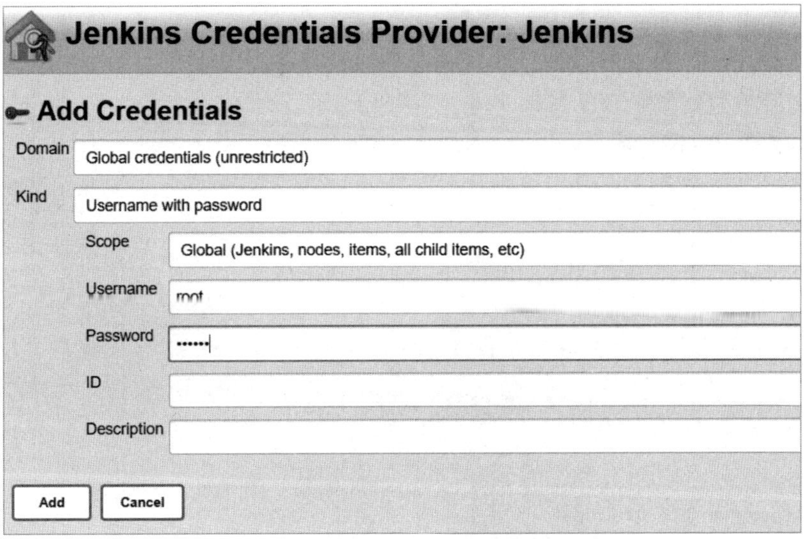

Jenkins Credentials Provider: Jenkins

Add Credentials

Domain Global credentials (unrestricted)

Kind Username with password

Scope Global (Jenkins, nodes, items, all child items, etc)

Username root

Password ••••••

ID

Description

Add Cancel

图 14.13　添加访问 GitLab 仓库凭证

添加完成后，在下拉框中选择刚才添加的配置，其余的配置可保持不变，配置如图 14.14 所示。

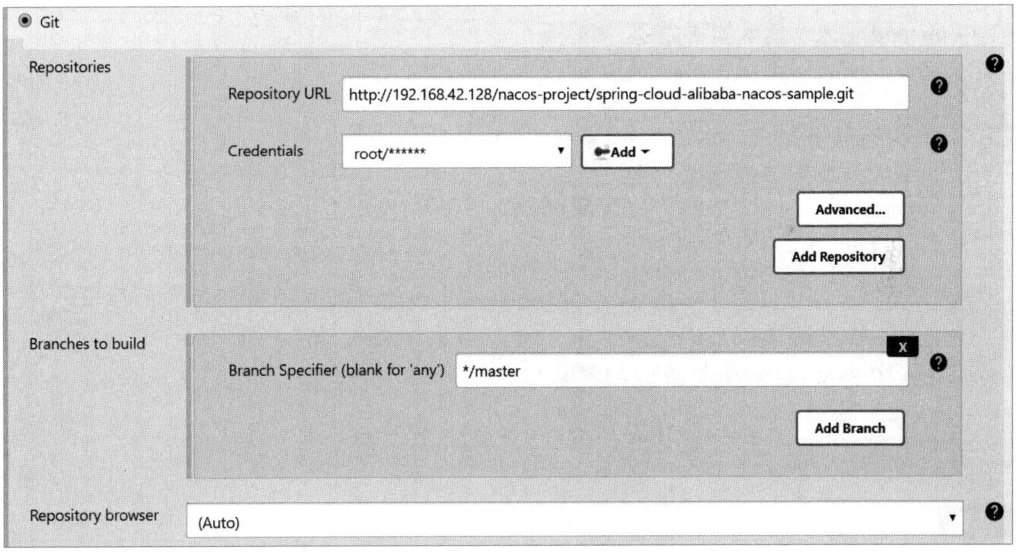

Git

Repositories

Repository URL http://192.168.42.128/nacos-project/spring-cloud-alibaba-nacos-sample.git

Credentials root/****** Add

Advanced...

Add Repository

Branches to build

Branch Specifier (blank for 'any') */master

Add Branch

Repository browser (Auto)

图 14.14　源代码管理的配置

注意

在实际的企业项目中，使用的分支（Branch）可能不是 master。

（6）来到构建（Build）一栏，点击添加构建步骤（Add build step），选择弹出的 Invoke top-level Maven targets 项，Maven 版本（Maven Version）选择提前设置好的 Maven 3.6.3，目标（Goals）输入 clean package，结果如图 14.15 所示。

Build

Invoke top-level Maven targets

Maven Version Maven3.6.3

Goals clean package

Advanced...

Add build step

图 14.15 构建打包操作

注意

这里的 Maven 命令不加 mvn。

打包完成后就可以运行 Jar 包了，再点击添加构建步骤（Add build step），这次选择弹出的 Execute shell，意思就是执行 Shell 命令，可以通过命令去运行 Jar 包。

在 Command 输入框填入如下命令。

```
#!/bin/bash
BUILD_ID=dontKillMe  # 表示别干掉启动的程序
cd nacos-consumer-sample/target
nohup java -jar  nacos-consumer-sample-0.0.1-SNAPSHOT.jar > nacos-consumer-sample-logs.log 2 > &1 &
cd ../../nacos-provider-sample8081/target
nohup java -jar  nacos-provider-sample8081-0.0.1-SNAPSHOT.jar > nacos-provider-sample-logs.log 2 > &1 &
cd ../../nacos-provider-sample8082/target
nohup java -jar  nacos-provider-sample8082-0.0.1-SNAPSHOT.jar > nacos-provider-sample-logs.log 2 > &1 &
```

注意

如果没有 BUILD_ID=dontKillMe 这行代码，后台进程会无法启动。需要声明文件头信息（#!/bin/bash），否则有些命令有空格会解析失败，表现为一条命令会分段执行。

以上的命令都很简单，在 spring-cloud-alibaba-nacos-sample 项目工作目录下，先切换到 nacos-consumer-sample/target 路径下启动 Jar 包，再分别切换到两个 provider 程序 target 目录下运行 Jar 包。

但细想一下就会有问题，在第一次启动时没有问题，但第二次启动时，因为这 3 个程序并未停止，所以会抛出端口被占用的异常（Address already in use: bind）。那么在启动前还要先关闭之前启动的程序才行，所以较为完善的命令应该是如下这样的。

```
#!/bin/bash
ps -ef | grep nacos-consumer-sample | grep -v 'grep' | awk '{print $2}' |
xargs kill -s 15  #  关闭 nacos-consumer-sample 程序
ps -ef | grep nacos-provider-sample8081 | grep -v 'grep' | awk '{print $2}' |
xargs kill -s 15 #  关闭 nacos-provider-sample8081 程序
ps -ef | grep nacos-provider-sample8082 | grep -v 'grep' | awk '{print $2}' |
xargs kill -s 15 #  关闭 nacos-provider-sample8082 程序
sleep 5s # 因为是 15 的信号，所以这里再等待 5 秒
BUILD_ID=dontKillMe # 表示别干掉启动的程序
cd nacos-consumer-sample/target
nohup java -jar  nacos-consumer-sample-0.0.1-SNAPSHOT.jar > nacos-consumer-
sample-logs.log 2 > &1 & # 启动 nacos-consumer-sample 程序
cd ../../nacos-provider-sample8081/target
nohup java -jar  nacos-provider-sample8081-0.0.1-SNAPSHOT.jar > nacos-
provider-sample-logs.log 2 > &1 & # 启动 nacos-provider-sample8081 程序
cd ../../nacos-provider-sample8082/target
nohup java -jar  nacos-provider-sample8082-0.0.1-SNAPSHOT.jar > nacos-
provider-sample-logs.log 2 > &1 & # 启动 nacos-provider-sample8082 程序
```

命令添加完成后，点击保存（Save）按钮。

（7）点击保存（Save）按钮后会自动回到项目的主界面，点击 Build Now 触发。下面就会出现构建历史（Build History），如图 14.16 所示。

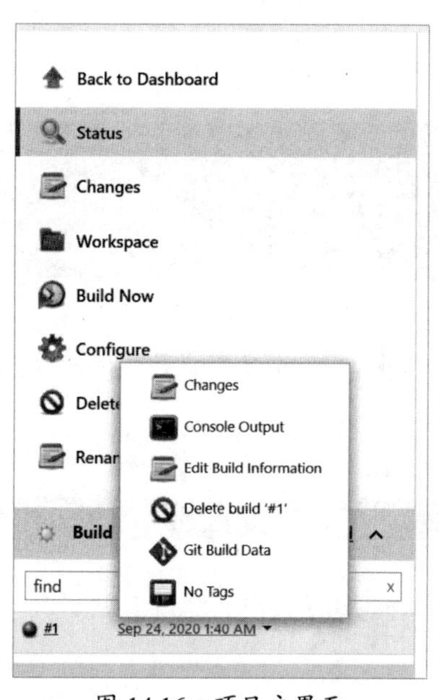

图 14.16 项目主界面

如果想要查看具体构建步骤或遇到问题可以看日志，点击 Console Output，日志结果如图 14.17 所示，会把每个执行步骤都显示出来，方便排除问题。

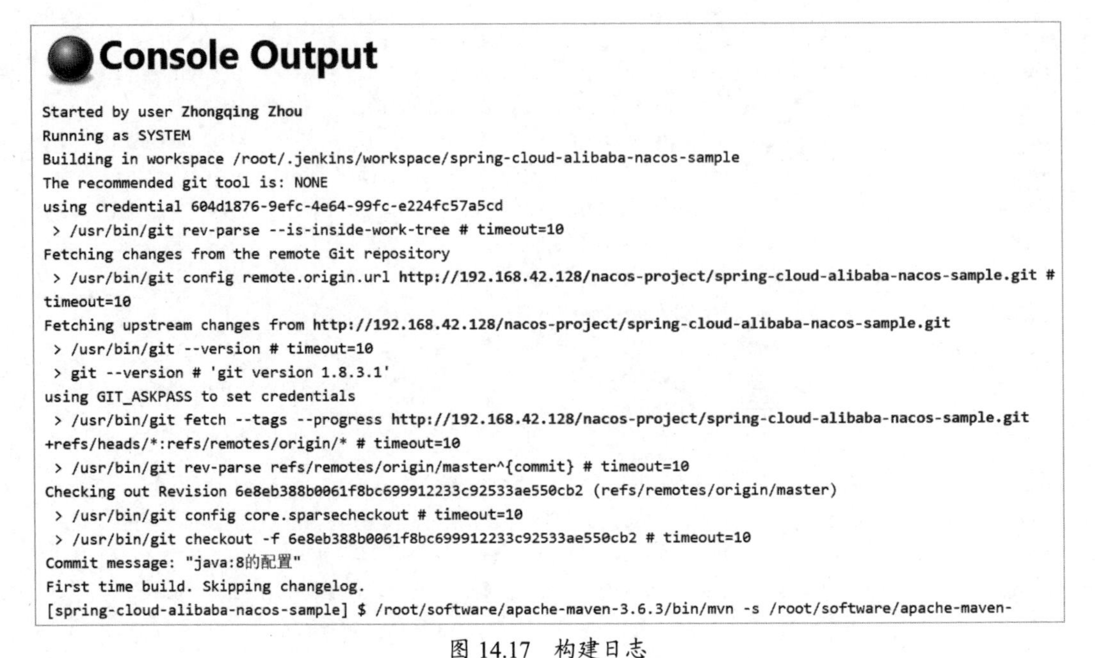

图 14.17 构建日志

只要日志没有显示明显错误，一般都会成功。然后在服务器上查看是否有这 3 个程序的进程，使用如下命令。

```
ps -ef  | grep java
```

结果如图 14.18 所示，表示程序已经启动成功了。

```
[root@localhost jenkins2.249.1]# ps -ef |grep java
root      4128  2487  1 00:23 pts/0    00:01:20 java -jar jenkins.war --httpPort=8085
root     23203     1  7 01:40 pts/0    00:00:46 java -jar nacos-consumer-sample-0.0.1-SNAPSHOT.jar
root     23204     1  6 01:40 pts/0    00:00:40 java -jar nacos-provider-sample8081-0.0.1-SNAPSHOT.jar
root     23205     1  5 01:40 pts/0    00:00:36 java -jar nacos-provider-sample8082-0.0.1-SNAPSHOT.jar
root     25966  2487  0 01:51 pts/0    00:00:00 grep --color=auto java
```

图 14.18 查看 Java 进程

这样每次有更新时，直接在 Jenkins 后台的项目主界面点击 Build Now 按钮，一键操作就能完成部署运行了。

14.3.6 Webhook 自动触发构建过程

现在每次代码有更新，还要到 Jenkins 后台的项目主界面点击一下 Build Now 按钮。如果不想点击，让它自动触发可以吗?

答案是可以的，使用 Webhook（网络钩子）。

大致流程就是 Jenkins 提供一个地址，当代码有更新时代码存储库（这里的代码存储库是指 GitLab）主动调用一次这个地址，触发 Jenkins 构建。

下面开始配置 Webhook。

（1）安装 Generic Webhook Trigger 插件，到 Jenkins 后台主界面点击 Manage Jenkins，点击可用（Available），在上方搜索框输入 Webhook，就会出现很多结果。勾选 Generic Webhook Trigger，结果如图 14.19 所示，最后点击左下方的立即安装不重启（Install without restart）。

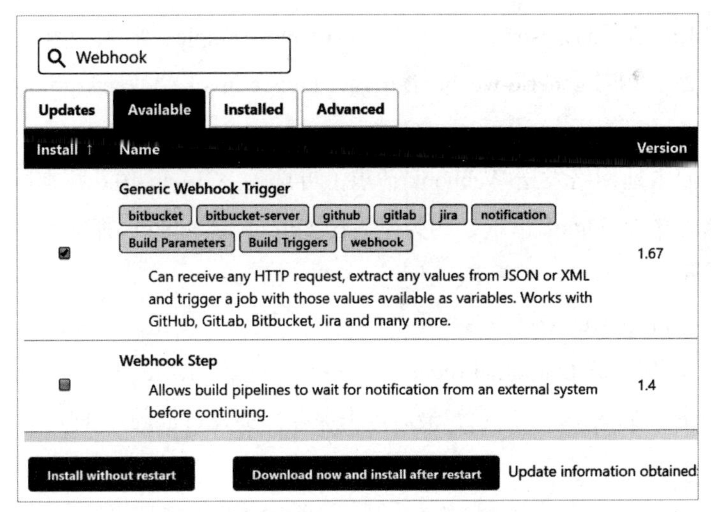

图 14.19 安装 Generic Webhook Trigger 插件

（2）新增构建触发器的配置。来到 Jenkins 的项目主界面点击配置（Configure）按钮，定位到构建触发器一栏（Build Triggers），勾选 Generic Webhook Trigger，填写 Token(任意填，不重复即可)，配置如图 14.20 所示。

You can fiddle with regular expressions here. You may also want to checkout the syntax here.

If your job **is not parameterized**, then the resolved variables will just be contributed to the build. If your job **is parameterized**, and you resolve variables that have the same name as those parameters, then the plugin will populate the parameters when triggering job. That means you can, for example, use the parameters in combination with an SCM plugin, like GIT Plugin, to pick a branch.

Post content parameters　Add

If you want value of **param1** from post content `{ "param1": "value1" }` to be contributed, you need to add **$.param1** here.

Header parameters　Add

If you want value of header **param1** to be contributed, you need to add "param1" here.

Request parameters　Add

If you want value of query parameter **param1** to be contributed, you need to add "param1" here.

Token　spring-cloud-alibaba-nacos-sample

Optional token. If it is specified then this job can only be triggered if that token is supplied when invoking **http://JENKINS_URL/generic-webhook-trigger/invoke**. It can be supplied as a:

- Query parameter **/invoke?token=TOKEN_HERE**
- A token header **token: TOKEN_HERE**
- A Authorization: Bearer header **Authorization: Bearer TOKEN_HERE**

图 14.20 构建触发器

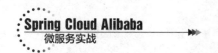

触发构建的 URL 格式如下所示。

```
http://JENKINS_URL/generic-webhook-trigger/invoke/invoke?token=Token
#JENKINS_URL 是 Jenkins 访问地址
```

例如，此处 Token 填写的是 spring-cloud-alibaba-nacos-sample，那么本例中完整的 URL 应该是 http：//192.168.42.128：8085/generic-webhook-trigger/invoke/invoke?token=spring-cloud-alibaba-nacos-sample。

（3）配置允许向本地网络发送 Webhook 请求（可选）。GitLab 10.6 版本以后为了安全，默认不允许向本地网络发送 Webhook 请求，因为笔者把 GitLab 和 Jenkins 都安装在一台服务器上，所以要允许向本地网络发送 Webhook 请求。

点击左上角的 Admin Area（就是像扳手一样的那个图标）按钮，鼠标指针悬停到 Settings，点击弹出的 Network，然后展开 Outbound requests 一栏，勾选 Allow requests to the local network from web hooks and services，如图 14.21 所示，最后点击保存（Save changes）即可。

Outbound requests Collapse

Allow requests to the local network from hooks and services.

- [x] Allow requests to the local network from web hooks and services
- [x] Allow requests to the local network from system hooks

图 14.21　勾选允许向本地网络发送 Webhook 请求

（4）GitLab 新增 Webhook。到 GitLab 仓库主界面，鼠标指针悬停到 Settings，点击弹出的 Webhooks，在 URL 输入框填入触发 Jenkins 自动构建的地址，配置如图 14.22 所示。

注意

新版本的 GitLab 配置 Webhook 已从 Integrations 移出来，形成单独的选项 Webhooks，老版本请在 Integrations 中配置 Webhook。

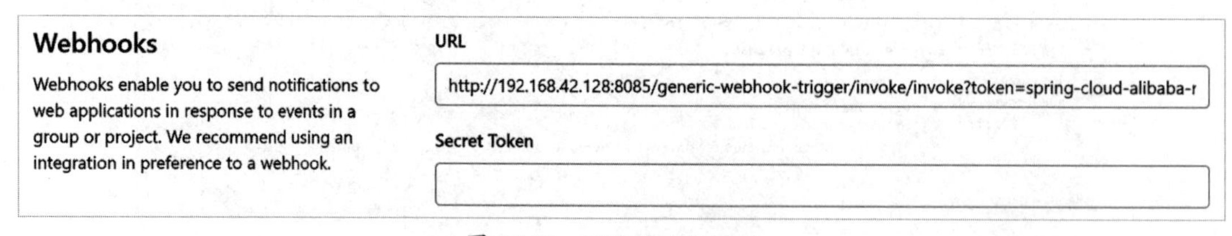

图 14.22　GitLab Webhooks

注意

如果是高版本的 GitLab，并且 Jenkins 是在本机，要先配置允许向本地网络发送 Webhook 请求，否则新增 Webhook 时会报 Url is blocked: Requests to localhost are not allowed。

这一切配置完成后，可以修改项目，再次提交到 GitLab，在 Jenkins 项目主界面上就可以看到如图 14.23 所示的效果，已经触发 Jenkins 自动构建了。

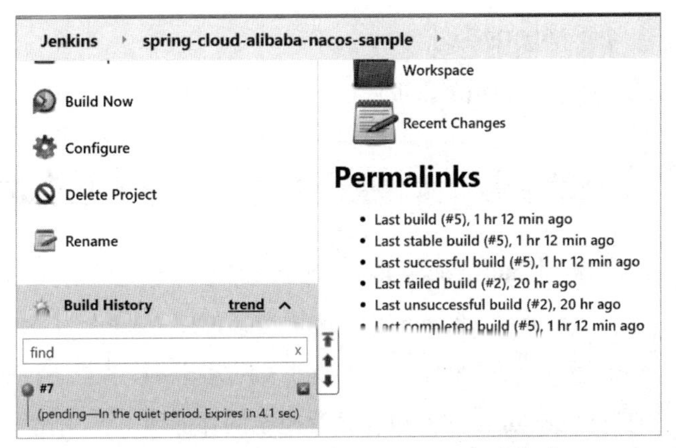

图 14.23 Webhook 触发 Jenkins 自动构建

这样每次推上来稳定代码后，自动构建也能节省一些人力了。

14.4 Docker 部署运行

假设有这样的场景，需要把不同技术栈的项目部署到同一台服务器上运行。比如 PHP、.NET、Java 的程序都部署到一台服务器，那么可能由于各自依赖的包有冲突或依赖软件版本不同造成无法兼容的情况。

再假设企业需要搭建一套新的服务，有 8 台服务器，每台都需要 Java 运行环境、Tomcat，都要去执行安装 Jdk、配置环境变量、Tomcat 这些相同的流程，重复劳动。

那么如何规避这些问题呢?

答案就是可以使用一种容器虚拟化的技术，如 Docker。Docker 能使环境隔离，完美规避软件无法兼容的问题。只需要配置好一台服务器，可以把镜像上传到仓库，其他服务器拉下来就可以了，避免重复劳动。

14.4.1 Docker 简介

Docker 是一个开源项目，非常优秀的开源容器引擎，基于 Google 公司推出的 Go 语言实现。Docker 能将应用程序之间环境隔离，能帮助用户更快速地交付部署，高效利用宿主机资源。Docker 非常适合微服务架构，单个容器运行单个程序。

Docker 有以下 3 个基本概念。

（1）镜像：镜像定义了运行容器的资源，用户可以用 Dockerfile 自定义镜像，可以看作它是由一条条指令构成的。

（2）容器：镜像运行起来就是容器了，麻雀虽小五脏俱全，它可以有自己的文件系统、网络，以及各种软件，相当于一个小型操作系统。

（3）仓库：仓库就是存储库，存储镜像的地址。可以上传镜像到仓库，也能下载下来（类似 Git）。

14.4.2 安装 Docker

安装 Docker 的官方文档地址 https://docs.docker.com/engine/install。Docker 支持安装在多种操作系统上，支持 Windows、Mac、Centos、Ubuntu 等。这里选择的是 Centos。Docker 又分为 CE 和 EE 两个版本，看命名应该知道 EE 版本是收费的，一般情况下 CE 版本就够用了，下面开始安装 Docker CE。

（1）使用 yum 命令安装 yum-utils 软件包和设置稳定的存储库，使用命令如下所示。

```
yum install -y yum-utils # 安装 yum-utils
yum-config-manager --add-repo https://download.docker.com/linux/centos/docker-
ce.repo # 设置存储库
```

（2）安装 Docker CE 和 containerd，使用命令如下所示。

```
yum install -y docker-ce docker-ce-cli containerd.io  # 安装最新版
```

上面的命令是直接安装最新版的，如果想要指定版本安装，可以使用如下命令行列出可用的版本。

```
yum list docker-ce --showduplicates | sort -r # 列出可用版本
```

列出可用版本后，选择一个版本，使用如下命令即可。

```
yum install docker-ce-<VERSION_STRING> docker-ce-cli-<VERSION_STRING>
containerd.io # 安装指定版本，用版本号把<VERSION_STRING>替换即可
```

（3）安装完成后就可以启动了，启动命令如下所示。

```
systemctl start docker
```

（4）启动完成后，查看 Docker 版本和使用 hello-world 镜像并运行它来验证 Docker 是否安装成功，使用命令运行结果如下。

```
docker version  # 查看 Docker 版本命令
Client: Docker Engine - Community
 Version:           19.03.13
 API version:       1.40
 Go version:        go1.13.15
 ... 省略 ...
Server: Docker Engine - Community
 Engine:
  Version:          19.03.13
  API version:      1.40 (minimum version 1.12)
  Go version:       go1.13.15
```

```
...省略...
docker run hello-world   # 运行 hello-world 镜像命令
Unable to find image 'hello-world:latest' locally
latest: Pulling from library/hello-world
0e03bdcc26d7: Pull complete
...省略...
Hello from Docker!
This message shows that your installation appears to be working correctly.
...省略...
```

注意

当本地不存在这个镜像时，使用 docker run 命令会先去尝试下载。

运行结果是成功的，表示安装完成。

其他命令如下。

①关闭 Docker：systemctl stop docker。

②重启 Docker：systemctl restart docker。

14.4.3 镜像加速器

镜像默认是在 Docker Hub 上下载的，但是国内下载很慢，在下载大镜像时这个问题尤为突出，甚至还会断开。

好在还可以使用其他的镜像源，如阿里云。只需要注册一个账号，进入容器镜像服务，点击镜像加速器，就可以免费获得一个镜像加速地址，如图 14.24 所示。

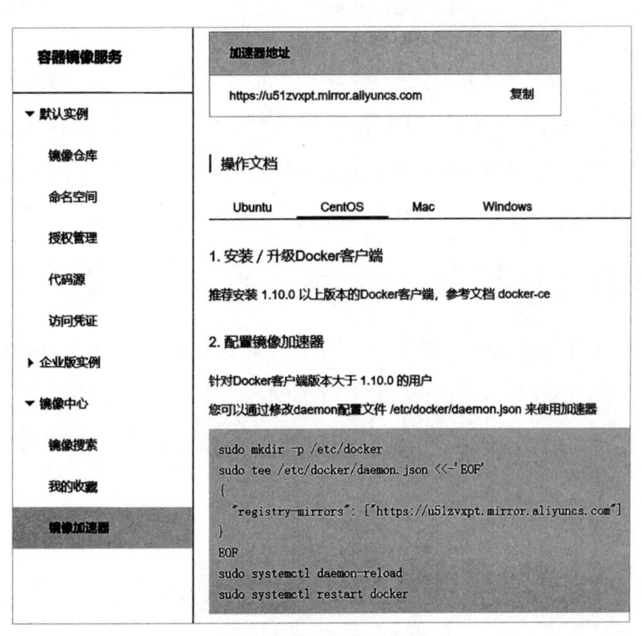

图 14.24 镜像加速器

如图 14.24 所示，使用如下命令即可完成加速下载镜像。

```
mkdir -p /etc/docker
tee /etc/docker/daemon.json <<-'EOF'
{
  "registry-mirrors": ["https://u5lzvxpt.mirror.aliyuncs.com"]
}
EOF
systemctl daemon-reload
systemctl restart docker
```

14.4.4 Docker 常用命令

Docker 命令一般分为镜像命令和容器命令，先来看看镜像命令。

（1）在仓库中搜索镜像，使用的命令如下所示。

```
docker search java # 表示搜索 java 相关的镜像
```

搜索结果如下所示。

```
NAME                                    DESCRIPTION
STARS              OFFICIAL            AUTOMATED
node                                    Node.js is a JavaScript-based
platform for s…    9236              [OK]
tomcat                                  Apache Tomcat is an open source
implementati…    2837              [OK]
openjdk                                 OpenJDK is an open-source
implementation of …    2444              [OK]
... 省略 ...
```

NAME 表示镜像名称，DESCRIPTION 表示镜像描述，STARS 表示该镜像的收藏数，OFFICIAL 表示是否为官方仓库，AUTOMATED 表示是否为自动构建的镜像仓库。

（2）拉取（下载）镜像，使用的命令如下所示。

```
docker pull java:8  # 表示拉取 java 镜像并且 Tag 为 8
```

表示拉取 java 镜像并且 Tag 为 8，如果没有 Tag，默认拉取最新版（latest）。

（3）列出本机已下载的镜像，使用的命令如下所示。

```
docker images
```

（4）从容器中创建一个新的镜像，使用的命令如下所示。

```
docker commit 96621f37028c 0ef2e08ed3fa
```

96621f37028c 是容器 ID（CONTAINER ID），0ef2e08ed3fa 是要新创建的镜像 ID（IMAGE ID）。

有以下几个可选参数。

① -a：提交的镜像作者。

② -c：使用 Dockerfile 指令来创建镜像。

③ -m：提交时的说明文字。

④ -p：在 commit 时，将容器暂停。

（5）删除本地镜像，使用的命令如下所示。

```
docker rmi hello-world:latest # 删除 hello-world 镜像并且 Tag 是 latest
```

也可以根据镜像 ID 删除（IMAGE ID），使用的命令如下所示。

```
docker rmi bf756fb1ae65
```

删除全部镜像的命令如下所示。

```
docker rmi -f $(docker images) # -f 表示强制删除
```

（6）推送本地镜像到远程操控，使用的命令如下所示。

```
docker push a1030907690/ubuntu  # 默认是推送 latest 版本
```

注意

上传时先使用 docker login 命令登录，一般还要保证自己 REPOSITORY 的值包含本人的用户名，如上方的命令 a1030907690 就是一个用户名。如果不是，可以先用 docker tag 命令修改名字。

下面来看容器的常用命令。

（1）创建并运行容器，命令如下所示。

```
docker run hello-world:latest
```

注意

如果没有指定 Tag，则会使用最新版（latest）。

docker run 命令常用可选参数如下。

① -i：以交互模式运行容器，通常与 -t 一起使用。

② -t：为容器重新分配一个伪输入终端，通常与 -i 同时使用。

③ -d：后台守护式运行。

④ --name：给容器命名。

⑤ -p：宿主机端口和容器端口映像，其实就是代理。

⑥ -v：挂载目录。

⑦ --network：指定网络模式。

（2）列出容器，命令如下所示。

```
docker ps #列出正在运行的容器
```

下面列出全部容器，包括已经停止的容器。

```
docker ps -a #列出全部容器
```

（3）启动已停止的容器，命令如下所示。

```
docker start nacos-consumer-sample  # docker start 后面的值可以是 NAMES，也可以是 CONTAINER ID
```

（4）停止容器，命令如下所示。

```
docker stop nacos-consumer-sample # docker stop 后面的值可以是 NAMES，也可以是 CONTAINER ID
```

（5）强制停止容器，命令如下所示。

```
docker kill nacos-consumer-sample # docker kill 后面的值可以是 NAMES，也可以是 CONTAINER ID
```

（6）重启容器，命令如下所示。

```
docker restart nacos-consumer-sample # docker restart 后面的值可以是 NAMES，也可以是 CONTAINER ID
```

（7）删除容器，命令如下所示。

```
docker rm nacos-consumer-sample#docker rm 的值可以是 NAMES，也可以是 CONTAINER ID
```

注意

正在运行的容器是不能被删除的，除非加上 -f，命令修改为 docker rm nacos-consumer-sample。

（8）进入容器，有以下两个命令，命令如下所示。

```
docker attach nacos-consumer-sample
```

下一个命令是 docker exec，命令如下所示。

```
docker exec -i -t nacos-consumer-sample /bin/bash
```

注意

> docker attach 在退出后会导致容器停止，所以推荐使用 docker exec。

（9）获取镜像或容器的元信息，命令如下所示。

```
docker inspect nacos-consumer-sample
```

注意

> 后面参数容器可以使用 NAMES 或 CONTAINER ID，如果是镜像，可以使用 IMAGE ID 或 REPOSITORY:TAG。

14.4.5 Dockerfile 常用指令

如果 Docker 只支持使用官方那些镜像，恐怕也不会像今天这样流行了。Docker 充分考虑到用户个性化的需求，用户可以通过 Dockerfile 一系列指令构建出自己想要的镜像。

下面把 Dockerfile 的常用指令用一张表格列出，如表 14.1 所示。

表 14.1 Dockerfile 的常用指令

命令	含义
FROM image_name:tag	依赖的基础镜像
MAINTAINER name	镜像作者，维护者
ENV key value	设置环境变量
RUN command	编译镜像时运行的命令
CMD	设置镜像启动时运行的命令
ENTRYPOINT	设置容器的入口程序
ADD source target	复制文件，如果是压缩包，复制后会自动解压，路径只能是构建时的上下文内
COPY source target	与 ADD 指令类似，但压缩文件不能解压，路径只能是构建时的上下文内
WORKDIR path	指定工作目录
ARG	设置编译镜像时加入的参数
VOLUME	指定挂载目录
EXPOSE	声明暴露端口

续表

命令	含义
LABEL	添加元数据到镜像
USER	设置运行镜像时的用户或 UID，后续的 RUN 也会使用指定的用户

14.4.6 Docker 部署运行项目

已经知道 Dockerfile 的常用指令含义后，就可以来编写 Dockerfile 文件构建出镜像，然后通过镜像创建并运行容器。

首先来使用 Dockerfile 文件构建 3 个镜像。

（1）为服务消费者创建 Dockerfile 文件，填入如下指令。

```
FROM java:8 # 依赖的基础镜像 java8
COPY nacos-consumer-sample-0.0.1-SNAPSHOT.jar nacos-consumer-sample-0.0.1-
SNAPSHOT.jar # 复制 Jar 包
EXPOSE 8086 # 暴露端口 8086
ENTRYPOINT ["java","-jar","nacos-consumer-sample-0.0.1-SNAPSHOT.jar"] # 运行
Jar 包
```

注意

文件名称必须是 Dockerfile，Jar 路径必须在构建上下文内。因与本机的 GitLab 端口有冲突，所以程序修改了端口。

（2）为第一个服务提供者创建 Dockerfile 文件，填入如下指令。

```
FROM java:8  # 依赖的基础镜像 java8
COPY nacos-provider-sample8081-0.0.1-SNAPSHOT.jar nacos-provider-sample8081-
0.0.1-SNAPSHOT.jar # 复制 Jar 包
EXPOSE 8081  # 暴露端口 8081
ENTRYPOINT ["java","-jar","nacos-provider-sample8081-0.0.1-SNAPSHOT.jar"]# 运行
Jar 包
```

（3）为第二个服务提供者创建 Dockerfile 文件，填入如下指令。

```
FROM java:8# 依赖的基础镜像 java8
COPY nacos-provider-sample8082-0.0.1-SNAPSHOT.jar nacos-provider-sample8082-
0.0.1-SNAPSHOT.jar # # 复制 Jar 包
EXPOSE 8087 # 暴露端口 8087
ENTRYPOINT ["java","-jar","nacos-provider-sample8082-0.0.1-SNAPSHOT.jar"] #
运行 Jar 包
```

可以看出 Dockerfile 指令逻辑清晰，简洁明了，非常容易上手，下面开始构建镜像。

（1）服务消费者构建镜像执行的命令如下所示。

```
docker build -t nacos-consumer-sample:0.0.1-SNAPSHOT .
```

注意

后面有个“.”，表示 Dockerfile 文件的相对位置，“.”表示当前路径，建议放在一起。

（2）第一个服务提供者构建镜像执行的命令如下所示。

```
docker build -t nacos-provider-sample8081:0.0.1-SNAPSHOT .
```

（3）第二个服务提供者构建镜像执行的命令如下所示。

```
docker build -t nacos-provider-sample8082:0.0.1-SNAPSHOT .
```

运行完成后，就能看到构建完成后的镜像了，使用 docker images 命令结果如图 14.25 所示。

```
[root@localhost target]# docker images
REPOSITORY                  TAG              IMAGE ID       CREATED          SIZE
nacos-provider-sample8082   0.0.1-SNAPSHOT   2eba6208cf6f   6 seconds ago    684MB
nacos-provider-sample8081   0.0.1-SNAPSHOT   9845dc95495f   49 seconds ago   684MB
nacos-consumer-sample       0.0.1-SNAPSHOT   9ad1e906aa37   5 minutes ago    684MB
a1030907690/ubuntu          latest           bf756fb1ae65   8 months ago     13.3kB
hello-world                 latest           bf756fb1ae65   8 months ago     13.3kB
java                        8                d23bdf5b1b1b   3 years ago      643MB
```

图 14.25　查看全部本地镜像

下一步就根据镜像创建并运行容器，使用的命令如下所示。

```
docker run --name nacos-consumer-sample -d -p 8086:8086  nacos-consumer-sample:0.0.1-SNAPSHOT # 运行服务消费者
docker run --name nacos-provider-sample8081 -d -p 8081:8081  nacos-provider-sample8081:0.0.1-SNAPSHOT # 运行第一个服务提供者
docker run --name nacos-provider-sample8082 -d -p 8087:8087  nacos-provider-sample8082:0.0.1-SNAPSHOT # 运行第二个服务提供者
```

--name 是设置容器名称，-d 是后台守护式运行，-p 是映射端口。

命令执行完成后，可以使用 docker ps 查看正在运行的容器，结果如图 14.26 所示，则表示运行成功了。

```
[root@localhost target]# docker ps
CONTAINER ID        IMAGE                                      COMMAND                  CREATED              ST
ATUS              PORTS                    NAMES
42b41a8dde20        nacos-provider-sample8082:0.0.1-SNAPSHOT   "java -jar nacos-pro…"   About a minute ago   U
p About a minute   0.0.0.0:8087->8087/tcp   nacos-provider-sample8082
917d4801cd0b        nacos-provider-sample8081:0.0.1-SNAPSHOT   "java -jar nacos-pro…"   About a minute ago   U
p About a minute   0.0.0.0:8081->8081/tcp   nacos-provider-sample8081
178cfa758a7a        nacos-consumer-sample:0.0.1-SNAPSHOT       "java -jar nacos-con…"   About a minute ago   U
p About a minute   0.0.0.0:8086->8086/tcp   nacos-consumer-sample
```

图 14.26　正在运行的容器

14.5 Jenkins+Gitlab+Docker 部署运行

前面已经分别使用过 Docker、Jenkins + GitLab 了，本节就将它们整合起来使用。在 Java 项目中直接使用 Dockerfile 构建镜像还是有些不便，有一些最直观的路径问题需要解决，好在可以使用 Maven 插件构建镜像。

（1）在服务消费者和两个服务提供者项目的 pom.xml 文件 plugins 标签下增加 docker-maven-plugin 插件，新增的代码如下所示。

```
<!--maven 构建 docker 镜像 -->
<plugin>
    <groupId>com.spotify</groupId>
    <artifactId>docker-maven-plugin</artifactId>
    <version>0.4.13</version>
    <configuration>
        <imageName>${artifactId}:${version}</imageName> <!-- 镜像名
称 -->
        <baseImage>java:8</baseImage> <!-- 依赖的基础镜像 -->
        <entryPoint>["java","-jar","${project.build.finalName}.jar"]</
entryPoint> <!-- 执行 ENTRYPOINT 指令 -->
        <resources>
            <resource>
                <targetPath>/</targetPath>
                <directory>${project.build.directory}</
directory> <!-- 表示 target 目录 -->
                <include>${project.build.finalName}.jar</
include><!-- 指定要复制的文件 -->
            </resource>
        </resources>
    </configuration>
</plugin>
```

执行的大概流程几乎与直接使用 Dockerfile 时基本一致。

（2）定位到 Maven 安装目录下，修改 conf/settings.xml 文件，在 pluginGroups 标签下新增 docker 插件的配置，新增代码如下所示。

```
<pluginGroup>com.spotify</pluginGroup>
```

注意

如果没有此配置，打包时会报 No plugin found for prefix 'docker' in the current project and in the plugin groups。

（3）来到 Jenkins 项目主界面，点击配置（Configure），修改之前的配置，定位到构建（Build）一栏。

①执行一段脚本，因为镜像和容器的名称都不能重复，所以这段脚本停止正在运行的容器、删除以前的容器、删除以前的镜像，具体代码如下所示。

```
#!/bin/bash
array=("nacos-consumer-sample" "nacos-provider-sample8081" "nacos-provider-
sample8082") # 数据
for item in  ${array[@]};  # for 循环
do
 instance='docker ps -a | grep $item | head -1'; # 查找这个容器
 image='docker images | grep $item | awk '{print $1}' | head -1'; # 查找这个镜
像
 if [ "$instance"x != ""x ] ; then # 判断是否运行过这个容器
     docker stop $item     # 停止容器
     docker rm $item     # 删除容器
 fi
 if [ "$image"x != ""x ] ; then # 判断是否有这个镜像
     docker rmi $item:0.0.1-SNAPSHOT     # 删除镜像
 fi
done
```

②下一步就是执行打包了，打包不再是 clean package，而是填入如下命令。

```
clean package docker:build
```

注意

如果是命令行直接执行，那就是 mvn clean package docker:build。

③执行创建并运行容器。填入的命令如下所示。

```
#!/bin/bash
docker run --name nacos-consumer-sample -d -p 8086:8086   nacos-consumer-
sample:0.0.1-SNAPSHOT
docker run --name nacos-provider-sample8081 -d -p 8081:8081   nacos-provider-
sample8081:0.0.1-SNAPSHOT
docker run --name nacos-provider-sample8082 -d -p 8087:8087   nacos-provider-
sample8082:0.0.1-SNAPSHOT
```

这三个步骤完整配置如图 14.27 所示。

保存后，回到 Jenkins 项目主界面，点击 Build Now 按钮，确认构建时控制台日志未报错后，尝试请求 /test，再使用 docker ps 查看正在运行的容器，结果如图 14.28 所示。

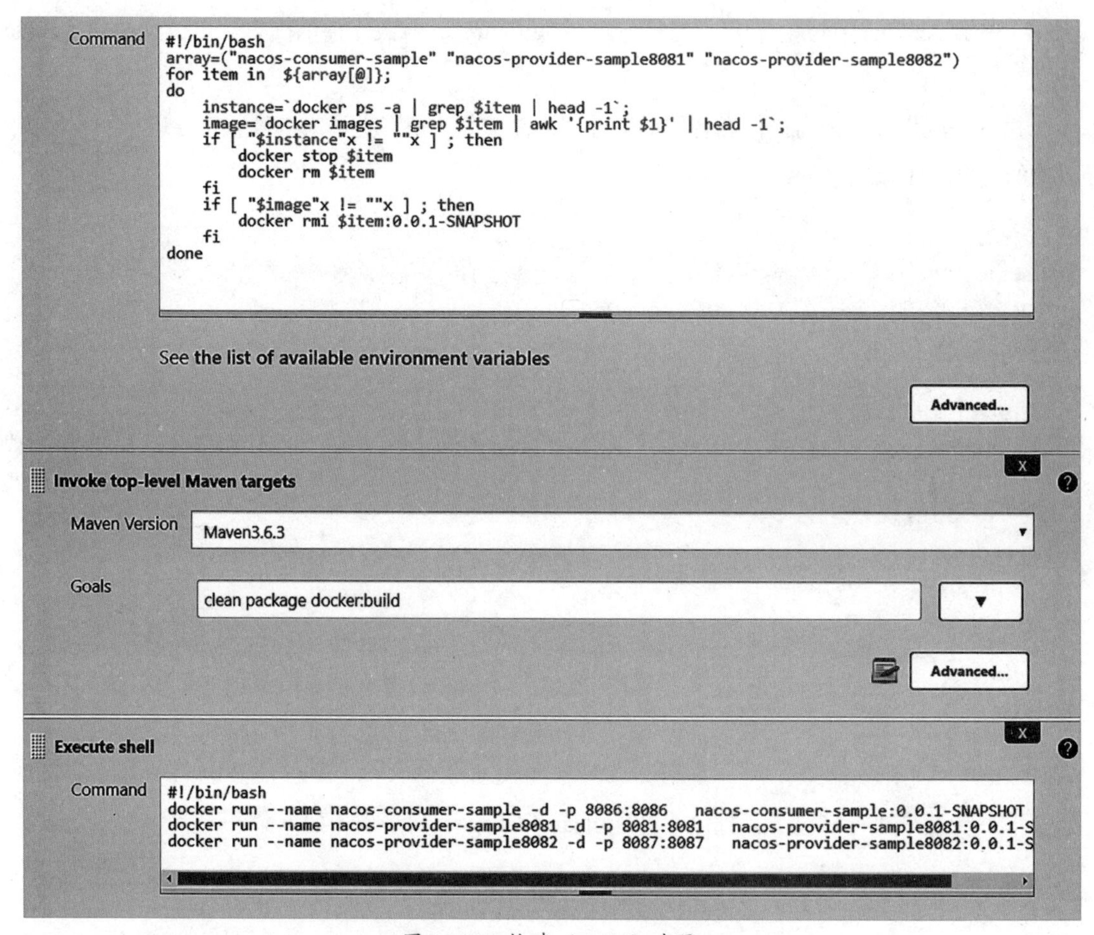

图 14.27 构建（Build）步骤

```
[root@localhost ~]# curl http://127.0.0.1:8086/test
hello world test 8087[root@localhost ~]# docker ps
CONTAINER ID        IMAGE                                      COMMAND                   CREATED            STA
37c72acbb1b2        nacos-provider-sample8082:0.0.1-SNAPSHOT   "java -jar nacos-pro… "   10 minutes ago     Up
a90464e82a7a        nacos-provider-sample8081:0.0.1-SNAPSHOT   "java -jar nacos-pro… "   10 minutes ago     Up
8a96339d2158        nacos-consumer-sample:0.0.1-SNAPSHOT       "java -jar nacos-con… "   10 minutes ago     Up
```

图 14.28 请求 /test 接口结果和查看正在运行的容器

这样算是运行成功了，并且之前配置了 Webhook，每次有稳定代码提交上来时，就能自动构建了，像一个“流水线”一样有序生产。

如果遇到复杂的场景，可以选择 Docker 插件与 Dockerfile 联合使用。

首先修改项目 pom.xml 配置，修改后的缩略配置如下所示。

```
<!--maven 构建 docker 镜像 -->
<plugin>
    <groupId>com.spotify</groupId>
    <artifactId>docker-maven-plugin</artifactId>
    <version>0.4.13</version>
    <configuration>
```

```
            <imageName>${artifactId}:${version}</imageName> <!-- 镜像名
称 -->
            <dockerDirectory>${project.basedir}/src/main/docker</
dockerDirectory> <!-- Dockerfile 文件位置 -->
            <resources>
                <resource>
                    <targetPath>/</targetPath>
                    <directory>${project.build.directory}</
directory> <!-- 表示 target 目录 -->
                    <include>${project.build.finalName}.jar</
include><!-- 指定要复制的文件 -->
                </resource>
            </resources>
        </configuration>
</plugin>
```

然后在项目目录下创建 docker 文件夹，新增 Dockerfile 文件，例如，服务提供者的文件内容如下所示。

```
FROM java:8 # 依赖的基础镜像
COPY nacos-consumer-sample-0.0.1-SNAPSHOT.jar nacos-consumer-sample-0.0.1-
SNAPSHOT.jar # 复制 Jar 包
EXPOSE 8086 # 暴露端口
ENTRYPOINT ["java","-jar","nacos-consumer-sample-0.0.1-SNAPSHOT.jar"] # 运行 Jar
包
```

其他的项目也是类似的，这样就把构建容器更多的操作（指令）给了 Dockerfile。

14.6 小结

本章主要讲解了如何部署项目，先从古老的命令行部署项目开始，到使用 Jenkins + GitLab，最后使用 Jenkins + Gitlab + Docker 部署运行项目，充分展示了部署方式的演进过程，使得部署项目的过程越来越简化，升级过程像“流水线”一样井然有序，又快又稳，解放生产力，提高生产效率。

然而，本章所介绍的持续集成、持续交付、持续部署只是“皮毛”，毕竟本书的重点也不在这块，相对来说一般情况下这些知识点已经够用了。后面还有 Jenkins 的主、从代码审查，Docker 私有仓库，Jenkins Pipeline 项目构建等。技术之路，任重而道远，需要读者自己来探索。